KB273753

패러데이와 맥스웰

FARADAY, MAXWELL, AND THE ELECTROMAGNETIC FIELD
: How Two Men Revolutionized Physics

패러데이와 맥스웰

실험과 이론의 협력으로 빚어낸 21세기 과학의 새로운 패러다임

낸시 포브스·배질 마혼 공저 | 박찬·박술 공역

반니

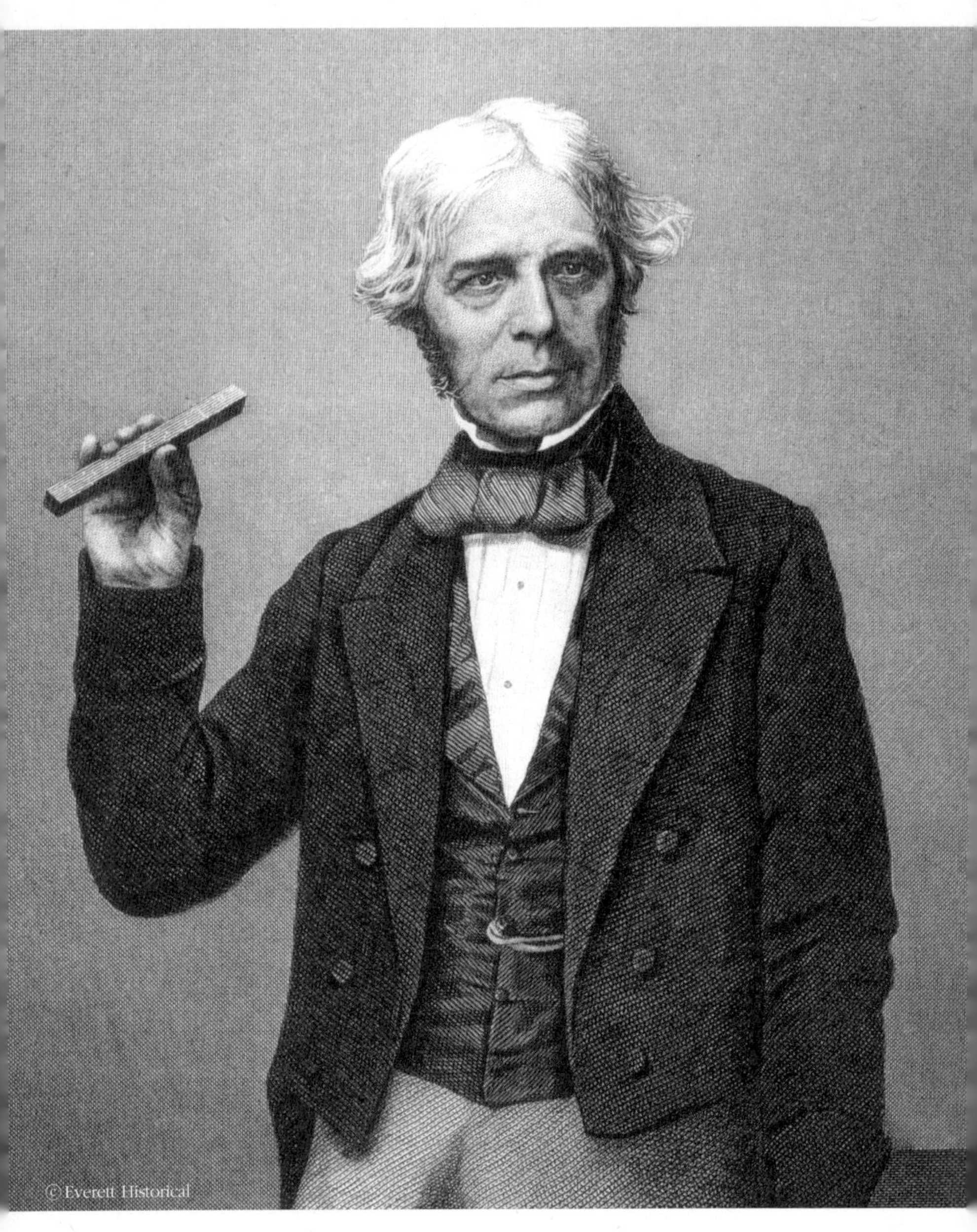

마이클 패러데이

Michael Faraday

제임스 클러크 맥스웰

James Clerk Maxwell

차례

연표

전자기장의 역사에서 일어난 핵심 사건들

1600   윌리엄 길버트William Gilbert가 《자석론De Magnete》을 발표하며 지구가 거대한 자석처럼 작용한다고 주장하다.

1687   아이작 뉴턴Issac Newton이 《수학원리Principia Mathematica》를 발표하다.

1733   샤를 뒤페Charles du Fay가 유리적vitreous 전기와 수지적resunous 전기를 구분하다.

1745   피터르 판 뮈스헨브루크Pieter van Musschenbroek와 에발트 폰 클라이스트Ewald von Kleist가 각자 독립적으로 전기를 저장하는 장치인 라이덴병을 발명하다.

1747   벤저민 프랭클린Benjamin Franklin이 양전하와 음전하라는 개념을 처음으로 내놓다.

1750   존 미첼John Michell이 자기에 대한 역제곱 법칙을 증명하다.

1766   조지프 프리스틀리Joseph Priestley가 전기에 대한 역제곱 법칙을 증명하다.

1785   샤를 오귀스탱 쿨롱Charles Augustin Coulomb이 전기와 자기의 역제곱 법칙을 확인하기 위해 정확한 실험들을 실시하다.

1800   알레산드로 볼타Alessandro Volta가 볼타 전지를 발명하다. 연속적
            인 전류를 생성하는 것이 가능해지다.

1820   한스 크리스티안 외르스테드Hans Christian Oersted가 전선 안의 전
            류가 나침반 바늘의 방향을 바꿈을 증명하다.

1820   앙드레 마리 앙페르André Marie Ampere가 원격 작용에 기반하여
            전기와 자기에 대한 결합 이론을 구축하기 시작하다.

1821   마이클 패러데이Michael Faraday가 전기 모터의 원리를 발견하다.

1825   프랑수아 아라고François Arago가 돌고 있는 구리판 위에 나침반
            바늘을 매달면 회전한다는 사실을 보여주다.

1831   패러데이가 《전기에 대한 실험적 연구Experimental researches in
            Electricity》를 편찬하기 시작하다.

            패러데이가 전자기 유도와 발전기의 원리를 발견하다.

            패러데이가 자기력선의 개념을 도입하다.

1832~1833   패러데이가 전기분해의 기본 법칙들을 발견하다.

1845   패러데이가 자기장의 개념을 도입하다.

            패러데이가 강력한 자기장이 빛의 편광면에 회전을 일으킴을 보
            이다.

1846   패러데이가 왕립 과학 연구소에서 '광선 진동'에 대해 연설하다.

            패러데이가 반자성diamagnetism을 발견하고 모든 물질에 자기적
            성질이 있음을 증명하다.

1855~1856   제임스 클러크 맥스웰James Clerk Maxwell이 논문 〈패러데이의 역

선에 관하여On Faraday's Lines of Force〉를 발표하다.

1861~1862   맥스웰이 논문 〈물리적 역선에 관하여On Physical Lines of Force〉를 발표하다.

1864~1865   맥스웰이 논문 〈전자기장의 동역학 이론A Dynamical Theory of the Electromagnetic Field〉을 발표하다.

1873   맥스웰이 저서 《전기와 자기에 관한 논고Treatise on Electricity and Magnetism》를 발표하다.

1882   올리버 헤비사이드Oliver Heaviside와 조사이어 윌러드 깁스Josiah Willard Gibbs가 각각 독립적으로 벡터 해석학과 벡터 표기법을 제안하다.

1885   헤비사이드가 맥스웰의 전자기장 이론을 오늘날 잘 알려진 네 개의 '맥스웰 방정식'으로 요약하다.

존 헨리 포인팅John Henry Poynting과 헤비사이드가 각각 독립적으로 전자기장 내의 에너지 흐름에 대한 공식을 도출하다.

1887   에이브러햄 마이켈슨Abraham Michelson과 에드워드 몰리Edward Morley가 에테르 흐름을 측정하려고 시도하는 과정에서 빛의 속도는 관찰자의 운동과 관계없이 일정함을 증명하다.

1888   하인리히 헤르츠Heinrich Hertz가 빈 공간에서 전자기파를 생성하고 감지하다.

1892   헨드리크 로렌츠Hendrik Lorentz가 (아직 가설이던) 전자에 대한 이론을 발표하다.

1897   조지프 존 톰슨Joseph John Thomson이 전자를 발견하다.

1900   막스 플랑크Max Planck가 흑체 복사 스펙트럼을 설명하기 위해 양
        자를 제안하다.

1901   굴리엘모 마르코니Guglielmo Marconi가 대서양을 횡단하는 전보
        신호를 전송하다.

1905   알베르트 아인슈타인Albert Einstein이 양자가 광전기 효과를 생성
        하는 방식을 설명하고 광자의 존재를 예측하다.
        알베르트 아인슈타인이 특수상대성이론을 발표하다.

프롤로그

때는 1888년이다. 가구가 얼마 없는 넓은 방을 상상해보자. 튼튼한 목제 책상과 작업대가 있는 걸로 보아 일종의 실험실인 듯한데, 여기에는 증류기나 번젠 버너도 없을 뿐더러 형형색색의 용액이 담긴 플라스크 따위도 찾아볼 수 없다. 그 대신에 방 안을 채우고 있는 것은 룀코르프Rhümkorff 코일, 크노헨하우어Knochenhauer 나선, 휘트스톤Wheatstone 브리지 등 생소한 이름을 가진 신기한 금속 장비들이다.[1] 이 장비의 목적은 눈에 보이지 않는 모종의 신비로운 현상, 바로 전기를 조사하는 것이다.

방 안의 유일한 사람은 젊은 남자인데, 잘생긴 용모에 세련된 옷을 입고 있으며 짙은 갈색 머리칼에 짧게 다듬은 수염을 하고 있다. 그는 기다란 목제 책상 위에 놓여 있는 실험 장치를 솜씨 좋게 조립하고 있다. 책상의 반대편 끝에는 두 개의 금속 구球 사이에 전기 스파크를 일으키는 회로가 준비되어 있다. 일반적으로 공기는 전기를 전도하지 않지만, 구 간의 거리가 충분히 가깝고 전압이 충분히 높다면 둘 사이의 공간에서 스파크가 발생할 것이다. 정확히 말하면 이는 매우 빠르게 금속 구 사이를 왕복하는(또는 발진하는) 일련의 스파크다. 각각의 구에 연결된 금속봉은 사각형의 금속판에 이어져 있다. 그는 이렇게 함으로써 발진의 진동수를 조절할 수 있다는 사실을 알아냈던 것이다. 그가 단추를 눌러 회로를 작동시키자, 푸른 스파크가 금속 구 사이에서 약동하며 튀어 오른다.

여기까지는 만족스럽다. 그가 만든 기본 회로는 전날도 그랬고 그 전날에도 그랬듯이 잘 작동하고 있다. 그는 이제 실험 장치 중에서 '탐지기'라고 부르는 부분에 주목한다. 이것은 금속선으로 만든 단순한 고리로, 선의 끝부분 사이에 아주 작은 공간이 있어서 드라이버로 조절할 수 있도록 되어 있다. 스파크를 일으키고 있는 기본 회로에 탐지기를 접근시키자, 탐지기에 있는 열린 공간에서도 흐릿하게 스파크가 생겨난다. 그의 추론에 의하면, 이런 일은 기본 회로에서 나오는 에너지의 흐름이 검사기를 통과할 때 일어난다.

이 모든 것이 그에게 앞마당처럼 친숙하다. 그러나 다음 단계들은 처음 시도해보는 것으로, 여기에서 결정적인 결과를 얻을 수 있기를 바라고 있다. 그는 기본 회로의 전원을 잠시 끄고 책상의 반대편 끄트머리에 크고 얇은 아연판을 수평으로 위치시킨다. 이것은 거울처럼 반사판의 역할을 할 것이다. 그는 이제 탐지기를 기본 회로와 아연 반사판 사이에 위치시킨 후, 창문의 블라인드를 내린다. 그리고 눈이 어둠에 익숙해지기를 잠시 기다렸다가 기본 회로의 전원을 다시 켠다. 구 사이에서 번쩍이는 스파크를 등지고 서서, 그는 탐지기의 끝에서 작은 스파크가 일어나는지 찾아본다. 스파크는 희미하지만 의심할 여지 없이 일어나고 있다. 이제 그가 찾아 헤매던 결과를 입증해줄지도 모르는 마지막 단계를 진행해야 한다. 그는 탐지기를 기본 회로에서 아연 반사판 쪽으로 천천히 옮기면서, 스파크의 밝기가 달라지는지 관찰한다. 과연 그가 생각한 대로다. 스파크는 잦아들어서 없어졌다가, 점차 밝아져서 최고점에 도달하기를 주기적으로 반복한다. 모든 파동은 그 근원지를 향해서 반사되었을 때 정상파를 이루며, 기타 줄처럼 제자리에서 진동하는 것처럼 보인다. 그러므로 기본 회로에서 생성되고 아연판에 반사되고 있는 것은 파동이다. 이것이 바로 그가 찾고 있던 것이다. 카를스루에Karlsruhe 공대의 실험 물리학 교수인 하인리히 헤르츠Heinrich Hertz는 과학사에서 가장 중요한 발견 중 하나를 이뤄냈다. 전자기파의 존재를 확실하게 증명해낸 것이다.

1

수습생

1791~1813

이 이야기는 여러 장소에서 시작될 수 있다. 그러나 그중에서 제일 적합한 곳은 잉글랜드 북부 페나인 산맥의 서쪽 면에 자리한 돌투성이 황야 지대일 것이다. 이곳은 에밀리 브론테Emily Bronte가 《폭풍의 언덕》에서 그려냈던 그런 종류의 땅이었다. 몇 안 되는 강인한 영혼들만이 힘겹게 살아가는 곳, 농작물은 거의 자라지 않고 양들마저도 먹을 것을 찾기 위해 헤매야 하는 땅. 이곳이 마이클 패러데이의 선조들이 살던 고향이었다.

패러데이 집안은 샌디먼파Sandemanian라고 불리는 그리스도교 소수 종파의 일원이었다. 샌디먼파라는 이름은 1700년대 중반에 스코틀랜드 장로교회를 떠나 잉글랜드로 도하했던 신학자 로버트 샌디먼Robert Sandeman에서 유래했다. 샌디먼파 교인들은 부지런히 일했고, 검소한 삶을 추구했으며, 간결한 언어로 대화했다. 그들은 제도권 교회들의 간계를 모두 물리치고 가장 단순한 형태의 그리스도교를 고수했는데, 샌디먼의 묘비명이 그들의 교리 전체를 함축하고 있다. "인간의 생각이나 행위를 덧붙이지 않은 예수 그리스도의 죽음 그 자체만으로도, 죄인들의 수장은 하느님 앞에 순결한 모습으로 설 수 있다."[1] 그들은 외지인에게 친절했고 다른 견해를 가진 이들에게도 관대했으나, 대부분 자기들만의 사회 안에서 살았다. 그렇다고 이들이 상업을 멀리한 것은 아니었다. 패러데이의 아버지 제임스는 대장장이였고, 삼촌들 중에서는 방직공, 식료품상, 여관 주인, 재단사를 두루 찾아볼 수 있었다.

마이클 패러데이의 삶은 세상과 동떨어진 웨스트모얼랜드West morland의 벽지에서 시작해서 그곳에서 조용히 흘러갈 수도 있었겠지만, 바깥에서 벌어지는 큰 사건의 영향력을 피할 수는 없었다. 1700년대 중후반에 걸쳐 여러 해 동안 영국은 식민지를 놓고 경쟁 국가들과 해상에서 싸우고 있었고, 종국에는 미국의 식민지 주민들과 벌인 값비싼 전쟁에서 패배하고 말았다. 이러한 모험의 대가는 본토에서 감당해야 했을 뿐 아니라, 때마침 서서히 모습을 드러내던 프랑스혁명은 해협 너머 프랑스와의 또 다른 전쟁 역시 예감하게 하고 있었다. 동시에 산업혁명은 잉글랜드의 시골에서 마을과 도시로 사람들을 끌어모으고 있었다. 농부들은 농토를 버리고 제철소로, 도자기 공장으로, 방직 공장으로 향했다. 이러한 상황에도 불구하고 웨스트모얼랜드의 경제는 악화되고 있었다. 그러나 갓 결혼한 제임스 패러데이는 부인 마거릿을 부양해야 했고, 자기만의 가정을 갖기를 원했다. 결국 그는 1786년, 어스길Outhgill의 쇠락해가는 대장간을 떠나 런던에서 자신의 운을 시험해보기로 결심한다.

패러데이의 가족은 런던교에서 남쪽으로 반 마일가량 떨어진 빈민가인 뉴잉턴 버츠Newington Butts에 정착했다. 곧 엘리자베스와 로버트가 태어났고, 이어서 1791년에 셋째 마이클이 태어났다. 제임스는 근처의 코끼리와 성채Elephant and Castle라는 여관에서(지금은 여관의 이름이 그 동네의 이름이 되어버렸다) 편자공 일을 얻어서 했던 듯하다. 허나 돈벌이는 좀처럼 잘되지 않았고, 성공해보려는 그의 희망은 물거품이 되었으며, 설상가상으로 건강마저 나빠지기 시작했다. 그는 채무자 감옥에 수감되거나 최악의 경우에는 강제노역소로 끌려갈지도 모른다는 공포를 항상 느꼈던 것 같다. 가족이 굶지 않게 하기 위해 그는 때때로 주변 사람들(아마도 샌디먼파 교우들)의 도움을 받아야 했다. 그러나 그는 이런 상황을 모욕적으로 여기지도 않았고, 자신보다 더 많이 가진 자를 질투하지도 않았다. 아이들은 생기와 사랑이 넘치는 가정에서 자라났다. 마이클 아래로는 어머니의 이름을 따서 마거릿이라고 불리는 여동생이 태어나서 집안을 더욱 시끌벅적하게 만들어주었다. 패러데이의 가족은 처음에는 길버트 가街의 집으로, 그다음에는 맨체스터 광장 근처에 있는 마구간 건물의 위층으로 다시금 이사를 갔는데, 이 마구간은 이제막 옥스퍼드 가라고 불리기 시작한 길에서 멀지 않은 곳에 위치하고 있었다. 오늘날에야 이 부근에 세련된 백화점들이 들어섰지만, 패러데이의 시대에 이 도로가 풍기는 느낌은 사뭇 달랐다. 옥스퍼드 가는 그전까지는 타이번Tyburn 가라고 불렸는데, 사형을 선고받은 죄수가 뉴게이트 형무소에서 교수대까지 이동하는 마지막 행로였다.

아주 기초적인 교육만을 받은 마이클 패러데이는 13살이 되자 근처의 블랜드퍼드Blandford 가에서 책과 신문을 취급하던 조지 리보George

Ribeau의 가게에 취직해서 심부름꾼으로 일하기 시작했다. 그는 동네에서 누구에게나 친숙한 인물이 되었고, "갈색 곱슬머리에, 옆구리에는 신문 뭉치를 끼고 다니는"[2] 명랑한 소년으로 기억되었다. 점장 리보는 진보적 성향의 프랑스 출신 이민자로, 가게에서 일하는 나이 어린 일꾼들에게 온정 어린 관심을 가지고 있었다. 그는 패러데이를 보고 보물을 얻었다고 생각했으며, 얼마 지나지 않아 그를 제본업 수습생으로 받아들였다. 이는 당시 통례에 따른 7년짜리 계약이었다. 우리가 아는 바에 의하면 리보가 고용한 수습생 중에서 실제로 제본업자가 된 사람은 없으나, 그의 자유로운 교육 방식은 다른 방향으로 재능이 발달하도록 장려했던 것 같다. 어떤 수습생은 코미디언이 되었고, 다른 사람은 가수가 되기도 했다.

매일같이 매시간 쉬지 않고 책을 제본하는 것은 단조로운 일이었지만 많은 조심성과 뛰어난 손 기술을 필요로 했으며, 이런 성향은 훗날 패러데이의 인생에 도움을 주게 된다. 그러나 그에게 세계를 보여준 것은 책 그 자체였다. 그림책, 모험기, 소설, 철학 서적, 그리고 무엇보다도 물리 세계와 그 작동 원리를 탐구하려는 책이 그러했다. 그는 곧 진리의 탐구자가 되었다. 패러데이는 나중에 이 시절을 이렇게 회상했다. "나는 생명력과 상상력으로 가득 찬 아이였다네.《아라비안나이트》에 나오는 이야기든 백과사전이든, 나는 똑같이 진짜라고 믿을 수 있었지. 하지만 내게 중요했던 것은 사실이었고, 나를 구해준 것도 사실이었네. 나는 어떤 주장을 직접 검증해보지 않고는 믿지 않았기 때문이네."[3]

어떤 분야에 대한 책을 읽더라도 그는 자신이 받은 교육이 충분하지 못하다고 느꼈다. 그리고 가장 필요한 순간에, 오로지 패러데이만을 위해서 쓰였다고도 할 만한 책 한 권을 만나게 되었으니, 바로 아이작 와츠Issac Watts 목사의 《정신의 계발Improvement of the Mind》이었다. 패러데이는 젊음의 왕성한 활력을 와츠가 제창한 자기계발 프로그램에 쏟아 부었다. 그는 정확하게 말하는 법을 배우려 노력했고, 자신이 대화 중에 문법적 실수를 범하면 바로 고쳐줄 것을 친구들에게 부탁했다. 그는 배움의 기회를 하나도 놓치지 않으려 했고, '비망록'을 만들어 나중에 도움이 될 만한 사실들, 특히 과학적 사실을 기록하기 시작했다. 심지어 이런 간단한 노트를 적을 때도 그는 와츠의 조언에 따라 항상 정확한 언어를 사용하고 관찰된 사실을 따르기 위해 노력했다. 그가 와츠의 가르침 중에서 마음에 새겨둔 것이 또 하나 있었다. 이는 "소수의 특별한 관찰이나 현상 또는 실험으로부터 너무 성급하게 일반적 이론을 세워서는 안 된다"[4]는 것이었다. 여기에서 이미 패러데이가 나중에 자신의 것으로 만든 과학적 방법을 엿볼 수 있다. 상상력의 한계까지 전진하라, 그러나 견고한 실험적 증거가 없이는 어떤 결론도 도출하지 말라.

와츠의 또 다른 제안 중 하나는 독서 외에도 "현명하고 높은 수준의 교육을 받은 스승과의 살아 있는 대화"[5]를 통해 배움을 보충하라는 것이었다. 그리하여 패러데이는 형에게 돈 1실링을 빌려서 존 테이텀 John Tatum이 하는 전기에 대한 강연을 들으러 갔다. 존 테이텀은 본래 귀금속 세공업자로, 런던 시 철학 협회City Philosophy Society를 창립한 인물이었다. 이는 일반인을 위한 왕립 학술원Royal Society과도 같은 단체로, 매주 열리는 모임에는 최근의 과학적 발견에 대해 들으려는 어

중이떠중이 자기계발자들이 모여들곤 했다. 패러데이는 곧 런던 시 철학 협회에 가입했고, 그곳에서 가장 근면한 학생이 되었다. 그는 매번 강의 때마다 받아 적은 노트를 집에서 정서하곤 했다. 또한 떠들썩한 동료 학생들과 어울리는 것도 즐겼는데, 여기에서 만난 몇몇 친구들과는 평생 동안 우정을 유지했다. 가장 절친한 친구는 벤저민 애벗 Benjamin Abbott이라는 퀘이커 교도로, 무역상에서 근무하는 사람이었다. 애벗은 얼마 지나지 않아서 패러데이의 영혼의 친구가 되었는데, 그는 패러데이에게 부족한 사교적 격식과 화술, 작문법을 가르쳐줄 수 있는 동시에 패러데이가 깊은 속내를 털어놓을 수 있는 친구였다. 또한 패러데이는 음악을 사랑했고, 훗날 경제적 조건이 허락될 때에는 열정적인 오페라 애호가가 되었다. 그는 모든 관심 분야에 대해 그랬 듯이, 무엇이든 직접 해보지 않고는 견디지 못했다. 그는 플롯 연주를 배웠고, 합창단의 베이스 파트에서 노래하는 것을 즐기기도 했다.

패러데이는 자신만의 실험을 창조해나갔다. 예를 들어, 안쪽에 금속판을 두른 유리병을 이용해서 정전기를 저장하고 이것을 가지고 각종 가재도구에 부하를 준 뒤, 자기 자신을 비롯한 여러 자원자들에게 미미한 전기 충격을 가하는 식이었다. 그는 이 무렵 이미 전기가 어떻게 작용하는지 사유하기 시작했고, 권위 있는 《브리태니커 백과사전》에 수록된 전기 관련 항목의 진실성에 의구심을 품고 있었다. 이 항목의 저술자인 제임스 타이틀러James Tytler는 벤저민 프랭클린의 '단일 액체' 이론을 자신 있게 제시하고 있었는데, 이에 따르면 모종의 신비로운 '전기 액체'가 있어서 물체에 이것이 과잉되면 양전하를 띠고 결핍되면 음전하를 띤다는 것이었다. 영국 학자들은 대부분 이 이론을 옹호했지만, 패러데이는 일찍부터 프랑스의 '이중 액체' 이론을 선호했는데, 이 이론은 한 종류의 액체는 양전하의 증가를 일으키고 다른 하나는 음전하의 증가를 일으킨다고 주장했다. 그러나 그는 두 번째 이론도 표준 해석과는 어딘지 아귀가 맞지 않는다고 생각하고 있었다. 이 패기 넘치는 젊은이가 자기보다 뛰어난 선배 과학자들에 대해 품은 의심은 옳은 것이었지만, 그가 건드린 문제는 상상을 초월할 만큼 복잡한 것이었음이 나중에 밝혀지게 된다. 이때는 패러데이가 정전기에 대해 스스로 만족할 만한 해석을 내놓기 훨씬 전이었고, 후계자인 맥스웰이 퍼즐의 마지막 조각을 완성시키는 시점보다는 반세기나 앞섰다.

패러데이가 전기라는 대상과 비로소 직면하게 되었다고 생각한 그 무렵, 그의 계획은 이탈리아에서 이루어진 놀라운 발견 때문에 큰 영향을 받는다. 10년 전, 알레산드로 볼타Alessandro Volta가 발명한 볼타 전지, 즉 축전기의 존재에 대해 알게 된 존 테이텀이 이를 런던 시 철학 협회의 청중에게 설명했던 것이다. 패러데이가 사용하던 금속판을 넣은 유리병을 비롯한 기존의 전기 저장 장치들은 모든 전하를 한번에 소진했던 데 비해, 축전기는 지금까지 꿈꿀 수 없었던 것, 즉 지속적으로 유지되는 전기의 흐름을 만들어낼 수 있었다. 이러한 새로운 전류는 물질의 구조를 탐구하는 간단한 실험에도 이용될 수 있었다. 새롭고 광대한 과학의 분야로 통하는 문이 열리고 있었던 것이다. 게다가 축전기는 만들기도 쉬웠다. 1800년에 볼타는 자세한 제작법을 공개했다. 구리판과 아연판을 번갈아 층층이 쌓으면서 사이사이에 소금 용액을 적신 두꺼운 종이를 끼워 넣기만 하면 놀랍게도 전기가 생성되었는데, 이때 사용되는 금속판의 수가 많을수록 전기도 그만큼 강력했다. 그러고 나서 양쪽 끝의 판을 금속선으로 연결하면 연속적인 전류가 흘렀다. 이것이 전부가 아니었다. 실험가들은 연결된 전선의 양 끝을 화학적 화합물의 용액에 담가두면 전기적 힘이 화합물의 구성 물질을 분해하고, 각 구성 물질이 전선의 양 끝에 결집된다는 사실을 발견했던 것이다.

위와 같은 것에 대해 듣거나 읽기만 해서는 패러데이는 결코 만족할 수 없었다. 다른 사람의 실험을 평가할 때면 그는 같은 실험을 직접 반복하거나 심지어 확장시켜본 뒤에야 비로소 만족했다. 이런 방식으로 어떤 아이디어를 자기 것으로 만드는 습관은 평생 동안 그를 따라다녔다. 그는 전기분해 실험을 일생 동안 다양한 구성으로 무수하게 반복했지만, 이 무렵 패러데이의 목적은 이 새로운 현상을 스스로 만족할 수 있을 만큼 재현해보는 것이었다. 재료를 살 수 있을 만큼 충분한 돈이 모이자, 그는 반 페니짜리 동전 일곱 개와 커다란 판에서 잘라낸 일곱 개의 아연판 사이에 소금물에 적신 종이를 끼워서 축전기를 제작했다. 그는 양쪽 끝의 판에 구리선을 연결하고 선의 끝부분을 황산마그네슘 용액에 담근 뒤, 무슨 일이 일어나는지 관찰했다.

두 구리선은 매우 짧은 시간 안에 모종의 기체 방울로 뒤덮였고, 음전하 쪽 전선에는 작은 입자처럼 보이는 극도로 미세한 방울이 나타나서 용액을 통과하며 이동했다. 두 시간 정도 지나자 투명했던 용액이 탁해졌고, 이로써 황산염이 분해되었다는 사실이 증명되었다. 마그네슘[산화마그네슘]이 부유물이 되어 탁해진 것이다.[6]

패러데이의 직업적인 진로를 결정지은 순간을 꼽는다면, 바로 이 순간이었을 것이다. 그는 다른 분야가 아닌 오로지 과학만을 추구해야겠다고 마음먹었다. 이미 완벽한 스승도 물색해두었다. 바로 《화학에 관한 대화Conversations on Chemistry》라는 주목할 만한 책을 통해 알게 된 제인 마르세Jane Marcet였다. 1805년에 익명으로 출판된 이 책은 대단히 큰 인기를 끌었는데, 해적판이 넘쳐나던 미국에서 특히 많은 독자를 얻었다. 갈릴레오의 《두 개의 주요 우주 체계에 대한 대화Dialogue on the Two Chief World Systems》를 연상시키는 방식으로 진행되는 이 책은 작가의 분신인 B여사Mrs. B가 두 명의 학생들, 성실한 에밀리와 말괄량이 캐롤라인에게 물리 세계에 대한 과학자의 호기심과 과학적 발견의 기쁨을 가르치는 내용이다. 그들은 집에서 쉽게 구할 수 있는 재료들을 가지고 실험도 하고 열과 빛에 대해서 배우기도 하는데, 이 과정에서 오로지 관찰된 사실만을 가지고 결론을 도출하는 조심성을 보여준다. 이는 모두 와츠가 설정한 인생 지침과 정확하게 들어맞았고, 그 덕에 패러데이는 진지하게 실험가의 길을 걷기 전부터 이미 작업의 순서를 확실하게 알게 되었다. 탐구하고, 관찰하고, 실험할 것, 오류의 원천을 제거하고, 이론과 실험 결과를 대조하고, 사유를 멈추지 말 것, 최후까지 시험을 통과했다면 반드시 결론을 도출하고, 새로운 도전에 항상 열려 있을 것, 결코 관념의 포로가 되지 말 것.

부유한 런던 출신 상업가의 딸로 태어난 제인 마르세는 스위스 출신 의사인 알렉산더와 결혼한 후, 남편이 과학에 대해 가지고 있던 열정을 공유하게 되었다. 이들 부부는 최근의 발전 동향에 대한 수준 높은 정보들을 접하여 지적 궁금증을 해소했으며, 그들이 속한 사교 모임에는 저명한 과학자들이 여럿 포함되어 있었다. 격식 있는 저녁 오찬에서 왕립 학회의 일원들이 토머스 영Thomas Young의 빛 파동 이론이나 요한 리터Johann Ritter가 발견한 자외선 방출 현상에 대해 토론하는 모습은 오늘날에도 떠올려볼 수 있다. 그러나 이는 패러데이가 몸담고 있던 세계와는 완전히 동떨어진 것이었다. 당시 사회의 규범은 파니 알렉산더Fanny Alexander가 몇 년 후에 쓴 찬가 〈아름답고 빛나는 모든 것들All Things Bright and Beautiful〉에 잘 나타나 있다. 그중 한 구절은 이렇다.

> 부유한 자는 자신의 성채 안에서 살아가고,
> 가난한 자는 자신의 담벼락 뒤에서 사는 것은,
> 하느님께서 그들의 지체를 높고 낮게 만드시고,
> 그들의 토지를 손수 분배하신 까닭이다.

대장장이의 아들이나 제본업 수습생 같은 사람들이 무릇 높은 신분의 사람들과 친구나 동료가 되는 법은 없었고, 있어서도 안 되는 일이었다. 그러나 과학은 으레 신분의 차이를 뛰어넘곤 한다. 《화학에 관한 대화》의 머리말에서 제인 마르세는 패러데이의 인생을 변화시킨 두 가지 요소를 언급했는데, 바로 왕립 과학 연구소Royal Institution와 험프리 데이비Humphry Davy였다.

권위 높은 왕립 학술원과는 달리 왕립 과학 연구소는 도전적인 신생 기관이었다. 58명의 창립 회원들 중 일부는 이미 왕립 학술원의 저명한 회원들이었는데, 이들은 새로운 연구소가 옛 단체와 경쟁하기보다는 이를 보완해주기를 원했다. 1799년 3월 7일에 열린 창립총회에서 결정된 바에 따르면, 왕립 과학 연구소의 목적은 "인간 삶의 일반적인 목적을 위한 과학의 응용"을 장려하는 데 있었으며 "철학 강의와 실험 시연"을 통해 이를 달성할 계획이었다. 왕립 과학 연구소는 처음에는 후원자들의 성금으로 운영되었다. 창립 회원들 중에서 가장 왕성하게 추진력을 발휘했던 이는 과학사에서 가장 유별난 인물 중 한 명이기도 한 벤저민 톰프슨Benjamin Thompson으로, 영국 시민이 되기 전에는 미국인이었고 럼퍼드 백작Count Rumford이라는 작위의 소유자였다. 톰프슨은 보물 사냥꾼, 난봉꾼, 바람둥이, 스파이, 군사 고문, 발명가, 공원 설계자, 과학자, 사회 개혁자와 같이 여러 분야를 두루 섭렵했으며, 모든 역할을 매우 뛰어나게 수행했다는 평가를 받을 만한 인물이었다. 그가 가진 (신성로마제국의) 백작 작위는 오합지졸이던 바이에른 군대를 강력하고 효율적인 전투 병력으로 변신시켜준 데 대한 감사의 표시로 바이에른 선제후(독일 황제를 선출할 권리가 있는 아홉 명의 제후를 말함—옮긴이)가 하사한 것으로, 그의 영국 친구들은 잘 몰랐겠지만 럼퍼드라는 이름은 그가 20년 전에 아내와 두 아이를 버리고 떠난 미국 뉴햄프셔의 마을 이름에서 따온 것이었다. 주로 톰프슨의 비전과 추진력 덕택에 연구소는 1800년에 왕립 단체의 자격을 획득했고, 이어서 런던 앨버말Albemarle 가 21번지에서 사업을 시작할 수 있었다(그리고 오늘날까지도 같은 주소로 등록되어 있다). 그러나 톰프슨은 예측이 불가능한 인간이었다. 지나치게 야심찬 교육 프로그램 탓에 이제 막 성장하던 연구소가 몰락할 위기에 처하자, 그는 몰래 파리로 도주해버렸다. 그런데 도주하기 직전에 연구소를 유명하게 만들어주고 돈 자루를 채워줄 천재적인 한 수를 두었으니, 바로 험프리 데이비를 영입한 일이었다. 화학 연구실의 관리자이자 보조 강연자로 고용된 험프리 데이비는 웨스트 컨트리 출신으로, 진한 콘월 사투리를 쓰는 패기만만한 23세의 청년이었다.

데이비는 놀라울 정도로 세련된 외모와 (웃음 가스라고도 불리던) 향정신성 물질인 산화질소를 시연하는 행사로 이미 유명해진 상태였다. 초기에 그의 강연을 보기 위해 고액의 입장권을 사들였던 런던 상류층 관객들은 과학적 호기심보다는 세간의 스캔들을 눈으로 확인하고 싶어서 움직였다고 할 수도 있겠다. 동기야 어쨌든 간에 데이비는 관객들을 실망시키지 않았고, 그들이 갈구하는 흥분과 긴장감을 제공할 수 있는 능력이 있었다. 그런데 그의 재주는 이에 그치지 않았다. 낭만적이고 유려한 말씨와 정열적인 자세, 눈부시고 화려한 실험과 함께 그가 보여주는 과학의 기적은 관객에게 풍부한 영감과 지식을 제공했다. 소문이 퍼지자, 이어지는 강연에 점점 더 많은 청중이 몰려왔다. 통행로가 마차들 때문에 막히지 않게 하기 위해, 앨버말 가는 런던 최초의 일방통행 간선도로로 지정될 정도였다. 1807년에 그가 병에 걸렸을 때에는 그의 안부를 묻는 문의가 너무나 많이 접수되었기 때문에, 왕립 과학 연구소에서는 본부 건물 외벽에 매 시간 갱신되는 소식문을 내붙이기까지 했다. 데이비만큼 유명세를 탄 인물은 그때까지 아무도 없었다. 청중의 절반은 여성들이었는데, 그중 많은 이들은 이 늠름한 젊은이에게 흠뻑 빠져버린 아가씨들이었다. "고작 시험관이나 들여다보라고 저 아름다운 눈동자를 만드신 건 아닐 텐데"[7]라고 쓴 사람도 있었다.

그러나 데이비는 단순한 쇼맨 이상의 인물이었다. 그는 왕립 과학 연구소의 연구실에서 이루어낸 획기적인 연구 덕에 일류 과학자들의 대열에 합류하게 되었다. 그는 용액에 전류를 흘려서 구성 요소를 분해하는 방식으로 칼륨과 나트륨 원소를 발견해냈다. 이는 패러데이가 리보의 작업실에서 황산마그네슘을 분해했을 때 사용한 것과 원칙적으로 동일한 방식이었으나, 훨씬 대규모의 실험이었다. 패러데이가 반 페니짜리 동전과 직접 잘라낸 아연 원판을 가지고 제작한 축전기는 일곱 개의 볼타 전지로 이루어져 있던 반면, 데이비가 사용한 것은 2,000개의 전지로 구성되어 있었다. 데이비는 일련의 실험 끝에, 염산이 이산화망간과 반응할 때 방출되는 녹색 기체, 즉 염소는 통념과 달리 산소를 포함하지 않으며 그 자체로 독립적인 원소라는 사실을 밝혀냈다. 위대한 프랑스 화학자 앙투안 로랑 라부아지에Antoine Laurent Lavoisier의 추종자들에게 이것은 이단에 가까운 의견이었다. 이 무렵 사람들은 모든 산은 필수적으로 산소를 포함한다는 라부아지에의 이론을 믿고 있었으며, 데이비의 올바른 의견이 설득력을 얻은 것은 몇 년이 지난 뒤의 일이었다.

패러데이는 물론이고 시 철학 협회의 친구들 중 누구도 데이비의 강연 입장권을 살 만한 돈은 없었지만, 이 위대한 인물이 이룩한 성과에 대해서는 익히 알고 있었다. 데이비가 불과 몇 구역 떨어진 곳에서 과학사를 새로이 쓰고 있다는 사실은 흥분되는 일이었지만, 동시에 절망적이기도 했다. 풍문은 패러데이의 귀를 사로잡았지만, 이는 굳게 닫힌 문 너머에서 벌어지는 파티의 소음을 엿듣는 것과 마찬가지였다. 그러던 어느 날, 그는 기쁘게도 데이비의 강연을 네 번 참석할 수 있는 입장권을 선물로 얻었다. 그가 시 철학 협회에서 보여준 성실함이 예기치 못한 결과로 이어졌던 것이다. 그가 정서해놓은 강연 노트의 글과 그림은 매우 아름다워서, 점장 리보 씨는 서점에 온 손님들에게 이를 자랑하곤 했다. 손님들 중에 댄스Dance라는 사람이 있었는데, 그는 패러데이의 작업물을 보고 말을 잇지 못할 정도로 깊은 인상을 받았다. 그래서 마침 왕립 과학 연구소의 회원이었던 댄스가 그 자리에서 패러데이에게 입장권을 선물했던 것이다.

패러데이는 매번 강연 장소에 일찍 도착해서 가장 좋은 자리를 차지하고는, 데이비가 진행하는 화려한 쇼를 지칠 줄 모르는 집중력으로 지켜보았다. 데이비에게는 청중에게 획기적인 실험을 보여줄 뿐만 아니라 과학의 즐거움도 전달하는 재능이 있었다. 강의가 끝나고 집에 돌아오면 패러데이는 습관대로 세심한 필치로 모든 실험에 대해 꼼꼼히 노트를 작성했다. 데이비의 강연은 나무랄 데 없이 훌륭했으나, 패러데이는 실험을 스스로 반복하고 그 결과를 자기 눈으로 직접 확인하려 했다. 물리 세계에서 정말로 무슨 일이 일어나고 있는지 확인하는 유일한 방법은 오로지 이뿐이었다. 그는 집과 가게에서 긁어모은 물건들로 장비를 제작해서 가능한 실험들을 시도하면서, 언젠가는 자신만의 연구실을 가지겠다는 꿈을 키워나갔다.

수습 기간이 끝나가던 시기에 패러데이는 왕립 학술원의 회장인 조지프 뱅크스 경Sir Joseph Banks에게 말단직이라도 좋으니 과학에 종사하게 해달라고 부탁하는 편지를 보냈으나, 답장을 받지 못했다. 칼튼 테라스Carlton Terrace에 있는 학술원 본부의 짐꾼에게 문의한 결과 뱅크스 회장(혹은 그의 비서)이 패러데이의 편지에 "답신할 필요 없음"[8]이라는 말을 적어놓았다는 사실만을 알게 되었을 뿐이었다.

수습 기간이 끝나고 패러데이는 앙리 드 라 로슈Henri de la Roche라는 또 다른 프랑스 이민자와 함께 제본업 일을 하게 된다. 노동은 하루 중 대부분의 시간을 차지했고, 그의 전망은 상당히 어두웠다. 허나 샌디 먼파에게는 낙심하지 않고 그저 하던 일을 묵묵히 계속하는 자질이 있었다. 몇 달 만에 드 라 로슈는 패러데이의 능력에 감명받은 나머지, 자신의 사업을 물려주겠다고 제안했다. 그렇지만 이는 패러데이가 원하던 일이 아니었다. 의기소침해진 그는 친구에게 다음과 같은 편지를 썼다.

> 현재 상황에 계속 갇혀 있는 한(그리고 아직 탈출할 방법이 없다고 보이는데), 난 철학을 완전히 포기할 수밖에 없네. 이 과업은 시간과 수단을 더 풍족하게 지닌 이들에게 넘겨줘야 하겠지.[9]

상황이 가장 어둡다고 느껴지던 이 순간, 가장 예상하지 못한 곳에서 그의 도움을 요청했으니, 바로 험프리 데이비였다.

패러데이를 구제해준 백기사 댄스가 다시 한 번 패러데이의 조력자가 되었다. 마침 데이비는 연구실에서 일어난 폭발로 일시적으로 시력을 잃어서 조수를 한 명 필요로 했는데, 댄스가 마침 이 일에 딱 맞는 사람이 있다고 귀띔해줬던 것이다. 패러데이는 며칠간의 휴가를 얻어서 자신의 영웅 곁에서 행복한 시간을 보낼 수 있었다. 그러나 그 일은 순식간에 끝나버렸고, 밝은 세상을 잠깐이나마 목격했기 때문에 평소의 노동은 예전보다도 더욱 지루하게 느껴졌다. 모험 없이는 아무것도 얻을 수 없다고 생각한 패러데이는 강의 노트를 정성껏 제본해서 데이비에게 보내어 왕립 과학 연구소에서 고정직을 얻을 수는 없는지 물었다. 며칠 후, 1812년 크리스마스이브에 도착한 답장을 보고 그는 뛸 듯이 기뻐했다.

귀하에게,

보내주신 문서는 귀하의 뛰어난 열정과 기억력과 집중력을 증명하고 있으므로, 저는 조금도 불쾌하게 여기지 않았습니다. 저는 1월 말까지 시내에 없을 예정입니다. 그다음에 원하시는 시간에 뵙도록 하겠습니다.
제가 귀하를 도울 수 있다면 기쁘겠습니다. 제게 그럴 힘이 있기를 바랍니다.

귀하를
충직하고 겸허한 마음으로 섬기는
H. 데이비

패러데이는 이 편지를 평생 동안 소중하게 보관했으나, 지금 당장은 성과가 없었다. 면접 때 데이비는 패러데이를 고용하고 싶지만 현재 연구소의 모든 자리가 배정되어 있으며, 빠른 시일 내에 공석이 생기지는 않을 것 같다고 말했다. 패러데이는 다시 한 번 의기소침해질 수밖에 없었지만, 다행히 이번에는 오래가지 않았다. 어느 날 저녁, 마차 한 대가 패러데이 집 밖에 멈추더니 하인이 소식을 전했던 것이다. "패러데이 씨, 내일 아침 데이비 씨를 찾아와주시겠습니까?"

의욕으로 불타는 방문자를 맞은 데이비는 용기 세척공이 싸움을 일으켜서 해고해야 했다면서, 패러데이에게 이 자리를 제안했다. 물론 현명한 경고를 덧붙이는 것을 잊지 않았다. 여러 해가 흐른 뒤, 패러데이는 친구에게 이때의 일을 털어놓았다.

과학에 종사하려는 내 열망을 보고 기뻐하면서도, 그는 지금 가지고 있는 전망을 포기하지 말 것을 당부했네. 과학은 다루기 어려운 애인과도 같아서 헌신적으로 섬기는 이들에게 제대로 된 보상을 주지 않으며, 특히 금전적인 면에서 더욱 그렇다고 했네. 철학적 인간들의 도덕적 우월감에 대한 나의 의견을 들은 그는 웃으면서, 몇 년 정도 경험하다 보면 자연스레 그 생각이 올바른 쪽으로 바뀔 것이라고 했지.[10]

훌륭한 조언이었지만, 이런 말을 패러데이가 받아들일 리가 없다는 것은 데이비도 예감할 수 있었으리라. 이렇게 패러데이는 과학계에 발을 들이고 새 삶을 시작했다. 그가 맡은 자리는 연구소의 말단직으로, 그의 업무는 비공식적으로는 "잡일과 걸레질"이라고 불리기도 했다. 실험 용기의 세척 말고도 바닥도 쓸고 벽난로도 청소해야 했다. 그러나 데이비가 신입 직원의 재능을 알게 되기까지 그렇게 오래 걸리지는 않았다. 처음에는 패러데이에게 사탕무에서 설탕을 추출하는 일을 맡겼고, 얼마 지나지 않아 둘은 같이 삼염화질소의 위험한 세계를 탐험하기 시작했다. 이 혼합물은 데이비의 시력을 빼앗을 뻔한 적도 있었고, 그 외에도 정기적으로 수많은 시험관과 그릇을 산산조각내던 위험한 물질이었다. 패러데이에게는 두 번째 견습생 시절이었던 셈이다. 그리고 이번에는 그의 적성에 꼭 맞는 분야의 견습생이 되었다.

어느덧 데이비는 유럽 최고의 과학자가 되었다. 그는 왕립 학술원의 임원이 되었을 뿐만 아니라, 영국과 프랑스가 고통스러운 전쟁을 치르고 있던 중에도 프랑스 국립 연구소Institut de France에서 수여하는 나폴레옹 상[11]을 수상했다. 그가 손대는 것마다 대서특필감이 되었다. 데이비는 1812년 국왕에게 기사 작위를 수여받고, 같은 해에 제인 아프리스Jane Apreece라는 부유하고 젊은 과부와 결혼에도 성공했다. 그녀가 가진 빼어난 아름다움과 우아함, 재치는 상류층 인사들에게 흠모의 대상이었다. 상류사회에 진입한 데이비는 고귀하고 성공한 사람들과 식사를 하고 술잔을 기울이는 인물이 되었다. 데이비 부부는 문화 전반에 폭넓은 관심을 가지고 있었고, 그중에서도 작가들과 만나는 것을 특히 좋아했다. 데이비 부인은 월터 스콧 경Sir Walter Scott의 친구(이자 먼 친척)이기도 했고, 데이비는 시문학을 사랑하여 로버트 사우디Robert Southey나 새뮤얼 테일러 콜리지Samuel Taylor Coleridge와 같은 대가들과 절친하게 지냈으며, 스스로 펜대를 들고 시적 상상력에 빠져드는 일도 잦았다. 반대로 콜리지는 자신이 데이비의 강연을 듣는 이유가 새로운 은유적 표현을 얻기 위해서라고 말한 적이 있다.

독립적인 자금과 수단을 갖추게 된 데이비에게 유럽 대륙으로 여행을 떠나려는 소망은 자연스러운 것이었다. 유럽의 위대한 문화적 중심지들을 방문하고, 몇 년 동안 서신으로만 연락하던 최고의 과학자들을 직접 만나보고, 또 나폴레옹 상을 직접 받으려는 계획이었다. 이런 생각을 하는 것만으로도 그를 배신자라고 욕했던 영국인들이 있었던 것도 마찬가지로 자연스러운 일이었다. 프랑스는 영국의 숙적이었고, 나폴레옹은 인간의 모습을 취한 악마라고 여겨졌던 시대였다. 물론 데이비는 이보다는 폭넓은 시야를 가지고 있었다. 친구에게 보내는 편지에 그는 이렇게 썼다.

어떤 사람들은 내가 수상을 거부해야 한다고 말하네. 그리고 이를 옹호하는 멍청한 글도 잔뜩 있지. 그러나 두 국가나 정부가 서로 싸운다고 해서, 과학자들도 그런 것은 아니네. 과학자들끼리 싸운다면 그것은 최악의 의미에서의 내전이겠지. 그러는 대신 우리는 과학자들의 유용함을 통해서 국가 간의 적대심을 완화하는 데 힘써야 하네.[12]

나폴레옹은 특수 여권의 발급을 승인했다. 플리머스Plymouth에서 떠나기로 계획된 여행단은 총 다섯 명으로 이루어져 있었다. 데이비와 그의 하인, 데이비 부인과 하녀, 그리고 학문적 조수로 동참한 패러데이였다. 몇 달 전까지만 해도 평생을 제본업자로 살게 될까 봐 걱정하던 그는 고위 귀족 자제들에게만 허락되어 있던 유럽으로의 여정을 떠날 준비를 하고 있었다. 게다가 그가 존경해마지 않는 인물과 함께하는 여행이었다. 그러나 데이비의 곁에서 패러데이의 생활은 그다지 평탄치만은 않았다. 항해를 시작하기 직전에 데이비의 하인이 일을 그만두자, 데이비는 파리에 도착할 때까지만 임시적으로 하인의 역할도 맡아 달라고 패러데이에게 부탁했던 것이다. 이는 그가 여행에 참여할지 말지 다시금 생각하게 만들었다. 그렇지 않아도 익숙한 환경에서 떠난다는 사실만으로도 불안해하던 차였는데, 다른 사람의 장화를 닦는 수모까지 겪어야 하다니 말이다. 그렇지만 도저히 놓칠 수 없는 기회였다!
자존심은 잠시 옆으로 밀어둔 채, 패러데이는 1813년 10월에 플리머
스 항으로 가는 마차에 몸을 실었다.

2

화학

1813~1820

패러데이가 런던의 끝자락을 넘어서 여행해본 것은 이번이 처음이었다. 사방은 새로운 풍경과 소리로 가득했다. 그는 플리머스로 가는 내내 마차 지붕 위에 앉아 모든 인상을 남김없이 흡수했다. 배가 출항하고 데이비 부부가 선실로 돌아갔을 때는 갑판에 혼자 남아서 담요를 몸에 두르고, 처음 보는 바다의 풍경을 두 눈 가득히 받아들였다.

그가 프랑스에서 받은 첫인상은 더 이상 나쁠 수 없을 정도였다. 이틀간의 거친 항해를 마치고 브르타뉴 모를레Morlaix 항에 정박했을 때 일행은 상륙을 거부당했고, 거드름 피우는 프랑스 관리가 도착해서 의례적인 탐문과 짐 수색을 지시할 때까지 배 안에서 몇 시간이나 기다려야 했다. 이어서 진흙투성이 길과 어둠을 뚫고 자정이 훨씬 지난 시각에 호텔에 도착해보니, 응접실과 복도는 몸을 녹이고 음식 부스러기를 주워 먹으려는 거지들로 가득했다. 그뿐 아니라 닭 떼, 돼지 떼, 말도 똑같은 이유로 건물 안에 들어와 있었다.

그들이 나폴레옹이 건설한 신新 프랑스의 징후를 보게 된 것은 파리에 도착한 다음이었다. 도로는 점차 평탄해지고, 누추함은 장대함으로 변해갔다. 숙소인 오텔 데 프랭스Hotel des Princes에 도착하자, 패러데이는 데이비 부부에게 필요한 것이 모두 준비되도록 조치한 후 첫 산책을 위해 대로로 나섰다. 그러나 멀리가지 않아 "영국인"이라는 외침과 함께 몰려온 군중들이 그를 떠밀고 침을 뱉었다. 입고 있던 옷 때문에 정체가 탄로난 것이다. 그는 최대한 빨리 프랑스식 의복을 사서 옷차림을 갖추었지만, 여전히 냉랭한 고립감을 떨쳐버릴 수 없었다. 그는 일기장에 이렇게 적었다. "나는 이곳의 언어뿐만 아니라 단 한 사람의 인간도 알지 못하며, 이곳 주민들은 온통 적대적이고 허영심으로 가득 차 있다."[1]

그러나 이런 자기 연민은 은밀한 것이었으며 오래가지 않아 끝났다. 그는 프랑스라는 이상하고 새로운 세계를 이해하려면 그 안으로 들어가야 한다는 것을 깨달았고, 곧 프랑스어를 배우기 시작했다. 몇 마디 말이 통하기 시작하자 그는 프랑스인들을 조금 더 좋아할 수 있게 되었으며, 프랑스인들이 "소통하려는 욕구가 강하고, 정력적이며, 지성과 집중력이 높다"[2]는 판단을 내리기에 이르렀다. 외모에 지나치게 신경을 쓰고, 금전적 협상에서는 완전히 강도로 변신해버리긴 하지만 말이다. 그는 여느 때처럼 성실하고 주의 깊은 관찰력을 가지고 네모난 블록이 깔린 파리의 거리를 발이 아프도록 휘젓고 다니며 강당, 교회, 공원, 기념물과 미술관을 섭렵했고, 이 모든 것을 일기장에 세세하게 기록해두었다. 런던의 피곤한 상업가를 막 떠나온 21세의 젊은이에게

이 모든 것은 신선한 자극이었지만, 그의 머리 위에는 검은 구름 한 조각이 떠나지 않고 맴돌고 있었다. 그는 아직도 누군가의 하인이었던 것이다.

일 자체는 문제가 되지 않았다. 원래부터 상류층 출신이 아닌 데이비는 옷을 입거나 면도를 할 때 남의 도움을 원하는 사람은 아니었다. 패러데이가 견딜 수 없던 것은 하인이라는 신분 자체가 가져다주는 모욕감과 수치심이었다. 몇 주가 지나도록, 그는 데이비가 약속대로 파리에서 새 하인을 구하기만을 헛되이 기다렸다. 지원자들은 매번 적합하지 않다는 이유로 거절당했다. 여기까지는 대수롭지 않게 넘길 수 있었지만, 정말로 견디기 어려운 것은 데이비 부인이었다. 패러데이는 친구 벤저민 애벗에게 보내는 편지에 이렇게 썼다. "그녀는 자존심이 높고, 극도로 오만한 데다가 아랫사람들이 자신의 권력에 열등감을 느끼게 하는 것을 기쁨으로 삼는 여자일세."[3] 제인 데이비는 남편이 하는 일을 전혀 이해하지 못했으며, 그녀의 눈에 패러데이는 주제넘게 구는 하인에 불과했다.

그러나 데이비와 함께 프랑스 최고의 과학자들과 회동할 때면 패러데이는 누구의 하인도 아니었다. 과학자 중에는 데이비와 (아직까지는) 선의의 경쟁 관계였던 조셉 루이 게이뤼삭Joseph Louis Gay-Lussac도 있었고, 비슷한 (그러나 더 오래 지속된) 관계였던 앙드레 마리 앙페르André-Marie Ampere도 있었다. 데이비는 영국에서 이동식 실험실을 싣고 왔는데, 여기에 있는 실험 재료들은 꽤 커다란 폭발을 만들어내기에 충분한 양이었다. 어떻게 모를레 항구의 관리들에게 들키지 않고 들여왔는지는 알 수 없지만, 아무튼 데이비는 아무 제약도 받지 않고 방문객들을 위해 호텔방에서 실험을 벌이고 있었다. 그러던 어느 날, 앙페르와 몇몇 동료들이 작은 상자에 담긴, 어두운 회색의 광채를 띤 결정들을 가져왔다. '물질 X'라고 부르는 것으로, 사실 공장에서 화약을 생산하던 중에 부산물로 생겨난 물질이었는데, 앙페르는 데이비에게 게이뤼삭과 다른 과학자들이 이 물질의 성분을 밝혀내는 데 실패했다고만 말해주었다. 데이비는 당장 작업에 착수해서 결정 몇 개를 시험관 안에서 녹인 다음, 방문객들에게 놀랍도록 진한 보라색 기체를 보여주었다. 그 후 며칠 동안 자신만의 방법으로 실험에 실험을 거듭한 데이비는 이 물질이 완전히 새로운 원소라는 결론을 내리고, 보라색이라는 뜻의 고대 그리스어 '요오딘iodine'이라는 명칭을 부여했다.

그는 너무 많은 지식을 알려주고 싶지 않았으므로, 조심스럽게 게이뤼삭과 기록을 비교했다. 당시 프랑스 최고의 화학자였던 게이뤼삭은 이 물질에 이미 요오드라는 이름을 붙여놓았고 생각해낼 수 있는 모든 실험을 통해서 여러 가지 성질들을 밝혀내긴 했으나, 아직도 이것이 원소인지 화합물인지 확신하지는 못한 상태였다. 자기도취에 빠진 프랑스 과학자들의 수준이 겨우 이 정도였다니! 데이비는 이 발견을 재빨리 런던 왕립 학술원의 이름으로 발표하여 자신과 영국의 것으로 선언하려는 과감한 수를 두었다. 게이뤼삭은 격노하여, 요오드는 자신이 발견한 것이며 따라서 프랑스의 것이라고 주장했다. 전쟁에서 멀어졌을지는 몰라도, 과학자들이라고 차별주의에 면역력이 있는 것은 아니었다. 이 사건으로 데이비가 게이뤼삭의 분야를 침범할 빌미를 주었다며, 애꿎은 앙페르만 프랑스 국민들에게 질타의 대상이 되고 말았다.

패러데이는 이 일에 대해 아주 명료한 의견을 가지고 있었다. 데이비의 탁월한 작업에 대해서 그는 애벗에게 편지에 이렇게 썼다.

이 물질에 대한 발견은 요오딘에 대한 게이뤼삭의 논문과 여러 면에서 상충하고 있네. 프랑스 화학자들은 그들에게 직접 보여주기 전까지 이 물질의 중요성을 알지도 못했는데, 이제 와서 그에 딸려오는 모든 명예를 독식하려고 서두르고 있는 것이지. 그렇지만 그들의 성급함은 오히려 목적에 해가 된다네. 실험적인 논증 없이 이론적으로만 결과를 도출하기 때문에, 그 귀결은 오류로 이어질 뿐이네.[4]

그러나 마지막에 언급한 문제가 훗날 그가 행하게 될 전기와 자기에 관한 연구에 얼마나 지배적인 영향을 미칠게 될지 패러데이는 아직 몰랐다.

파리를 이렇게 한바탕 뒤집어놓고 떠난 데이비 일행은 리옹을 거쳐 몽펠리에, 엑스, 니스를 지나서, 거친 한겨울 날씨에 알프스 산맥을 남쪽으로 횡단했고, 이어서 투린과 제노바를 거쳐 피렌체로 가는 배에 올라탔다. 풍랑에 흔들리는 항해를 겪으며 데이비 부인은 뱃멀미에 시달렸고, 가끔 말 한 마디 못하는 상태에 빠지곤 했다. 나중에 패러데이는 애벗에게, 그녀의 침묵은 일행 전원의 목숨을 걸 만한 가치가 있었다고 이야기했다. 피렌체에 도착한 데이비는 토스카나 공작에게 빌린 거대한 볼록렌즈로 태양광선을 모아 다이아몬드를 연소시키는 실험을 했다. 이 다이아몬드들은 산소로 가득 찬 유리 용기 속에 담겨 있었고 실험의 결과물로는 이산화탄소가 발생했으므로, 데이비는 다이아몬드가 철매나 숯 또는 흑연과 같이 순수한 탄소가 틀림없다는 결론을 내렸다.

데이비와 패러데이는 피렌체의 자연사 박물관에서 갈릴레오의 장비들, 특히 유명한 갈릴레오의 망원경을 감상할 수 있는 기회를 얻었다. 그리고 다음 목적지인 로마에서는 성 베드로 성당의 경이로움과 로마 제국의 장대한 주거 지역을 볼 수 있었다. 고대에 그리도 장엄했던 로마 민족에게는 무슨 일이 일어난 걸까? 패러데이는 애벗에게 이렇게 썼다.

이탈리아의 문명은 근래에 빠른 속도로 뒷걸음쳤다고 생각되네. 오늘날 여기에는 조상들이 남겨준 영광을 유지하려는 노력을 전혀 할 줄 모르는, 타락하고 게으른 민족만이 있을 뿐이야.[5]

로마에서 나폴리를 경유하고, 다시 북쪽으로 가서 도착한 밀라노에서 패러데이와 데이비는 69세의 알레산드로 볼타를 만났다. 이곳에 패러데이가 흠모하는 마지막 이탈리아인이 살아 있었다. 데이비는 후에 이때의 느낌을 회상하며 이렇게 기록했다.

그의 대화술은 훌륭하지 못했고 사물을 보는 관점도 다소 제한되어 있었지만, 대단한 기발함의 소유자였다. 그의 행동이나 예절은 매우 소박했다. …… 실제로 이탈리아의 석학들에게 보편적으로 해당되는 성향이 있다면, 그중 누구도 위엄이나 우아한 예절을 갖추지 않았다는 것이다. 그들은 모두 꾸밈이 없었다.[6]

다시 알프스를 넘어 제네바로 여정을 계속했다. 이곳에서 데이비는 여러 해 동안 서신을 주고받았던 샤를가스파르 드 라 리브Charles-Gaspard de la Rive와 그의 아들 오귀스트를 만날 생각이었다. 데이비 일행은 드 라 리브의 호숫가 별장에 석 달 동안 머무를 수 있었다. 패러데이에게 영감을 심어주었던 제인 마르세와 남편 알렉산더도 제네바에 있었는데, 이들은 스위스의 친척들을 방문하는 중이었던 듯하다. 이들은 데이비 부부와 패러데이를 저녁 식사에 초대했는데, 그곳에 도착한 데이비 부인이 패러데이에게 하인들과 함께 저녁을 들라고 지시하는 바람에 모두를 대단히 곤혹스러운 상황으로 몰아넣었다. 알렉산더는 어떻게든 상황을 수습하려 최선을 다했다. 식사가 끝나고 부인들이 물러나자 이렇게 말했던 것이다. "친애하는 여러분, 이제 부엌으로 가서 패러데이 선생과 합석합시다."[7]

데이비는 유럽의 많은 과학자들에게 기억에 남을 만한 인상을 주었다. 패러데이도 마찬가지였다. 파리와 제네바에서 두 사람을 모두 만날 기회가 있었던 한 젊은이는 나중에 이렇게 기술했다.

그때는 아직 그[데이비]의 실험실 조수가 지금의 위대한 명성을 얻은 독립적 연구를 하기 전이었다. 그러나 파리에서도, 제네바에서도, 몽펠리에에서도 그는 특유의 겸손함과 친절함, 지성으로 헌신적인 친구들을 많이 얻었다. …… 패러데이에 대한 잊을 수 없는 기억들은 그의 스승은 절대로 주지 못했을 불변의 애정으로 가득 차 있었다. 우리는 데이비를 선망했지만, 패러데이는 사랑했다.[8]

여행은 계속되었다. 로마로 돌아온 패러데이는 대성당에서 교황이 주관하는 미사에 참석하여 열정적으로 성가를 합창하던 독실한 군중들이 미사가 끝나자 곧바로 몇 주 동안 이어지는 음란한 겨울 카니발 행렬에 합류하는 것을 보고 충격과 경이로움을 동시에 느꼈다. 그는 고향으로 돌아가기를 간절히 원했고, 기쁘게도 그의 소원은 곧 이루어졌다. 그리스와 터키까지 여행을 계속하려던 데이비의 계획은 역병이 퍼지면서 물거품으로 돌아갔다. 지금 사람들의 시선으로 보면, 패러데이와 데이비 부부가 당시의 정치적 정황은 걱정하지 않고 유럽을 자유롭게 누빌 수 있었다는 것이 신기하기만 하다. 그들이 여행을 다니는 동안 나폴레옹은 다른 유럽 국가들이 결성한 연합군에 패하여 이미 한 번 엘바 섬으로 추방당했고, 재차 프랑스로 탈출하여 다시금 활력을 얻은 수백만의 국민들을 단결시키고 있었다. 영국과 프러시아와 마찬가지로 이탈리아도 이에 위협을 느끼고 있었고, 길거리마다 군인들이 집결하고 있었다.

패러데이는 국가 간의 싸움에 대해 그가 평생 고수했던 관점을 잘 보여주는 대목을 일기장에 적어 넣었다.

보나파르트가 다시 자유의 몸이 되었다는 소식을 들었다. 난 정치가가 아니므로 그다지 걱정하지는 않지만, 이것이 유럽에서 일어날 사건에 강력한 영향을 미칠 것이라고는 생각한다.[9]

데이비가 계획을 바꾼 데에는 다른 이유가 있을 수도 있다. 부인과 쉴 틈 없이 계속 같이 지내야 한다는 데 대한 부담감이 크게 작용했던 것인지도 모른다. 일행은 안전한 경로 중에서 가장 빠른 길을 택했고,

독일과 네덜란드를 통과해 오스텐드에서 영국으로 가는 배에 올랐다. 패러데이는 기쁨을 주체하지 못했다. 브뤼셀에서 어머니에게 집에 사흘이면 도착할 거라는 편지를 쓰면서 그는 추신에 이런 말을 덧붙였다. "이게 어머니에게 보냈던 제 편지 중에서 가장 짧지만 (저에게는) 가장 애정이 넘치는 편지랍니다."[10]

18개월의 시간이 지나고, 소년으로 떠났던 패러데이는 당당한 남자가 되어서 돌아왔다. 그는 베르사유 궁전과 루브르를 보았고, 성 베드로 대성당과 콜로세움과 베수비오 화산을 목격했으며, 알프스를 세 차례나 횡단한 남자였다. 또한 그는 유럽의 엘리트와 교류했고 오랜 시간을 함께할 친구들을 얻었다. 그는 데이비 부인의 가시 돋친 말들을 견뎌냈고, 시간이 지나면서 그런 말에 무관심으로 대응하는 법도 터득했다. 무엇보다도 그는 데이비의 가까운 동료로 지내면서 화학의 본질에 대한 그의 통찰력을 엿보고, 그가 이룬 과학적 발견을 공유했으며, 과학에는 영감과 환호의 순간에 느끼는 행복감 외에도 힘든 노동과 잘못된 길, 의심과 실망 역시 뒤따른다는 사실을 몸으로 배웠다.

여러 세대에 걸쳐 영국 고위층 자제에게 유럽 본토 여행은 통과의례와도 같은 것이었고 이튼스쿨이나 옥스퍼드, 케임브리지 같은 학교를 다니는 엘리트들이 밟는 교육 과정의 정점이기도 했다. 유럽 여행은 삶의 질을 높여주는 경험임에는 틀림없었으나, 어떤 이들은 유럽 최고의 예술, 음악, 사교의 매력보다 유럽 최고의 환락가나 도박장의 유혹에 빠지기도 했다. 스스로의 노력과 행운이 합쳐진 결과, 대장장이 집 아들에 불과한 패러데이도 선택받은 길을 갈 수 있었던 것이다. 그리고 여행은 그에게도 통과의례였으니, 패러데이는 인식의 지평선을 대단히 넓혔을 뿐 아니라, 젊고 교육받은 영국 신사에게 요구되는 덕목을 상당 부분 갖출 수 있었던 것이다. 그는 세계에 대한 안목을 가지게 되었고, 예를 들면 화려한 상류사회처럼 자신이 세계의 어떤 부분을 멀리하고 싶은지도 잘 알게 되었다. 또 이제껏 살아온 단조로운 노동의 세계 너머를 보았고, 부와 권력을 가진 자들의 방식에 대해서도 여러 가지를 배웠다. 세계를 두루 경험한 패러데이는 이러한 것들을 이제 대등한 위치에서 대할 수 있게 되었다.

왕립 과학 연구소로 돌아온 패러데이는 급여가 약간 인상되면서 '조수 겸 실험 장비 및 광물질 총감독관'이라는 흥미로운 직책을 얻게 되었다. '잡일과 걸레질'을 도맡아 하던 시절도, 하인 역할도, 옛날 일이 되어버린 것이다. 그래도 패러데이는 아직 데이비의 조수로 활동하면서, 정열적이지만 다소 혼란스러운 위대한 인물의 작업 방식에 질서를 부여하는 역할을 맡고 있었다. 그는 연구 노트를 정서하고, 데이비가 직업적, 사교적 외부 행사에 참가하느라 자리를 비울 때에도 실험을 계속 유지하는 일을 맡았다. 이 임무는 쉽지 않았다. 몇 달의 시간이 흐르면서 데이비는 그에게 점점 더 많이 의지하게 되었기 때문이다. 그러나 별 같은 명성과 카리스마의 소유자인 데이비의 그림자 뒤에서 패러데이가 묵묵히 일할 수 있던 것은 정말 사랑하는 일이었기 때문이다. 패러데이는 스승이 아무렇게나 갈겨놓은 연구 노트를 기가 막히게 정갈한 필체로 정리해놓곤 했으며, 그 대가로 노트 원본을 4절 책자로 제본해서 소장하게 해달라고만 부탁했다.

데이비와는 대조적으로, 패러데이의 삶은 질서의 표본이라고 부를 만했다. 모든 일에는 정해진 시간과 장소가 있었다. 월요일과 목요일 저녁에는 독서와 다른 자기계발 활동을 했고, 수요일 저녁에는 런던 시 철학 협회의 강연에 참석하거나 직접 강연했으며, 토요일은 항상 어머니와 함께 보냈고, 화요일과 금요일 저녁에는 애벗이나 다른 친구들과 어울렸다. 그리고 그는 이 모든 일을 전부 사랑했다.

1815년, 패러데이는 데이비가 광부용 램프를 제작하는 일을 도왔다. 탄광 광부들은 작업용 불빛이 필요했는데, 개방된 불꽃 때문에 일어나는 폭발로 수백 명이 죽어나갔다. 데이비가 만든 램프는 촘촘한 철망으로 둘러싸여 있어서 화염이 통과할 수 없었다. 램프만 잘 관리해주면 폭발은 일어나지 않았으므로, 데이비는 광부들의 영웅이 되었다. 새 램프 덕택에 광산 주인들이 안전 문제로 폐광되었던 갱도를 다시 열었기 때문에 실제 사망자는 되레 더 늘어나는 결과를 낳았지만 말이다.

발전하는 제자의 모습을 보며 기뻐하던 데이비는 패러데이에게 자신의 이름으로 출판할 수 있는 프로젝트를 맡겼다. 그리하여 마이클 패러데이라는 이름이 잡지에 등장하기 시작했으나, 그의 초기 논문만 보고는 장차 그가 해낼 업적을 짐작하기란 어려웠을 것이다. 이 시기의 글들은 짧고 평이했을 뿐만 아니라, 어떤 반응도 일으키지 못할 만한 주제를 다루고 있었기 때문이다. 예를 들면, 첫 번째 논문의 제목은 '토스카나산産 생석회의 분석'이었다. 그러나 패러데이에게 이 논문은 소중했다. 이는 그가 실제로 활동하는 과학자들의 대열에 들어섰음을 증명하는 징표였기 때문이다. 언젠가 위대한 발견을 이루리라는 생각은 아직 그의 머릿속에 없었지만, 새로운 세계에서 신용을 쌓기 위해 최선의 노력을 다하리라는 결심은 있었다. 패러데이가 맡은 업무 중 하나는 직속 상관인 윌리엄 브랜드William Brande의 실험실 작업과 강연을 보조하는 것이었다. 데이비가 강연장에서 휘황찬란한 불꽃과도 같은 존재였다면 브랜드는 희미한 빛에 가까운 사람이었으나, 연구에 있어서는 노련한 전문가였기에 패러데이는 많은 것을 배울 수 있었다. 데이비가 하던 강연을 브랜드가 넘겨받은 이후로 왕립 과학 연구소를 찾는 관객은 부쩍 줄어들었지만, 패러데이는 이미 강연술에 대한 견해를 확립하는 중이었다. 애벗에게 보내는 편지에서 그는 이렇게 말했다. "가는 길을 온갖 꽃으로 장식해놓지 않으면, 대다수의 인간은 우리와 함께 한 시간 남짓 동행하는 것도 힘들어한다네."[11] 그러는 동안에도 패러데이는 시 철학 협회에서 강연술을 연마했고, 저녁을 이용해 웅변술과 연설법 수업을 들으면서 노트를 자그마치 133쪽이나 채웠다. 수업료를 내는 것은 버거웠지만, 이에 들인 돈과 시간은 후회 없는 투자였다. 이때의 경험을 바탕으로, 완벽한 타이밍과 전달력으로 관객을 장악하는 강연술의 대가가 될 것이기 때문이었다.

그 당시, 패러데이는 노련하고 믿음직한 화학자로서 명성을 쌓으려 부단히 노력하고 있었다. 제조업과 식료품 생산 분야에서는 이제야 정확한 화학적 분석의 중요성을 인지하기 시작했으나, 이러한 업무를 수행할 만한 능력을 갖춘 사람은 영국 전체에 몇 명 되지 않았다. 영국의 대학에서 실용 화학을 가르치기 시작한 것은 이로부터 여러 해가 지나고 나서였기 때문이다. 최고의 실험 장비를 가지고 있던 패러데이는 상업적 회사와 정부 부서의 넘쳐나는 러브콜을 한 몸에 받고 있었다. 예를 들어 패러데이는 화약 공장에 납품된 염화질소의 수분 함량을 측정하거나, 부패하는 달걀에서 발생하는 가스를 분석하기도 했고, 해군

본부의 요청에 따라 항해용 식량을 제조할 때 사용되는 육류와 생선을 건조하는 다양한 방법을 실험하기도 했다. 이러한 사업은 왕립 과학 연구소가 그토록 절실히 필요로 하던 소득을 가져다주었다.

마찬가지로 법정의 전문 참조인 역할을 하는 것도 많은 이익을 가져다주었다. 법 관련 업무를 맡은 것은 주로 선배 연구원들이었으나, 1820년에 보험회사들이 집단으로 패러데이에게 변호를 도와달라며 고용했을 때 어이없게도 원고 측인 설탕 정제 회사에서 이미 데이비와 브랜드를 둘 다 고용했다는 사실을 알게 되었다. 보험회사들은 정제 회사 측에서 규정을 위반하고 정제 과정에서 기름을 사용했다고 주장하면서, 공장에 일어난 화재에 대한 보험금을 지급하기를 거부했다. 패러데이는 사용된 기름이 인화성을 띤다는 것을 명백하게 증명해냈지만 재판에서는 패배하고 말았다. 어째서인지 법정에서는 정제 회사가 허위로 보험금을 갈취할 의도는 없었으므로 보험회사에서 돈을 지불해야 한다는 판결을 내렸던 것이다. 이 재판은 세밀한 법적 관점에서는 미묘할 수 있겠지만, 어쨌든 소송 한 건에서 세 명분의 요금을 받아냈으니 왕립 과학 연구소에는 좋은 벌이가 되어주었다.

한번은 패러데이가 평소의 완벽함을 유지하지 못한 경우도 있었다. 항상 논쟁하길 좋아했던 데이비는 인산 화합물에 대한 논문을 출판하며 옌스 야콥 베르셀리우스Jons Jacob Berzelius의 연구 결과가 틀렸다고 지적하고 나섰다. 이 논문에는 패러데이의 연구에서 가져온 결과물도 일부 수록되어 있었는데, 베르셀리우스는 이 결과물을 검사하던 중 오류를 발견하고는 반격을 펼쳤다.

데이비 씨께서 이 실험들을 직접 반복해보는 노고를 아끼지 않으신다면, 정확한 분석을 하고자 하는 사람은 결코 다른 이에게 자신의 일을 위임해서는 안 된다는 사실을 확실하게 배우시리라고 믿습니다. 특히 다른 화학자의 작업물을 반박하려 할 때, 또 그 화학자가 정확한 실험의 기술에 있어서 아직 무지하다는 점을 드러낸 적이 없다면, 이런 규칙은 다른 어떤 것보다도 중요하겠지요.[12]

이것은 틀림없는 모욕이었으나, 동시에 가르침이기도 했다. 이후 패러데이가 가능한 한 모든 오류의 원천을 없애려는 노력을 기울이지 않고 출판하는 일은 두 번 다시 없었다.

데이비나 브랜드, 패러데이가 몸담았던 연구 분야를 오늘날 화학이라고 부르지만, 그들은 자신들을 어느 한 분야의 전문가가 아니라 단순히 과학자 또는 자연철학자라고 여겼다. 그들이 화학을 연구한 것은 당시 과학의 최전선이 화학이었기 때문이었다. 물질의 결합과 물질이 서로 혼합되면서 일으키는 반응에 대해서, 그리고 전류에 노출되었을 때 나타나는 반응에 대해서 더 많은 것을 발견하는 것이 곧 과학적 진보를 의미하던 시절이었다. 데이비는 일곱 개나 되는 새로운 원소를 추출해내면서 새 시대의 서막을 열었다. 과학자들은 언제나 그래왔듯이 지식에 대한 갈구로 움직였고, 여기에는 항상 산업의 구애가 뒤따르게 마련이었다. 제조업자들은 화학이 거둔 최신 성과들을 이용해서 새로운 제품을 만들거나 기존 제품의 경제성을 증진시키려 했으며, 경쟁력을 더해줄 만한 연구를 위해 돈을 지불할 준비가 되어 있었다. 어느새 패러데이는 철공소를 방문하면서, 수술용 도구에 쓰이는 강철의 품질을 높이는 일에 참여하고 있었다. 전체 상황을 살펴본다면 앞으로 갈 길은 확실해 보였다. 이 같은 일을 계속하는 것은 과학의 경계를 확장하려는 의도를 가진 누구에게나 만족스러운 전략이었다. 그러나 과학의 지평선 너머에 무엇이 있는지 아는 사람은 없었다.

1820년, 29세 생일을 맞을 즈음에 패러데이는 영국 과학자들 사이에서 중간 정도의 위치를 차지하게 되었다. 그는 최고 수준의 화학 분석가였고, 왕립 과학 연구소의 추종자로서 다소 진부하지만 명예로운 성공의 길을 걸을 것이 틀림없어 보였다. 이제껏 그가 이룬 일 중에 어떤 것도 앞으로 중대한 위업이 뒤따를 만해 보이지는 않았다. 그러나 지금까지 해온 모든 일은 역사상 가장 위대한 과학적 성취 중 하나를 이루기 위한 완벽한 발판이었다. 그가 가진 관찰력, 탐구력, 상상력, 통찰력과 같은 능력은 실험 기술, 세밀한 기록 습관, 명료한 결단력 등과 더불어 극단의 상황에서 시험받고 결국 인정받을 것이었다.

1820년 10월 1일, 패러데이에게 드디어 출전 명령이 떨어졌다. 험프리 데이비 경이 덴마크에서 온 놀라운 소식을 왕립 과학 연구소에 전했던 것이다. 한스 크리스티안 외르스테드Hans Christian Oersted라는 과학자가 전류가 흐르는 전선 옆에 나침반을 가져가면 전선의 수직 방향으로 바늘이 움직인다는 사실을 발견한 것이다. 볼타 덕택에 전류를 얻고 나서 20년이나 되는 시간이 지나는 동안, 과학자들은 덤불 속에서 자투리 지식만을 모으고 있었던 셈이다. 최고의 발견은 바로 길 위에, 바로 발아래 놓여 있었는데 말이다. 탐구의 정신이 그렇게도 강했는데, 왜 아무도 전기 회로 옆에 나침반을 두면 어떤 일이 일어나는지 지켜볼 생각을 못했던 것일까? 우리에게는 이상해 보이지만, 당시 얼마 안 되던 과학자들 중에서 전기와 자기 사이에 어떤 관계가 있으리라 생각하는 사람은 드물었고, 그렇다 한들 동화 속에 나오는 환상이나 다루는 형이상학자 취급을 받으며 조롱의 대상이 되기 십상이었다. 대다수의 과학자들은 일반적으로 뉴턴 모델이라고 불리던(뉴턴이 봤다면 부분적으로 반대했을) 이론을 굳건히 지지했다. 이에 따르면 서로 떨어져 있는 물체들이라도 직선으로, 그리고 순간적으로, 서로 힘을 주고받을 수 있었다. 이 모델은 전기나 자기와 같은 자연의 힘이 어떻게 상호작용하는지에 대해 어떠한 설명도 제공하지 못했지만, 당대의 과학적 의견을 대단히 견고하게 장악하고 있었다. 그리고 이런 관념은 외르스테드를 시작으로 패러데이의 연구, 또 나중에 맥스웰의 연구가 정반대되는 사실에 대한 증명을 쌓아가는 동안에도 수십 년 동안 고착되어 있었다.

데이비와 패러데이는 외르스테드의 발견을 듣고 충격을 받았으나 동시에 그것에 매료되었고, 당연하게도 곧 전류와 자석을 이용한 실험들을 시작했다. 그리고 얼마 지나지 않아 패러데이는 왕립 과학 연구소의 도서관을 비롯한 여러 도서관을 샅샅이 뒤지면서, 전기와 자기의 역사에서 무엇을 얻을 수 있을지 고민하기 시작했다.

3

역사

1600~1820

고대로부터 전기와 자기는 미신과 신비주의 또는 가짜 의술의 안개에 가려서 그 실체를 알 수 없는 것이었다. 이 안개를 처음으로 걷어내기 시작한 사람이 윌리엄 길버트William Gilbert였다. 1544년에 콜체스터에서 태어난 그는 왕립 의대의 학장을 지냈을 뿐만 아니라 엘리자베스 여왕의 주치의 자리에까지 올랐던 뛰어난 의사였다. 그러나 그에게 감사해야 할 사람은 그가 돌봤던 환자들만이 아니다. 오히려 후대인 우리에게 더욱 감사해야 할 이유가 있으니, 길버트가 실험을 통해 전기와 자기를 연구한 최초의 인물이기 때문이다. 그의 세심한 관찰과 과학적 추리는 훗날 같은 대상을 다룬 사람들에게 길을 열어주었다.

왜 자석 바늘을 공중에 매달아두면 항상 북쪽에서 남쪽으로 나란히 정렬되는 것일까? 왜 호박琥珀은 털가죽으로 문지르면 종잇조각이나 솜털 따위를 잡아당기는 것일까? 이러한 질문들에 매료된 길버트는 고대와 현대의 학자들이 남긴 지식들을 찾아 헤맸으나, 문제를 해결할 만한 단서를 전혀 발견할 수 없었다. 1600년에 발간된 《자석론De Magnete》에서 그는 다음과 같이 썼다.

근래의 작가들은 지푸라기를 끌어당기는 호박이나 흑옥처럼 대중에게 잘 알려지지 않은 이상한 사실에 대한 책을 저술한다. 서점의 책장은 이런 작업들로 터질 듯이 가득 차 있다. 우리 세대는 난해하고 심원하고 불가사의한 비술과 기적에 관해 많은 양의 책을 쏟아냈다. …… 그러나 거기에는 실험을 통한 증명도 없었고, 눈으로 볼 수 있는 실증도 없었다. 저술가들은…… 주제가 사이비 종교라도 된다는 듯이, 기적을 사고파는 협잡꾼들처럼 심오하고 난해하게, 또 신비스러운 방식으로 기술했다. 따라서 이러한 철학은 아무런 열매를 맺지 못했으니, 그 내용이 그저 몇 개의 희랍문자와 진기한 대상을 토대로 이루어진 것이었기 때문이었고, 마치 이발사들이 교양을 뽐낼 목적으로 무식한 어중이떠중이들에게서 얻어들은 몇 개의 라틴어 단어들을 쏟아내는 것과 다를 바 없었기 때문이다. …… 이 철학자들 중에 실제로 연구자이거나 사물에 대한 직접적인 지식을 가진 사람은 거의 없었다.[1]

"기적을 사고파는 협잡꾼들"이 겨냥하는 대상에는 암시적이긴 해도 교회도 포함되었다. 길버트가 이러한 생각을 생명과 자유에 대한 위협 없이 출판했다는 것은 당시 영국의 개방성을 알 수 있게 해주는데, 이는 코페르니쿠스의 천동설을 분명히 지지했는데도 출판의 자유를 보장받았다는 사실로 더욱 명확해진다. 로마에 좀 더 가까운 지역의 사정은 확연히 달랐다. 코페르니쿠스의 견해를 계승하여 발전시키려는 이들은 잔혹한 대접을 받았다. 조르다노 브루노Giordano Bruno는 화형에 처해졌고, 갈릴레오 갈릴레이Galileo Galilei는 평생을 가택 연금 상태로 살아야 했다.

학자들에게 등을 돌린 길버트는 자석을 직접 사용했던 사람들, 즉 나침반 제작자, 항법사, 배의 선장 같은 사람들과 이야기를 나눴다. 분명 모든 통속적인 이론을 수없이 반복해서 들어야 했을 것이다. 예컨대 자석은 북극성 또는 극지방의 거대한 산에 이끌리고 있고, 그래서 너무 가까이 다가가면 선박의 모든 철못이 뽑혀 나갈지도 모른다거나, 또 마늘은 나침반의 올바른 검침을 방해한다는 식의 이야기들이었다. 그러나 그는 자석이 실제로 어떻게 작용하는가에 대해 어떤 생각을 떠올렸는데, 이는 그가 들은 모든 내용과 모순 없이 일치했다. 바로 지구가 거대한 자석일지도 모른다는 것이었다. 이 아이디어를 시험하기 위해 그는 로드스톤lodestone이라는 천연 자철광을 이용해서 '소지구Terella'라고 이름 붙인 지구의 모델을 만들었고, 나침반을 그 주위에서 움직여보았다. 모형 지구의 표면 위를 움직이는 여행자일 뿐이었지만, 발견된 사실을 해석하는 과정에서 그는 모형 위의 나침반의 바늘이 모든 면에서 진짜 지구 위에서와 똑같이 동작한다는 것을 알아냈다.

자력보다 미약한 전기력을 탐구하기 위해서는 더욱 예민한 검사기가 필요했기 때문에, 길버트는 세계 최초의 검전기를 개발했다. 그가 '베르소리움Versorium'이라고 이름 붙인 이 장치는 가벼운 금속 바늘을 핀 머리에 균형을 맞추어 붙여놓은 것으로, 바늘이 자성을 띠지 않는다는 점만 빼면 나침반과 꼭 닮은 도구였다. 전하를 띤 물체에 가까이

하면 바늘은 그 물체를 향해서 돌아갔다. 베르소리움 덕분에 그는 문질렀을 때 전하를 띄는 물체에 대한 방대한 목록을 작성할 수 있었다. 그러나 이 장치로는 음전하와 양전하를 구별할 수 없었다. 결국 길버트는 어떤 물질은 양전하를 띠고, 어떤 물질은 음전하를 띤다는 사실을 발견하지 못했다. 마찬가지로, 그는 같은 전하를 가진 두 물체가 서로를 밀어낸다는 사실 역시 알지 못했다. 밀고 당기는 자기의 힘이 서로 대칭 관계에 있다는 사실을 몰랐던 그는 같은 극끼리 서로를 밀어내는 현상을 서로 다른 극끼리 모이기 전에 일어나는 예비적인 떨림으로 이해했던 것이다.

오늘날 이런 실수를 가지고 길버트를 탓해서는 안 될 것이다. 그는 전기와 자기의 이해에 있어서 거대한 성과를 이루어냈고, 중세적 사고의 틀을 깨고 현대 과학으로 가는 길을 열어주었다. 그와 같은 시대를 살았던 사람들 중 프랜시스 베이컨Francis Bacon과 갈릴레오 갈릴레이 같은 이들은 오늘날 과학적 방법론이라고 부르는 것을 더욱 완고히 옹호했다. 갈릴레이가 관찰과 가설, 수학적 연역과 실험적 검증 사이에 성립하는 관계를 온전히 보여준 것은 20년 뒤였지만, 전기와 자기에 있어서 연구 방향을 제시한 것은 길버트였다. 실험 내용을 정확하게 전달함으로써 그는 다른 이들도 자신의 실험을 반복해보고, 결과를 확인하고, 나아가 새로운 성과를 더할 수 있도록 했다. 길버트는 다른 이들도 이 주제를 연구하도록 이끈 것이다. 1620년, 이탈리아에서 신학과 수학을 가르치던 니콜로 카베오Niccolo Cabeo는 길버트가 놓친 사실을 발견했다. 그는 전하를 띤 호박이 곁에 있는 철 부스러기를 반대 방향으로 밀어내는 것을 보았다. 자기와 마찬가지로, 전기는 당기는 힘

뿐만 아니라 미는 힘 역시 가지고 있었다.

과학적 지식은 분명히 진보하고 있었으나, 여전히 "이러저러하게 하면, 이런저런 일이 일어날 것이다"의 형태를 벗어나지 못하는 일이 다반사였다. 물리 세계에서 일어나는 모든 일이 수학적 형식을 지닌 보편 법칙의 지배를 받는다는 견해는 마법의 골짜기만큼이나 현실과 동떨어진 것처럼 보였다. 그러나 1687년에 뉴턴이 《수학원리Principia Mathematica》를 발표하자 모든 것이 변해버렸다. 그는 힘을 받는 모든 물체의 운동을 설명하는 데 세 개의 간단한 법칙이면 충분하다는 것을 증명했고, 임의의 두 물체는 그 질량의 제곱에 비례하고 둘 사이의 거리의 제곱에 반비례하는 힘으로 서로를 끌어당긴다는 사실을 보여주었다. 이제 사과가 떨어지는 것부터 행성의 궤도에 이르는 모든 현상이 정확한 공식으로 표현될 수 있었다. 뉴턴의 성취가 얼마나 위대한지 제대로 설명하는 것은 어려운 일이다. 어쩌면 1727년에 뉴턴의 묘비명으로 다음과 같은 말을 쓴 알렉산더 포프Alexander Pope가 가장 성공적으로 표현했는지도 모른다. "자연과 그 법칙이 밤의 어둠에 가려 있을 때, 주께서 말씀하셨다. 뉴턴이 있으라! 그러자 모든 것이 밝아졌노라."

바야흐로 과학은 새로운 시대에 진입했고, 이때 시작한 경로를 오늘날까지도 따르고 있다. 그 목적은 보편적 법칙들, 즉 최대한 간략하게, 최소한의 법칙으로 모든 사물을 설명하며, 실험적 방법과 수학적 방법을 동시에 이용하는 것이었다. 뉴턴이 한 실험 중에 대단히 성공적인 것 중 하나는 흰색이라고 인지하는 빛이 사실은 가시 영역 상에 있는 모든 색깔들의 합임을 보여준 것이었다. 뉴턴은 전기나 자기 연구에 직접 손을 댄 바가 없으나, 후대의 학자들은 그의 중력 법칙을 전기와 자기를 설명하는 모델로 이용했다.

그러는 동안, 과학자들은 전기가 작용하는 방식에 대한 지식을 조금씩 늘려가고 있었다. 1730년대에 프랑스군 장교에서 화학자로 변신한 샤를 뒤페는 유리를 비단으로 문지를 때 생기는 전기와 호박을 모피로 문지를 때 생기는 전기는 서로 다른 종류라는 사실을 발견했다. 전기를 띤 유리는 전기를 띤 호박을 잡아당겼지만, 전기를 띤 두 개의 유리 조각은 서로 밀어냈다. 뒤페는 호박과 전기에 서로 다른 종류의 전기 유체가 부여된 것이라고 생각했으며, 소위 '이중 유체' 이론을 소개했다. 같은 시기에 미국인 과학자도 다른 방식으로 같은 연구를 하고 있었다. 벤저민 프랭클린은 무엇이든 못하는 일이 없어 보이는 인물이었다. 인쇄, 출판, 언론 분야에서 이미 눈부신 성과를 거둔 프랭클린은 점잖지는 않지만 매우 영향력 있는 정치가이자 관료로 정계에도 진출했다. 또 그는 훌륭한 과학자이기도 했다. 1747년에 그는 전하에 대한 새로운 개념을 제시했는데, 이에 따르면 유리의 경우에는 음의 전하를, 호박의 경우에는 양의 전하를 띤다. 프랭클린의 전하는 가상의 단 한 개의 전기 유체로 설명이 가능했다. '단일 유체' 이론에 따르면, 보통 양의 유체를 가진 물체에는 전하가 없는 반면 유체가 과잉되면 양전하를, 부족하면 음전하를 띠게 된다.

뒤페의 실험 결과에 대한 프랭클린의 해석에는 다음과 같은 가정이 뒤따랐다. (1) 문지르면 비단에서 유리로 전기 유체가 옮겨 가지만, 호박은 모피에 빼앗긴다. (2) 자석의 극과 마찬가지로, 서로 다른 전하끼리는 끌어당기지만 같은 전하끼리는 밀어낸다. 이와 같은 원리로, 카베오의 철 부스러기가 전하를 띤 호박을 만났을 때 튕겨나간 이유를 설명해주었다. 호박에 닿은 철 부스러기는 똑같은 (음)전하를 얻었고, 따라서 밀려났던 것이다.

대중에게 잘 알려진 이야기에 의하면, 프랭클린은 뇌우 속에서 연을 날려서 번개가 전기라는 것을 입증했고 이 실험을 견고한 이론적 토대로 삼아 건물에 피뢰침을 설치했다. 정말로 프랭클린이 이런 일을 해냈다면 그는 다른 사람을 구하기 위해 생명의 위협을 무릅쓴 셈인데, 실제로 비슷한 실험을 하다가 목숨을 잃은 과학자들이 있었다. 연을 이용한 실험을 위해서는 번개로부터 얻은 전기를 저장해둘 수단이 필요했는데, 이러한 장치는 몇 년 전에 네덜란드 레이던 대학의 교수인 피터르 판 뮈스헨브루크Pieter van Musschenbroek가 발명한 바 있었다. 그는 물을 채운 물병에 전기를 저장하는 실험을 했는데, 기대한 것보다 훨씬 성공적이었다. 뮈스헨브루크가 기계적 마찰로 전기를 생산하는 장치의 손잡이를 돌리는 동안, 그의 학생이자 조수인 안드레아스 쿤나외스Andreas Cunnaeus는 한 손으로 유리병을 들고 다른 손에 든 총신에 스파크를 일으키려 했다. 그들은 전에도 스파크를 본 적이 있었지만, 이런 규모는 처음이었다. 엄청나게 밝은 섬광이 일어났고, 전기 충격은 쿤나외스의 몸을 통과하면서 그의 목숨을 앗아갈 뻔했다. 그들은 유리병의 안팎을 금속판으로 감싸고 안에 담긴 물을 빼어 장치를 개선했고, 이것은 라이덴병이라는 세계 최초의 축전기가 되었다. 라이덴병은 얼마 지나지 않아 전기를 저장하는 보편적인 장치가 되었고, 젊은 패러데이를 포함해서 많은 사람들은 집에서 실험해보기 위해 직접 라이덴병을 제작하게 된다.

전하를 띤 물체나 자극으로부터 멀어지면 전력과 자력의 크기도 작아진다는 사실을 길버트를 비롯한 사람들은 이미 오래전부터 관찰을 통해 알고 있었다. 뉴턴의 역제곱 법칙이 중력에 대해 너무나도 정확하게 맞아떨어졌으므로, 비슷한 법칙이 전기와 자기에도 적용되리라는 추측이 가능했다. 존 미첼John Michell은 1750년에 이 법칙이 자기에도 적용되는 것을 입증했고, 조지프 프리스틀리Joseph Priestley는 1766년에 전기에 대해 똑같은 사실을 증명했다. 그러나 1785년에 결정적인 실험들을 성공시키고 이 법칙에 자신의 이름을 붙인 것은 프랑스 물리학자 샤를 오귀스탱 쿨롱Charles Augustin Coulomb이었다. 이 실험들을 위해 쿨롱은 독자적으로 비틀림 저울torsion balance[2]이라는 놀라울 정도로 정확한 기구를 재발명해냈다. 존 미첼이 30년 전에 같은 기구를 만들었으나, 사용 단계에 이르지 못하고 죽었던 것이다.

쿨롱은 프랭클린의 단일 유체 가설에 동의하지 않았다. 뒤페 시절부터 프랑스 과학자들은 전기에 관해서는 이중 유체 이론을 믿고 있었다. 호박류의 물질과 유리류의 물질이 각자 다른 유체를 가지고 있다는 견해를 쿨롱이 옹호하고 나서자, 이 모델은 프랑스 과학자들의 사고에 깊이 각인되었다. 반면, 해협의 반대편에서는 프랭클린의 인기가 매우 높았고 영국 과학자들은 그의 단일 유체 이론의 열렬한 신봉자였다. 이 논쟁은 여러 해 동안 계속되었고, 양측 모두 열정적인 추종자들이 있었다. 지금 이런 논쟁은 하늘을 나는 돼지의 날개가 한 쌍인지, 두 쌍인지 논하는 것만큼이나 바보 같고 사소해 보이지만, 1700년대 말에는 소위 불가량성 유체들, 즉 감각적으로 측정할 수 없는 가설상의 물질들이 진지한 과학적 사유의 한 부분을 이루고 있었다. 예를 들어 화학의 아버지라고도 불리는 앙투안 로랑 라부아지에는 열이 '칼로릭caloric'이라고 불리는 유체라고 믿기도 했던 것이다.

비슷한 방식으로 자기를 설명하는 유체도 있었다. (영국인과 프랑스인을 위해 두 가지의 유체가 있었다.) 그러나 유체가 몇이든 상관없이, 전기와 자기에 대한 이론은 뉴턴의 중력 법칙을 따르고 있었다. 유일한 차이는 중력은 인력이 전부인 반면, 전기와 자기에는 인력과 척력이 존재한다는 사실뿐이었다. 그만큼 이 공식들은 뉴턴의 공식을 꼭 빼닮은 모습을 하고 있었고 힘의 값을 정확하게 도출했다. 모든 것이 아귀가 정확히 들어맞는 것처럼 보였다. 그러나 그 심연에는 감춰진 결함이 있었고, 뉴턴도 그 결함을 이미 확인한 적이 있었다. 그는 친구 리처드 벤틀리Richard Bentley에게 보내는 편지에서 이렇게 말했다.

중력이 물질에 선천적이고, 내재적이며, 본질적으로 주어진다는 사실, 즉 한 물체가 다른 물체에 작용할 때 둘 사이의 거리에도 불구하고 진공을 가로질러서 작용하며, 운동이나 힘을 전달하는 다른 어떤 것도 매개로 하지 않는다는 사실은 너무도 부조리하게 느껴진다네. 철학적 대상에 대해 제대로 된 사고력을 지닌 사람이라면 그 누구도 이런 것에 속지는 않으리라는 생각이 든단 말일세.[3]

뉴턴은 자신의 공식이 물질에 대한 최종적 선언이 아님을 알고 있었다. 그 어떤 힘도 멀리 떨어진 대상에 순간적으로 작용할 수 없었다. 그 사이에 놓인 공간에는 힘을 전달할 만한 무엇인가가 존재해야만 했으나, 뉴턴은 그것이 무엇인지에 대해 가설을 세우는 일을 신중하게 피했다. 그러나 수학적 성향이 짙은 프랑스의 물리학자들은 뉴턴이 만든 토대 위에 이론을 세우면서도, 전달 매개체에 대한 고민은 멀찌감치 치워버렸다. 그들은 중력이나 다른 힘의 궁극적 의미나 그것이 전달되는 방식을 고민해야 할 필요성을 느끼지 못했다. 그들이 우주를 묘사하는 수학적 공식들을 내놓자, 갑자기 만물을 이해할 수 있게 되었던 것이다. 뉴턴과 마찬가지로, 그들은 물리계 전체가 (행성들처럼) 정확한 법칙의 지배를 받는 점질량들로 이루어진 것처럼 작동한다고 믿었으며, 그렇게 우주상에 존재하는 모든 유의미한 물질의 실재를 일련의 공식들로 환원했다. 그들의 수학은 우아하고 섬세했고, 만물을 망라했으며, 아름다운 결과물을 만들어냈다.

조셉 루이 라그랑주Joseph Louis Lagrange는 역학 분야의 결정적인 작업인 《분석역학Méchanique analytique》을 완성했는데, 이 책에는 그래프가 하나도 등장하지 않는다. 피에르 시몽 라플라스Pierre Simon Laplace는 5권짜리 걸작 《천체역학Méchanique céleste》을 저술했다. 그리고 시메옹 드니 푸아송Siméon Denis Poisson은 일정 거리만큼 떨어진 두 구형 축전기의 표면에서 발생하는 전하의 정확한 분포를 밝혀냈다. 그러나 중력이 멀리 떨어진 물체에 작용할 때 어떤 매개체도 없이 즉각적으로 작용한다는 가정이 '부조리'하다는 뉴턴의 경고가 완전히 잊힌 것은 아니었다. 그런 매개체가 유체라는 가정하에, 라플라스는 중력이 빛보다 최소한 700만 배는 빠른 속도로 전달되어야 한다는 계산 결과를 얻었다. 이러한 결과는 다른 이들에게 중력이든, 전자기력이든 상관없이 즉각적으로 작용하는 것과의 차이는 없는 것으로 보아도 된다는 확신만 주었다. 그렇지만 전기와 자기에 있어서 왕도라고 여겨졌던 뉴턴의 중력 모델은 사실은 막다른 골목이었음이 드러나게 된다.

1800년 이전에 인위적으로 생성된 모든 전기는 정전기였다. 지속적 전류의 발견은 전혀 예기치 못했던 사건이었고, 과학의 우연한 성취 중에서도 최고의 반열에 속한다. 볼로냐의 해부학자 루이지 갈바니 Luigi Galvani는 죽은 개구리 다리를 구리 갈고리에 걸어서 건조시키곤 했다. 1780년의 어느 날, 그가 우연히 구리 갈고리와 맞닿은 철제 도구로 개구리 다리를 건드리자, 다리가 꿈틀거렸다! 갈바니는 개구리 다리 내부의 근조직이 전기를 생산한다고 생각했다. 그의 친구 알렉산드로 볼타는 이 생각에 동의하지 않았다. 대신 그는 서로 다른 금속들이 개구리 다리에 닿았을 때 일어나는 화학 반응이 전기를 발생시킨다는 이론을 세우고, 이것을 실험적으로 검증하기 시작했다. 이 과정의 결과물은 10여 년 후에 볼타 전지라는 형태로 모습을 드러냈다. 그가 제작한 최초의 전지는 은판과 아연판을 번갈아가며 쌓고 그 사이마다 소금물에 적신 마분지를 끼운 것이었다. 이것은 겉보기에는 힘없어 보이는 재료들의 단순한 조합에 지나지 않았으나, 맨 위의 은판과 반대쪽의 아연판을 금속선으로 연결하자, 놀랍게도 연속적인 전류를 생성해냈다. 판의 개수가 증가하면 발생하는 전기적 효과도 크고, 굳이 값비싼 은을 사용할 필요가 없음이 밝혀졌다. 어떤 것이든 서로 다른 두 종류의 금속이면 충분했고, 예를 들어 구리와 아연으로도 잘 작동했다.

처음부터 볼타가 전지를 발명할 의도였던 것은 아니지만, 그가 발명한 전지는 곧 자신만의 길을 가기 시작했다. 실험가들은 전지의 양 끝에 전선을 연결해서 화학 용액에 담그면 흥미로운 일이 벌어진다는 것을 발견했다. 지금까지 화학자들이 물질의 구성 성분을 조사하는 유일한 방법은 물질들을 서로 뒤섞은 다음에 무슨 일이 벌어지는지 지켜보는 것이었다. 그러나 전기화학이라고 불리는 기술이 화학의 새로운 장을 열었다. 조사하려는 물질의 용액에 전지의 양극에 해당하는 전선을 담근 뒤, 나머지 작업은 전기에 맡기면 그만이었다. 어떨 때에는 해당 물질이 구성 부분들로 분리되어 각 전선 끝에 한 종류씩 모이기도 했다. 이 소식은 시 철학 협회까지 퍼져나갔고, 패러데이는 일곱 개의 반 페니짜리 동전으로 진행한 실험에서 황산마그네슘 용액에 기포가 발생하고 분해되어 혼탁해지는 과정을 지켜보면서 기뻐할 수 있었던 것이다.

실험의 규모로 보자면 패러데이의 반대편에 서 있던 험프리 데이비는 2,000개의 볼타 전지로 만든 거대한 축전기로 왕립 과학 연구소에서 화학의 신기원을 향해 나아가고 있었다. 대담하기도 하고 가끔은 위험하기까지 한 실험을 통해 그는 일련의 새로운 원소들을 발견해냈다. 바륨, 칼슘, 나트륨, 칼륨, 마그네슘 및 보론이었다(보론은 프랑스인 조셉 루이 게이뤼삭과 루이자크 테나르Louis-Jacques Thénard가 함께 발견했다). 이러한 연구를 거치며 데이비는 모든 화학적 작용은 전기 작용의 결과라고 확신하게 되었다. 그의 견해는 제자 패러데이에게도 분명 영향을 미쳤겠지만, 패러데이는 누구의 말도 당연한 것으로 받아들이지 않았고 설령 데이비의 말이라고 해도 스스로 확인해보지 않고는 견디지 못했다.

전기가 화학이라는 분야를 뒤흔들고 있을 때, 예상치 못한 방향에서 새로운 바람이 불어왔다. 이마누엘 칸트Immanuel Kant는 1781년에 《자연철학Naturphilosophie》의 서문 격이 될 《순수이성비판》을 세상에 내놓았고, 과학적 사유의 독일 사조인 자연철학은 프리드리히 폰 셸링 Friedrich von Schelling에 의해 주로 발전된다. 한스 크리스티안 외르스테드는 당시 코펜하겐 대학의 물리학 교수로, 과학과 철학을 모두 추구하고 있었다. 약사의 아들로 태어난 외르스테드는 한스 크리스티안 안데르센Hans Christian Andersen의 가까운 친구이자 나중에 덴마크의 수상이 된 안데르스 외르스테드Anders Oersted의 형제이기도 했다. 여러 분야에 두루 재능이 있었고 직접 시를 쓰기도 했던 그는 이른 나이부터 화학과 독일 철학에 특히 매료되었다.

1786년 작 《자연과학의 형이상학적 기초Metaphysische Anfangsgrunde der Naturwissenschaft》에서 칸트가 전개한 물질에 대한 역학적인 이론에 따르면, 물질은 인력과 척력이라는 근본적 힘으로 이루어진 것이었다. 따라서 칸트의 이론은 전기와 자기를 포함한 모든 힘을 동일한 층위에서 취급할 수 있는 가능성을 제시하고 있었다. 여기에서 모든 실재는 두 개의 반대되는 힘인 인력과 척력으로 환원되었다. 두 힘은 모든 공간에 분포되어 있었으며 모종의 매개체를 통해 전달되었다. 칸트의 이론에 의하면 빛, 중력, 전기, 자기와 같은 모든 물리적 힘을 전달하기 위한 매개체가 필요했던 것이다.

셸링은 칸트와 마찬가지로 모든 현상이 인력과 척력의 작용으로 환원될 수 있다고 믿었다. 그는 여기에서 한발 더 나아가, 근본적 힘은 상황에서 따라 다른 형태를 띨 것이라고 추측했다. 예를 들어 전기는 특정한 물리적 조건에서 인력과 척력이 드러나는 형태였다. 독일 자연철학의 설명에 따르면, 공간을 채우고 있는 것은 국지적으로 다른 조건에서 다양한 형태를 띠고 나타나는 힘의 그물망이었다. 모든 힘의 통합이라는 관념은 알맞은 실험 조건에서는 빛, 열, 전기, 자기, 중력과 같은 힘이 임의의 다른 힘으로 전환될 수도 있다는 생각이기도 했다. 이것은 물리 현상에 연관된 에너지가 물체 자체가 아닌 그것을 둘러싼 연속적 매개체에 있을 것이라는 개념으로, 장 이론field theory으로 가는 첫걸음이었다.

반면 충실한 뉴턴주의자였던 쿨롱은 서로 떨어져 있는 물체들이 직선으로 상호작용하며, 그 사이의 공간은 어떤 영향도 미치지 않는다고 주장했다. 칸트나 셸링과는 다르게 쿨롱은 각 형태의 힘은 별개의 것이라고 믿었다. 예를 들어 전기와 자기는 서로 다른 종류의 유체를 필요로 했으며, 다른 것으로 전환되는 일은 불가능했다.

오늘날 발전된 시선으로 보자면, 적어도 큰 맥락에서는 칸트와 셸링이 옳았고 쿨롱은 틀렸다는 사실이 명확해 보인다. 그러나 1800년대 초반에는 상황이 달랐다. 쿨롱의 공식은 명쾌하고 우아했으며 정확한 답을 내놓는 데 비해, 칸트와 셸링의 관념은 사변적이고 모호할 뿐만 아니라 형이상학적이기까지 했다. 1820년에 외르스테드가 전기와 자기의 연관성을 발견한 것에 허를 찔린 앙드레 마리 앙페르(그는 데이비와 패러데이가 파리에서 만났던 수리물리학자이기도 하다)는 친구에게 보내는 편지에서 왜 자기 나라 국민들 중 누구도 전류가 흐르는 전선 옆에 나침반을 갖다 대어볼 생각을 하지 못했는지 설명했다.

지난 20년 동안 아무도 볼타 전지가 자석에 미치는 영향을 시험해보지 않았다는 사실이 어째서 믿을 수 없는 일인지 자네는 물어볼 권리가 있다고 보네. 아무튼 나로서는 그 이유를 쉽게 찾을 수 있다고 생각한다네. 그것은 자기 작용에 대한 쿨롱의 가설의 본질에 이미 존재하고 있던 것으로, 다만 모두들 그 가설이 사실인 양 믿고 있었던 것이지. 그리고 그 가설은 전기와 소위 자기선線 사이의 어떤 작용 가능성도 배제하고 있었네. ……익숙한 관념을 바꾸는 일에는 누구든지 반발하는 법이지.[4]

외르스테드는 전기와 자기에 상당히 다른 각도로 접근했다. 그는 독일 자연철학에 깊은 영향을 받았으며, 자연의 모든 힘은 통일성이 있다는 원칙의 신봉자이기도 했다. 기본적으로 외르스테드는 모든 물질은 인력과 척력이라는 두 개의 힘으로 이루어졌다는 칸트의 관점을 수용했으나, 이것을 연소와 연소 가능성으로 해석했다. 그는 이 힘은 잠재적으로 존재할 때에는 물체의 화학적 성질을 구성하고, 자유롭게 행동할 조건이 조성되면 전기를 발생시킨다고 보았다. 이 아이디어는 전기와 자기가 어떻게 서로 연결되어 있는지를 탐구하기 위해 설계된 것이었다. 그는 전지에서 내보낸 전류를 얇은 필라멘트 선에 흘려서 빛과 열을 발산시킨다면, 빛과 열 외에 자기 작용도 발산될 것이라고 추측했다. 따라서 전선 가까이에 나침반을 두었는데, 바늘이 방향을 바꿀지도 몰랐다. 그는 실험 장치를 제작했고, 시험 삼아 이를 강연 중에 작동시켜보았다. 배터리를 연결하자 나침반의 바늘이 움찔거렸으나, 움직임이 너무 미약했기에 청중에게 큰 인상을 남기는 데는 실패했다. 3개월이 지나서야 이 실험을 반복한 사실을 보면, 첫 실험은 외르스테드에게도 그다지 깊은 인상을 남기지 못했던 듯하다. 이번에도 미약한 움직임만이 포착되었다. 필라멘트 대신에 굵은 전선을 사용하고, 이와 동시에 전류의 양을 크게 증가시키자 비로소 바늘은 새로운 위치에 머물렀다. 바늘은 전선에 직각을 이룰 만큼 움직였던 것이다! 이번에는 빛도 열도 없었으므로, 이는 전기와 자기가 직접적으로 연결된 셈이었다. 전류는 전선 주위에 원을 그리며 작용하는 '교란conflict'을 만들어냈으며, 자성을 띤 물체를 만나면 힘을 가했다.

이러한 효과는 이때까지 목격된 어떤 현상과도 다른 것으로, 곧 과학계에 충격을 몰고 왔다. 외르스테드의 설명은 다소 확신이 없고 모호하기는 했으나 직선상에서 원격으로 작용하는 인력과 척력에 대한 뉴턴의 생각과 정면으로 충돌했고, 따라서 충격은 더욱 클 수밖에 없었다.

이제 이 현상을 설명하기 위해 몇 가지 관찰 사실을 기록해도 좋을 것이다. 전기적 교란은 오로지 물질의 자기적 입자에만 작용한다. …… 그 자기적 입자들은 교란의 흐름에 저항한다. 그렇기 때문에 〔자기적 입자들은〕 서로 경쟁하는 힘의 동력으로 움직일 수 있는 것이다.

위의 사실을 보면 전기적 충돌은 축전기에 국한되는 것이 아니라, 그 주변의 상당히 넓은 공간에 분산되어 있음이 명백하게 드러난다. …… 마찬가지로 이 교란이 원을 그리며 작용한다고 볼 수 있을 것이다. 그런 조건이 없다면, 연결된 도선이 자극의 아래에 있을 때는 그것을 동쪽으로 움직이고, 위에 있을 때는 서쪽으로 움직이는 일이 불가능할 것이다. 반대편에서는 반대 방향의 운동이 일어나는 것이 원의 본질이기 때문이다. 이에 더해, 원을 그리는 운동이 도체의 길이에 따라 발생하는 전진 운동과 합쳐지면 나선형 또는 조가비 형태의 선을 형성해야 할 것이다. 그러나 내가 틀리지 않았다면, 이 사항은 관찰된 사실을 절대 설명하지 못한다.[5]

외르스테드는 물리학을 새로운 방향으로 향하게 했다. 이제 사람들은 전기와 자기가 불가분의 관계라는 것을 알게 되었다. 그러나 이 상관관계의 정확한 본질을 규명하는 일은 쉽지 않았다. 이를 발견하는 데는 과감함과 지구력, 천재성이 필요했다.

4

원을 그리는 힘

1820~1831

데이비와 패러데이는 조금도 지체하지 않고 외르스테드의 실험을
재현하는 데 착수했다. 둘은 자석 바늘이 전류가 흐르는 도선에 스스
로 직각을 이루며 정렬하는 것을 확인했고, 도선을 수직 방향으로 둔
채 그 주위로 자석 바늘을 움직여본 결과 이 힘이 놀랍게도 원을 그리
며 작용한다는 사실을 발견했다. 흔히 보는 것은 곧 믿는 것이라고 하
지만, 이 순간에 이들은 자신의 눈을 의심했을 것이다. 뉴턴의 원리에
따르면, 잘 알려진 세 가지 힘, 즉 중력, 전기력, 자기력은 원점을 향해
서 직선으로 서로 밀거나 당기는 힘이었다. 그런데 이 새로운 힘은 이
상하게도 옆으로 작용하고 있었다.

이 무렵 패러데이는 (왕립 과학 연구소에 절실했던 수입원이 되는) 강철
합금에 관한 힘겨운 실험에 매진하고 있었고 뒤에서 설명할 다른 심각
한 고민에 휩싸여 있었기 때문에, 데이비는 친구 윌리엄 하이드 울러

스턴William Hyde Wollaston에게 도움을 청했다. 울러스턴은 뛰어난 과학자로, 유리를 천에 비빌 때처럼 마찰로 인해 생성되는 전기와 전지에 의해 만들어진 전기는 동일하다는 것을 증명한 바 있었다. 토론 끝에 둘은 "전류가 흐르는 도선은 스스로 자기화된다"라는 데이비의 처음 추측을 재빨리 폐기했고, 이어서 울러스턴은 몇 가지 유망한 실험을 시작했다.

한편 파리에서는 또 다른 사람이 첨단을 달리고 있었다. 앙드레 마리 앙페르는 외르스테드의 발견을 받아들여 무서운 속도로 앞으로 나아가고 있었다. 그는 엄청난 과학적 기교를 마음껏 뽐내면서, 전 세계적으로 수용될 만한 전자기학 이론을 불과 몇 달 만에 만들어냈다. 더군다나 그것은 종이 위에 쓰인 이론만이 아니라, 엄격하고 독창적인 실험들로 뒷받침되었다. 앙페르는 종합기술대학École Polytechnique의 인기 교수가 되기까지 비극적인 운명을 극복해야 했다. 그의 아버지는 프랑스혁명의 발발과 함께 자코뱅당원들이 자행한 테러의 희생자가 되었으며, 아내는 결혼한 지 불과 4년 만에 세상을 떠났던 것이다. 그는 프랑스 뉴턴 학파의 지조 있는 일원으로서 외르스테드의 발견을 직선적인 힘의 원격 작용이라는 틀에서 설명하는 길을 찾아야만 했는데, 결국 놀랍도록 창의적인 수단을 통해 이에 성공했다.

그에게 떠오른 영감은 전류가 흐르는 두 평행한 도선이 서로 힘을 발휘하는지 시험하는 것이었다. 기쁘게도 이 예상은 맞아떨어졌다. 전류가 같은 방향으로 흐를 때 두 도선은 서로 잡아당겼고, 반대로 흐를 때는 서로를 밀어냈다. 순간, 전류가 모든 자성의 원인일지도 모른다는 아이디어가 그에게 떠올랐다. 그렇다면, 철로 이루어진 영구 자석은 어떻게 가능할까? 첫 번째 생각은 전류가 자석의 N극과 S극의 축 둘레를 원통으로 감싸며 도는 것이 아닌가 하는 것이었다. 그렇다면 이 전류는 어디에서 나온 것이며 왜 아무도 그것을 눈치채지 못했을까? 이 전류를 검출하려고 노력하는 과정에서 앙페르의 친구인 오귀스탱 프레넬Augustin Fresnel은 놀라운 통찰이 담긴 추측을 제시했다. 전류가 미세한 금속 입자 둘레를 회전하며, 이러한 전류 고리가 제각각 작은 자석으로 작용함으로써 철의 자성이 만들어진다는 견해였다. 영구 자석에서는 이러한 회전 전류가 나란히 정렬되고 축적되어 하나의 강력한 자성을 이루게 된다는 것이다.

앙페르는 이러한 작은 내부 전류가 원통형 영구 자석에서 발휘하는 전체적인 효과는 원통의 표면을 휘감으며 흐르는 단일 전류의 효과와 동일할 것이라고 추측했다. 이 아이디어는 쉽게 검증할 수 있었다. 그는 도선 하나를 나선형으로 감고 여기에 전류를 흘려보냈다. 나선형 코일(이는 세계 최초의 솔레노이드이기도 하다)에는 실제로 원통형 전류가 흐르고 있었고, 같은 크기와 강도를 지닌 영구 자석과 완벽하게 똑같이 작동했다. 이것을 조심스럽게 매달아놓자, 마치 나침반의 바늘처럼 지구의 자기장에 똑바로 정렬되었다.

이 시대의 모든 과학자들이 그랬듯이, 앙페르는 뉴턴의 전통에 젖어 있었다. 그러므로 새로운 발견의 과정에서 그를 압박했던 질문은 전류가 흐르는 두 도선 사이의 힘을 어떻게 뉴턴의 방식으로 설명하는가 하는 것이었다. 이제 그의 수학적 기교가 힘을 발휘할 때였다.

전류의 흐름인 전기회로는 수학적으로는 각각의 크기와 방향을 가진 무한히 작은 전류소로 이루어진 선으로 취급될 수 있었다. 이들 중

임의의 두 전류소 간에는 크기, 세기, 방향에 따라 척력이나 인력이 작용할 것이고, 이는 전류소 사이를 연결하는 직선을 따라 작용한다고 가정할 수 있을 것이다. 더 나아가서, 뉴턴의 가르침에 충실하기 위해 그 힘은 거리의 제곱에 반비례해야 했다. (앙페르는 실험을 통해 서로 평행한 면에 놓인 전류가 흐르는 두 도선에 이러한 법칙을 적용했고, 도선의 모든 전류소들이 똑같은 방식으로 행동한다고 가정하는 것이 타당함을 밝혔다.) 이런 방식으로 앙페르는 두 전류소 사이의 상호적인 힘을 그들의 세기나 방향이나 거리에 관계없이 계산하는 공식을 만들어냈다. 전류가 흐르는 두 회로 사이의 전체 힘은 원리적으로 모든 전류소들 간의 힘을 수학적으로 합쳐서 구할 수 있게 되었다.

앙페르의 연구는 프랑스 국토 대신 힘의 개념을 횡단하는 투르 드 포르스tour de force라고 불릴 만했다(자전거 경주 투르 드 프랑스tour de France를 이용한 비유—옮긴이). 패러데이도 얼마 후에 이 주제에 대한 자신의 사유를 발전시키지만, 1820년 겨울에 그의 마음은 다른 일로 가득했다. 패러데이에게는 런던 시 철학 협회의 일원인 샌디먼파 교우 에드워드 바너드Edward Barnard라는 친구가 있었는데, 에드워드의 19세 여동생 세라Sarah를 처음 본 패러데이는 그녀에게 마음을 완전히 빼앗겼다. 몇 해 전까지만 해도 그는 오롯이 과학적 진리를 추구하는 이라면 이성에게 관심을 둘 여유 따위는 없으며, 따라서 사랑은 피해야 하는 일이라고 설파하곤 했다. 그는 실제로 그의 비망록에 이렇게 시작하는 시를 쓰기도 했다.

인간 삶의 골칫거리이자, 흑사병은 무엇인가?

또 가끔씩 부인을 데려오는 그 저주의 주문은 무엇인가?

그것은 사랑이다.[1]

이런 말이 얼마나 공허하고 어리석게 느껴졌을까. 그는 인생의 동반자를 찾았고, 그녀에게 자신의 마음을 고백하는 편지를 보냈다.

당신은 내가 예전에 가졌던 편견들도, 지금 가진 생각들도 잘 알고 있습니다. 당신은 나의 약점, 자만심, 아니 내 마음 전체를 알고 있습니다. 당신은 이미 한 번 잘못된 길로부터 나를 돌려세웠으니, 다른 잘못도 고쳐주기를 바라고 있습니다. …… 충직함을 통해서든, 이별을 통해서든, 당신의 행복에 보탬이 되는 일이라면 나는 어떠한 길이라도 가겠습니다. 당신의 우정을 거두어서 나를 상처받게 하지 마십시오. 당신에게 친구 이상이 되려는 나를 그 이하로 두는 것으로 벌하지 마십시오. 내게 더 많은 걸 허락해줄 수 없다고 해도, 지금 가진 것만은 간직하게 해주십시오. 부디 내 말에 귀 기울여주십시오.[2]

이 편지를 본 세라의 아버지는 곧바로 짐을 꾸리게 하여 그녀를 켄트 해안에 있는 언니 집으로 보내버렸다. 암담한 심정이었지만 패러데이는 단념하지 않았으며, 하던 일을 내팽개치고 세라를 뒤따랐다. 한동안 이 모험에서 아무런 진척도 이루지 못하던 패러레이는 세라와 함께 도버의 절벽을 구경하러 갔던 어느 날, 드디어 아름다운 순간을 맞이하게 된다. 이날의 일기는 즐거움으로 흘러넘치고 있다.

벼랑들이 산맥처럼 솟아올랐다. …… 벼랑 아래로 펼쳐진 빛나는 대양은 상쾌하고, 신선한 바람을 맞이하여 생명으로 요동치고 있었다. 햇빛을 받은 바다는 스스로 불타오르는 것만 같았다. …… 나는 오늘을 잊을 수 없을 것이다. 나는 감히 계획을 세워두었지만, 성공할 것이라는 희망은 없었다. 그러나 정해진 날이 다가왔고, 깨어나는 순간부터 마지막까지 이 일은 나의 관심을 완전히 붙들었다. 모든 상황이 내가 가진 희망과 공포와 너무도 강렬하게 연관지어졌기 때문에, 나는 평소보다 세 배는 되는 에너지를 가지고 산다는 느낌이었다.[3]

세라는 그의 청혼을 받아들였다. 그들은 1821년에 결혼했고, 일생 동안 서로에게 진심을 다했다. 세라는 과학을 몰랐지만, 남편이 하는 일이 그와 세상에 얼마나 중요한 일인지 잘 이해하고 있었다. 그녀는 패러데이가 영양가 있는 음식을 먹도록 신경썼고, 오랜 시간의 연구와 휴식이 균형을 이루도록 주의를 기울였다. 그녀는 패러데이가 표현한 대로 "그의 마음의 베개"였다.[4] 그들에겐 자녀가 없었지만 왕립 과학 연구소에 있는 집은 활기 넘치는 행복한 가정이었고, 가끔 가족들의 생일이나 결혼 잔치로 떠들썩해지기도 했다. 어린 친척들은 마이클 아저씨와 세라를 방문하는 일이 항상 큰 기쁨이었다. 그곳엔 언제나 신나는 게임과 절대로 떨어지지 않는 음료수와 진저 와인, 그리고 패러데이가 아래층 실험실에서 직접 만든 약 사탕이 있었다. 집에서도 그는 어린이들을 앉혀놓고 자신이 연구하는 모습을 구경하게 했는데, 어떤 때에는 아이들을 위해 조그만 쇼를 보여주기도 했다. 그는 물속에 던져 넣은 칼륨 덩어리가 부글거리며 끓어오르면서 보랏빛 불꽃을 사방으로 내뿜는 모습을 보여주거나, 유리관에 담긴 수은을 준비해서 아이들이 그 무게를 느껴보고 수은이 이리저리 굴러다니는 모습을 볼 수 있게 해주었다.

결혼 후 일터로 돌아온 패러데이는 런던 시 철학 협회의 친구로부터 한 가지 부탁을 받았다. 리처드 필립스Richard Phillips라는 이름의 이 친구는 〈철학연보Annals of Philosophy〉 학회지의 편집자로 임명되었는데, 패러데이가 전자기론의 역사적인 평가에 대한 글을 써주기를 요청했다. 패러데이는 아직까지 이 주제에 잠깐 손을 댄 정도에 지나지 않았으나, 중요한 일이라고 여겼기 때문에 모든 재능과 능력을 쏟아 부었다. 그는 구할 수 있는 자료는 모두 읽었고, 실험들을 재현해보았으며, 외르스테드와 앙페르의 논리를 이해하려 최선을 다했다.

오늘날 우리의 지식에 의하면 외르스테드의 관점은 칸트에게서 유래한 것으로, 여러 힘들이 공간을 종횡무진 채우고 있다는 것이었다. 이것은 진리에 상당히 가까웠으며, 패러데이 역시 궁극적으로 도달한 관점이기도 했다. 그도 분명히 칸트와 셸링 그리고 《자연철학》의 영향을 간접적으로 받았던 것이다. 데이비의 시적인 벗이자 철학적 친구인 새뮤얼 테일러 콜리지는 1798년에 독일을 방문하고 돌아와서 《자연철학》의 전도사가 되었는데, 특히 자연의 모든 힘의 통합이라는 개념은 데이비를 전염시켰다. 이러한 경로로 패러데이는 지난 몇 년 동안 독일학파의 개념에 노출되어 있었던 것이다. 그러나 아무리 노력해도 '교란'에 대한 외르스테드의 모호한 이론이나, 전류가 화학적인 붕괴와 재구성의 파동이라는 제안의 실체를 파악할 수는 없었다. 반면 앙페르의 연구는 문제의 핵심에 훨씬 가까웠다. 그것은 실험에 의해 뒷받침된 수학적 이론으로, 더욱 정교하고 우아했다. 그렇지만 독학으로 얻은 패러데이의 지식에는 심각한 결함이 있었는데, 바로 수학을 배우지 못했다는 것이었다. 그에게 앙페르의 방정식은 이집트의 상형문자로 쓴 것이나 다름없었다.

패러데이가 수학에 정통했다면 무엇을 이룰 수 있었을지 모르는 일이지만, 오히려 역설적으로 수학에 대한 무지가 커다란 장점이었는지도 모른다. 그의 이론은 수학적인 모델로 추론되지 않았기에, 전적으로 실험적인 관찰에 의해서만 유도될 수 있었다. 시간이 지나면서, 이런 접근법은 그에게 전자기적인 현상에 대한 뿌리 깊은 직관을 가져다주었다. 이렇게 얻은 직관은 다른 사람들은 하지 않을 질문을 제기하도록 했고, 어떤 사람도 생각해낼 수 없는 실험을 하게 했으며, 다른 사람들이 놓쳤던 가능성을 바라보도록 했다. 그는 과감하게 사고했으나, 동시에 극도로 엄격한 실험적 검증을 통과하지 않고서는 자신의 입장을 표명하지 않았다. 앙페르에게 쓴 편지에 그는 다음과 같이 설명했다.

저의 불행은 수학적 지식이 없기에 추상적 사고에 능숙하게 접근할 힘을 가지지 못했다는 점입니다. 저는 오로지 사실을 한군데 모으는 것으로 나아갈 길을 찾아야 합니다.[5]

반면 앙페르에게 있어서 수학은 자연의 언어였다. 이미 앞에서 보았듯이, 전기와 자기에 대한 관점은 대부분 중력 이론의 수학적 유추analogy로부터 유도된 것이었다. 그는 훌륭한 실험을 해내기도 했지만,

대체로 추상적인 추론에 의한 자신의 이론을 확인하기 위해서였다. 두 위대한 과학자들 사이의 극단적인 차이점은 그들의 출신 환경이었다. 앙페르는 수리물리학자들의 유서 깊은 단체인 프랑스 뉴턴 학파가 만들어낸 인물이자 이 학파의 저명한 일원이었던 데 비해, 패러데이는 데이비의 후원을 받아 성장하긴 했지만 특정 모임에 속하지 않는 인물이었고 우연히 중앙 무대로 나서게 된 아웃사이더였다. 이런 차이점에도 불구하고, 두 사람은 과학에 대한 공통된 열정으로 서로에게 이끌렸고 오랫동안 우정 어린 교류를 즐길 수 있었다. 패러데이는 의견의 차이가 진리를 찾아내는 데 기여한다고 믿었다.

앙페르의 연구에 감탄하면서도 패러데이는 전류가 흐르는 도선과 그것에 편향되는 자석 바늘 사이에 작용하는 힘의 본질에 대해 자신만의 관점을 발전시키기 시작했다. (그로서는 의심할 이유가 없었던) 앙페르의 수학적 이론은 자석 바늘의 운동이 도선과의 척력과 인력의 결과임을 보여주었다. 그러나 패러데이에게 이와 같은 설명은 잘못되었거나 최소한 앞뒤가 뒤바뀐 것으로 보였다. 그가 볼 때, 실제로는 도선이 주위 공간에 원형의 힘을 유도한 뒤에 이로 인해 다른 일이 뒤따라 일어난 것이었다.

패러데이의 천재성은 그다음 단계에서 멋지게 드러났다. 그는 세라의 14세짜리 남동생 조지를 데리고 실험실로 내려갔다. 우선 둘은 대야에 뜨거운 밀랍을 붓고 철제 막대자석을 그 안에 고정시켰다. 밀랍이 굳자, 이번에는 자석의 꼭대기 부분만 노출될 때까지 대야에 수은을 채워 넣었다. 그런 다음 절연체로 된 지지대에 짧은 도선을 매달아 그 끝이 수은에 잠기도록 했다. 마지막으로 전지의 단자를 도선의 위쪽 끝에 연결하고 다른 단자는 수은에 연결했다. 도선과 수은은 도선의 끝부분이 움직이더라도 전류가 끊임없이 흐를 수 있는 회로를 이루었다. 그러자 도선은 정말로 움직였다. 원을 그리며 막대자석 주위를 빠르게 돌았던 것이다!

이게 전부가 아니었다. 그는 장치를 손보아 막대자석이 자유롭게 수은 위에 떠 있도록 개조했는데, 이때 자석의 한쪽 끝은 대야 바닥의 한 점에 묶어두었고 자석의 4분의 1가량이 수은 표면 위로 노출되었다. 그는 매달린 도선을 고정된 것으로 바꿔 수은 표면의 중앙에 담그고 다시 전지를 연결했다. 그러자 이번에는 막대자석이 도선 주위를 돌았다! 패러데이는 발견자가 되었다. 세계 최초의 전기 모터를 만들었던 것이다. 그와 조지는 테이블 주위를 돌면서 춤을 추었고, 성공을 축하

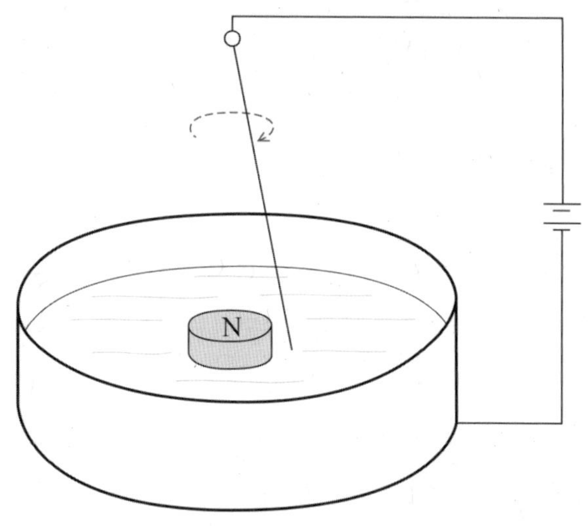

| 그림 4.1 **패러데이의 첫 전기 모터 장치** |

하기 위해 서커스에 놀러 갔다. 나중에 조지는 이 순간을 회상했다. "그때 그의 얼굴에 나타난 열정과 빛나는 눈빛은 결코 잊지 못할 것입니다."[6] 우리는 패러데이가 단순한 말로 그의 일지에 적어놓았던 기쁨을 상상해볼 수 있다. "매우 만족스러움. 그러나 더 민감한 장치를 제작할 것."[7]

그는 여기에 이렇게 추가했을 수도 있겠다. '논문으로 발표할 것', 즉 결과를 세상에 알리는 것이었다. (패러데이의 한결같은 모토는 "연구하기, 마무리하기, 발표하기Work, Finish, Publish"였다.) 이런 생각을 염두에 두고 그는 '새로운 전자기적 운동과 전자기학 이론에 대하여'라는 제목의 연구 논문을 〈계간 과학 학술지Quarterly Journal of Science〉의 다음 호기일에 맞추기 위해 서둘렀고, 한 달도 지나지 않아 그의 발견은 인쇄되기에 이른다. 그러나 기쁨도 잠시, 일주일도 안 되어 그의 기쁨을 수포로 만드는 일이 일어났다. 성급하게 작업하느라 선배이자 후원자였던 데이비에게 공식적으로 감사의 인사를 하는 것을 잊은 데다가 더 나쁘게도 데이비의 가까운 친구인 울러스턴의 연구에 대한 언급을 누락시키고 말았는데, 울러스턴은 전류와 자석을 이용한 회전 운동을 만들어내기 위해 1년 전부터 노력하고 있었기 때문이었다. 울러스턴이 등장한 이후로 패러데이와 데이비는 전자기학 분야에서는 공동으로 연구하지 않았으나, 두 사람의 대화를 곁에서 들은 패러데이는 울러스턴이 하던 일에 대해 대충 알고 있었다. 그런데 울러스턴은 패러데이와 달리 자석과의 반응을 통해 도선 코일을 자전하게 하려는 허망한 일에 매달리고 있었다. 울러스턴과 패러데이의 실험 간의 차이점은 조심성 없는 관찰자의 눈으로는 포착하기 힘든 것이었다. 울러스턴이 직접적으로 가담하지는 않았으나, 데이비를 포함한 다른 사람들은 패러데이에게 표절 의혹을 제기했다.

이런 불명예스러운 행위로 의심받는 것은 뼈아픈 일격이었다. 더군다나 세상에서 가장 존경하던 데이비가 주요 고발자라는 사실은 상황을 더욱 나쁘게 만들었다. 데이비가 어떤 동기에서 그렇게 행동했는지 추측할 수밖에 없다. 그는 관대함과 허영심이 결합된 복잡한 성격의 소유자였다. 패러데이가 그의 문하생으로서 이룬 성취가 자신의 공적인 위치에 도움이 되는 경우에는 관대했지만, 문하생이 경쟁자로 드러나자 허영심이 발동했던 것으로 보인다. 더구나 패러데이가 그의 지도자이자 후원자인 데이비와 공로를 나누지 않은 실수는 그의 권위에 대한 모욕으로 받아들여졌다.

진흙탕에서 빠져나오려는 절실한 심정으로 패러데이는 울러스턴에게 사과하는 편지를 썼다. 울러스턴의 답장은 다소 경멸투였다.

당신은 언급하고 있는 주제에 대한 내 감정이 얼마만큼인지 오해하고 계신 것 같습니다. 당신의 행위에 대한 다른 사람들의 의견은 당신의 관심사일 뿐, 내 관심사는 아니기 때문입니다. 그리고 당신이 다른 사람들의 제안을 그릇되게 이용했다는 혐의에 대해 스스로 무죄를 선고하신다면, 이 일에 대해서 더 이상 걱정할 필요도 없으시겠지요.

패러데이는 표절 혐의를 벗기 위해 홀로 투쟁했고, 많은 부분에서 성공을 거두었다. 그렇더라도 의례를 중시하고 후배에게 복종을 기대하는 영국 과학계의 골수파에게서는 여전히 호감을 얻을 수 없었다.

그러나 더 넓은 세상은 이런 일에 별로 신경 쓰지 않았고, 패러데이의 발견은 자신만의 생명력을 얻었다. 불과 몇 달 만에 왕립 과학 연구소의 강의실에는 누구든지 볼 수 있도록 대형 회전자rotator가 설치됐고, 이는 다시 초소형으로 제작되어서 유럽 전역의 과학자들에게 발송되었다. 전자기학은 사람들을 뜨겁게 열광시키는 주제가 되었다. 많은 사람들이 이에 대해 더 많이 알고 싶어 했고, 그들은 〈철학 연감Annals of Philosophy〉에 기고된 일련의 논문들을 감사한 마음으로 탐닉했다. 이 논문의 저자는 겸손하게도 'M'이라는 필명을 사용했는데, 소문이 퍼지면서 사람들은 압도적으로 패러데이를 진짜 저자로 지목했다. 사실 이 논문들은 친구 리처드 필립스의 요청으로 집필한 〔전자기학의〕 역사적 비평이었으므로, 패러데이는 자신이 저자임을 밝혀야만 했다. 그는 유명인이 되었다.

성공의 다음 단계는 왕립 학술원 회원이 되는 것이었는데, 울러스턴을 포함한 현 회원 한 그룹이 그의 선출을 지지해주었다. 처음에는 일이 잘되어가는 듯했으나, 선출의 서막은 그의 생애에서 가장 불쾌한 에피소드 중 하나로 남게 되었다. 비신사적인 행동에 대한 의혹은 아직도 패러데이 곁을 맴돌고 있었고, 회장인 험프리 데이비 경을 우두머리로 하는 작은 그룹에서 반대했다. 패러데이는 궁지에 몰렸다. 이를 극복하기 위해서 그는 샌디먼파 교도로 자라며 받았던 모든 교육의 규칙을 잠시 제쳐두어야 했다. 반대파에게 승진을 도와달라고 간청할 수밖에 없었던 것이다. 이는 혐오스러운 일이었지만, 결국 그는 1824년 1월에 한 표의 반대로 F. R. S.(왕립 학술원 회원Fellow of the Royal Society의 줄임말―옮긴이)로 선출되었다. 그가 이 일로 조금도 원한을 품지 않았다는 사실은 패러데이의 성품을 잘 보여주지만, 그후로 데이비와의 관계가 절대로 예전과 같지 않았다고 한 친구에게 고백했다.

그런데도 데이비는 이듬해에 패러데이가 왕립 과학 연구소의 소장으로 승진하도록 부추겼다. 이것은 불가항력이었던 것으로 보인다. 패러데이가 직면한 업무는 연구소를 불안정한 재정 상태로부터 구해내는 것이었는데, 그는 데이비가 20년 전에 거둔 찬란한 성과에 버금가는 결과를 거두었다. 데이비의 고향과 같은 강의실에서도 마찬가지였다. 그는 금요일 저녁마다 연구소 회원들을 실험실로 초청했는데, 이 행사가 순식간에 유명해지는 바람에 강의실을 위층의 대강당으로 옮겨야 했다. 이렇게 시작된 왕립 과학 연구소의 금요일 저녁 토론회 Friday Evening Discourses의 전통은 오늘날까지 이어져 내려오고 있다. 연극적인 단순함을 추구한다는 점에서 그 형식은 변하지 않았다. 정확하게 약속된 시간에 아무 예고 없이 발표자가 등장하고, 정확하게 한 시간 동안 강연한 후에 허리를 굽혀 인사하고 무대를 떠나는 것이다. 초기의 강연은 대단한 성공을 거두어서, 패러데이는 크리스마스에 어린이를 위한 특별 강연까지 준비했다. 크리스마스 특별 강연도 마찬가지로 지금까지 이어져 내려오며, 오늘날 이 TV 프로그램의 시청자 수는 엄청나다. 이로써 패러데이가 당면한 목표 역시 해결되었다, 연구소의 회원 수와 수익금은 사람들이 강연에 몰려올수록 늘어났다. 연구소가 번창했다고 말하기는 어렵지만, 최소한 침몰하는 것은 면할 수 있었다.

강연의 성공은 우연이 아니었다. 앞에서 살펴본 것처럼 패러데이는 일찍부터 과학적 강연 기술에 대한 생각을 발전시켜왔는데, 이것들이 축적되어 범접하기 어려울 만큼 노련함을 발휘하게 한 것이다. 그가 이 주제에 대해 책을 썼다면 틀림없이 이 분야의 고전이 되었을 것이다. 그는 좌석의 배치부터 통풍, 강의실의 조명을 아우르는 다양한 주제에 대해 기록을 남겼다. 그가 강연자를 위해 쓴 방대한 충고는 이렇게 시작한다. "시작과 함께 켜진 불꽃은 끝나는 순간까지 지칠 줄 모르는 화려함을 유지해야 한다."[8] 패러데이는 수많은 강연을 직접 맡았고, 방식은 전혀 달랐지만 한때 데이비가 그랬던 것처럼 열성적인 청중을 끌어들였다. 데이비 같은 현란함이나 즉흥적인 영감의 불꽃은 없었지만, 패러데이가 완벽한 설명 기술과 타이밍에 의해 과학의 기적을 전달할 때면 사람들은 단순하고 참된 매력을 느꼈다. 시간이 지나면서 그는 영국 최고의 대중 강연자가 되었고, 윌리엄 브랜드를 대신해서 예기치 않게 단상에 올랐던 1823년부터 1862년의 마지막 출연에 이르기까지 강연은 그의 생애에 걸쳐 계속되었다.

패러데이의 천재성의 본질을 꼭 집어내기는 어렵지만, 그가 했던 강연의 탁월함에서 일말의 단서를 찾아볼 수 있다. 주제에 대한 지식은 읽거나 들어서가 아니라 개인적인 관찰에서 비롯한 것이었다. 보기 드문 집중력으로 만물을 보고 들었기 때문에, 다른 사람은 지나쳐버리는 미세한 효과나 뉘앙스를 포착할 수 있었다. 같은 방식으로 그는 청중의 즐거움에 기여하는 모든 요소와 개별적, 조합적 효과를 가려내려 노력했다. 그는 아무리 극적인 장면이라도 청중에게 그 뒤에 숨어 있는 이론을 함께 보여줄 수 없다면 무대에서 절대 실험을 시연하지 않았는데, 이는 실로 대단한 것이었다. 그의 과학적 천재성은 다른 사람들이 놓친 실험 결과를 얻어내는 것뿐 아니라 그 결과를 설명하는 능력에서도 발휘되었다.

과학적 입지가 올라가면서, 새로운 업무로 패러데이는 바빠졌다. 그는 왕립 과학 연구소의 일상적 업무와 씨름했기 때문에, 신설된 아테네움 클럽Athenaeum Club의 총무와 같은 행정적인 일을 맡아달라는 요청을 거절할 수밖에 없었다. 그러나 거절할 수 없는 요청이 있었다. 1700년대 초까지만 해도 영국은 광학 기구용 고품질 유리 제작 분야에서 세계 최고를 달리고 있었다. 그러나 1746년에 정부가 재정을 확충하기 위해 모든 종류의 유리에 세금을 무겁게 부과하기로 결정하는 바람에, 한때 황금 알을 낳던 거위였던 렌즈 산업은 서서히 죽어버렸다. 그 결과, 1820년 무렵에는 최고의 렌즈 제작자들은 모두 프랑스와 독일에 있고 영국의 렌즈공들은 렌즈 만드는 법을 잊어버렸던 것이다. 정부가 나서서 세금을 인하할 수도 없었기에, 1825년에 왕립 학술원은 이 상황을 타파하기 위해 광학용 유리 품질 향상 위원회를 설립했다. 패러데이는 여기에 합류해달라는 초청을 받았고, 결국 이 프로젝트를 운영하게 되었다. 이것은 애국심에서 맡은 일이었다.

매우 고된 일련의 실험 끝에, 처음에는 가까운 팔콘Falcon 유리 제작소에서, 그다음엔 자신의 실험실에 새로 설치된 유리 용광로를 이용하여, 패러데이는 모든 결함의 원인을 조사하여 하나씩 제거하는 동시에 새로운 제작 방법과 재료를 조사했다. 이것은 끝없고 지난한 작업이었다. 매번 실패할 때마다 원인을 찾아내고 해결하는 과정에 수 주일의 시간이 들었다. 이 모든 작업은 패러데이의 다른 의무와 개인적 연구와 병행해야 했다. 결국 3년 후에 그는 "신경성 두통과 쇠약함"[9]이라고 표현했던 증상에 굴복하고 만다. 세라는 회복을 위해 그를 두 달 동안 시골로 데려갔다. 고된 노동, 정신적 탈진과 어쩔 수 없는 휴식은 그의 생애 동안 여러 번 반복되었다.

패러데이가 아니었다면 그 누구도 이 보상 없는 작업에서 성공적인 결과를 얻지 못했을 것이다. 1830년, 마침내 상당한 크기의 만족스러운 유리 샘플을 얻었는데 전통적인 산화납 대신에 규소화 붕산납을 사용했다. 이는 망원경 렌즈로 사용되었을 때 뛰어난 성능을 보였는데, 위원회는 더 큰 렌즈를 원했다. 패러데이는 늪으로 빨려들어간다고 느꼈다. 지금 자유를 얻지 못한다면, 여생의 많은 시간을 위원회 일에 빼앗기고 말 것이었다. 1831년, 그는 실험 기록을 여섯 권 분량으로 잘 정리해서 왕립 학술원으로 보낸 뒤에 위원회에서 사퇴했다.

39세의 패러데이는 그에게 주어진 의무를 끝마쳤다. 자신의 연구에는 적은 시간밖에 들일 수 없었던 절망적인 몇 해를 보내고 나서, 그는 앞길을 스스로 개척하려 했다. 그는 뉴 런던 대학New London University의 교수직 제안은 거절했지만, 울리치Woolwich에 있는 왕립 육군 사관학교Royal Military Academy의 시간제 교수직은 승낙했다. 그는 가르치는 일을 즐겼고, 200파운드의 연봉으로 왕립 과학 연구소의 소박한 급여를 보충할 수 있었다. 그러나 위원회 업무도 끝이 났고, 상업적인 회사를 위한 잡일도 없었다. 오직 왕립 과학 연구소만이 그의 집이자 활동 무대가 되었다. 그는 과학적 뮤즈의 목소리에 귀 기울이려 했다. 그런데 지루한 유리 프로젝트에서 얻은 것이 있다면 조수를 발견했다는 점이었다. 패러데이의 신임 조수는 왕립 포병대에서 최근 제대한 앤더슨Anderson 하사로, 그는 패러데이가 1866년에 세상을 떠날 때까지 이 자리를 지켰다. 패러데이의 왕립 과학 연구소 후임자인 존 틴들John

Tyndall은 그가 앤더슨에게서 감탄했던 면모를 "맹목과 복종"이라는 두 단어로 요약했다.[10] 패러데이의 친구 벤 애벗은 어느 날 밤 패러데이가 앤더슨에게 퇴근하라는 말을 잊었는데, 다음 날 아침에 와서 보니 아직도 용광로에 불을 때고 있더라는 일화를 두고두고 이야기했다.

패러데이가 전류와 막대자석으로 회전 운동을 성공한 지 10년이라는 세월이 흘렀지만, 불가사의한 비밀은 줄곧 그의 머릿속에 남아 있었다. 영국에는 가까운 동료가 없었지만, 아직도 앙페르와는 활기차고 우정 어린 편지를 주고받고 있었다. 그들은 전자기라는 자연의 작동 원리에 대해서는 근본적으로 다른 의견을 가지고 있었지만, 서로에 대한 깊은 존경심으로 이어져 있었다. 이 무렵, 패러데이는 자신의 생각이 주류에서 얼마나 심하게 벗어났는지 알아차렸다. 프랑스 뉴턴 학파의 전통에 속한 앙페르가 세운 고도로 수학적인 원격 작용 이론은 중견 과학자들이 원하는 모든 것을 제공했고 보편적으로 수용되고 있었다. 패러데이는 타인의 의견에 반대되는 추측은 아주 조심스럽게 표현하곤 했지만, 이러한 상황은 저술에서도 인정했다. 〈철학 연감〉에 전자기학에 대한 개관을 실으면서 그답지 않게 가명을 사용했던 이유도 오만방자한 인물로 비춰지기를 원하지 않았기 때문인 것 같다. 그러나 앙페르에게 쓴 편지들은 자유롭고 솔직했다. 다음을 살펴보자.

저는 본래 타고나기를 이론적 문제에 회의적이니, 당신이 최근 발전시킨 이론을 받아들이지 않는다고 화내지 마시기 바랍니다. 그 이론의 독창성과 응용 사례들은 놀랍고 정확하지만, 어떻게 전류가 만들어지는지, 특히 전류가 각 입자 주위에 존재해야 한다면, 이는 이해하기 어렵습니다.

저는 언젠가 그 이론을 수용할 수 있도록 더 많은 증명이 따르기를 기다리고 있습니다.[11]

페러데이가 앙페르와 자신의 연구 일상을 비교한 또 다른 편지에서 드러나듯이, 앙페르는 믿을 수 있는 절친한 친구였다.

매번 받는 편지에서 당신의 분주한 생활을 엿볼 수 있고, 또 시간을 효율적으로 보낸다는 사실이 매우 기쁩니다. 불행하게도 저는 많은 시간을 지극히 평범한 업무로 보냅니다. 제 자신만의 연구를 거의 하지 못하는 데 대한 (희망 섞인) 변명으로 내세워야 할 것 같습니다.[12]

실제로 그가 정말로 하고 싶은 일은 수많은 업무에 의해 방해받고 있었다. 한번은 몰두해 있던 전자기 연구를 제쳐놓고 왕립 해군의 오트밀 샘플 32개의 오염 여부를 검사해야 했던 적도 있었다. 이런 상황에서도, 패러데이는 다른 업무를 처리하고 남는 시간을 투자해서 전기와 자기를 실험적으로 탐구했다. 패러데이의 사고가 발전을 이루기 시작한 것은 앙페르의 생각을 실험적으로 확인하면서였던 것으로 보인다. 그는 전류가 흐르는 도선을 구부려서 원형 고리를 만들었는데, 앙페르와 마찬가지로 전류 고리가 자석과 똑같이 행동한다는 사실을 발견했다. 전류가 시계 방향으로 흐르는 것처럼 보이는 쪽이 S극이었고, N극은 반대편이었다. 하나의 고리로는 힘이 미약했으나, 도선을 여러 번 감은 나선형 고리를 이용해서 강력한 자석을 만들었다. 앙페르의 이론에 의하면, 자기력은 쌍을 이루는 전류 요소 사이에 존재하는 직선적 힘의 단순한 산술적 합이었다. 그러나 패러데이는 다르게 생각했다. 그에게 자기력은 전류가 흐르는 도선의 둘레에 원을 그리는 것으로, 간접적 또는 직선적 힘이 수학적으로 유도된 효과가 아니라 더 근본적인 것이었으며 그 자체로서 원형의 힘이었다. 원형의 힘이라는 관념은 일반적으로 받아들여졌던 뉴턴의 힘의 원칙에서 상당히 빗나갔는데, 패러데이는 전통적인 과학 교육을 받지 못했기에 오히려 이런 견해를 수용할 수 있었을 것이다. 그의 사고는 뉴턴의 모델에서 점점 멀리 떨어진 방향으로 나아갔다. 패러데이는 도선을 나선 형태로 감으면 원형의 힘의 일부가 짓눌려서 나선을 관통하는 튜브의 형태를 이루며, 그리하여 힘의 다른 부분이 공간으로 퍼져나갈 수 있다고 추론했다.

공간을 통과하며 작용하는 원형의 자기력에 대한 이론이 패러데이의 머릿속에 형성되고 있었지만, 이러한 사변적 생각은 당분간 가슴속에 묻어두었다. 이를 발표하는 것은 비웃음을 살지도 몰랐기 때문이었다. 아직 더 많은 연구가 필요했기에, 그는 독창적인 실험을 고안했다. 이미 결과를 알고 있는 우리에게는 간단한 원리라고 생각될 수도 있으나, 당시에는 그렇지 않았다. 그는 도선 코일을 유리관에 나선형으로 감은 뒤에 전지에 연결해서 자석을 만들었다. 그리고 이 코일을 수평으로 고정한 상태로 물에 반 정도 잠기도록 했다. 그리고 코일과 같은 길이의 자석 바늘을 얇은 코르크 조각에 꽂아서 물 위에 띄운 다음에 회로를 작동시켰다. 총 두 개의 자석이 있는 셈이었다. 하나는 전류가 흐르고 있는 고정된 코일이었고, 다른 하나는 물 위를 자유롭게 움직일 수 있는 자석 바늘이었다. 반대 극은 서로를 잡아당기므로, 자석 바늘의 N극은 코일 자석의 S극에 이끌려 움직였다. 그 당시에 유효했던

자기극 이론에 의하면, 자석 바늘은 코일 자석의 S극에 도달한 채로
정지해야 했다. 서로 잡아당기는 N극과 S극은 붙어 있었기 때문이다.
그러나 놀랍게도 자석 바늘은 멈춰서는 대신 유리관을 통과해서 계속
움직였고, 자석 바늘의 N극은 코일 자석의 N극 옆에 멈췄다. 그리고
반대편 끝에는 두 개의 S극이 나란히 붙어 있었다.

　이는 단순하지만 심오한 결과였다. 패러데이의 해석에 따르면 자성磁
性은 단순히 잡아당기거나 밀어내는 극의 문제가 아니었다. 이 실험이
보여준 것은 자기적인 힘이 한 극에서 시작해서 다른 극에서 끝나는 것
이 아니라, 자석 전체를 통과하여 연속적인 고리를 이루며 지나간다는
사실이었다. 패러데이가 항상 적용했던 전문가적 회의주의에도 불구
하고(그는 자신의 사유가 틀렸다는 것을 증명하는 실험을 고안하는 데 많은 시간
을 할애하곤 했다), 점차 자기적 힘이 실제로 공간 속에 현존한다는 믿음
에 가까워지고 있었다. 이것 역시 프랑스 뉴턴 학파에게는 전혀 생소한
관념이었다. 그들은 힘이란 한 물체와 다른 물체 간의 원격적이고 순간
적인 작용에 의해 만들어지는 것이라고 믿었으며, 물체 사이의 공간에
서 무슨 일이 일어나는지는 신경 쓸 바가 아니라고 여겼다.

　이 당시 모두를 당혹스럽게 만든 새로운 현상이 있었다. 1825년, 파
리의 아라고Arago는 움직이는 구리 조각 옆의 나침반 바늘이 때때로
움직인다는 사실을 발견했다. 그는 이를 조사하기 위해 자석 바늘을
회전하는 구리 원판 위에 매달았다. 그러니 놀랍게도 자석 바늘도 같
이 회전하는 것이 아닌가. 구리는 비자성 물질인데, 대체 무슨 일이 벌
어지고 있는 것일까? 이에 대한 답은 패러데이의 가장 큰 발견 중 하
나가 될 완전히 새로운 효과에 있었다. 유럽 반대편의 패러데이도 다

른 과학자들처럼 아라고의 관찰 결과에 호기심이 동했다. 전자기학에 대한 생각은 유리 연구에 시간을 쏟으면서도 그의 마음 깊은 곳에서 잉태되는 중이었다. 그는 때때로 주머니에서 도선이 감긴 조그만 철 원통을 꺼내서 물끄러미 쳐다보곤 했다. 단 하나의 질문이 머릿속을 지배하고 있었다. 전기가 자기를 만들 수 있다면, 자기도 전기를 만들 수 있어야 하지 않을까? 패러데이는 얼마 안 되는 자유 시간에 각종 자석 배열과 회로를 시도했지만, 그때까지 아무 성과를 얻지 못했다. 그러나 그는 짐이 되었던 "진부한 노동"을 떨쳐버렸고, 모든 정력과 기술과 경험을 이 수수께끼를 해결하는 데 쏟아 부을 수 있었다.

험프리 데이비는 차츰 쇠약해졌고, 1829년에 병으로 세상을 떠났다. 여러 결점에도 불구하고 패러데이는 데이비를 존경했다. 많은 시간을 함께했던 만큼 둘은 강한 연대감으로 엮여 있었다. 패러데이에게 데이비는 스승 이상의 존재, 즉 친구이자 영감의 원천이었다. 패러데이는 데이비처럼 위대한 인간과 가깝게 지낼 수 있었다는 사실을 특권으로 느꼈다. 데이비의 자서전 작가인 존 에어튼John Ayrton이 데이비로부터 받은 첫 편지를 빌려달라고 요청했을 때, 패러데이는 어쩔 수 없이 다음과 같이 말했다.

이 편지를 아주 조심스럽게 다뤄주실 것을 요청하며 원본을 보내드립니다. 제가 이 편지를 얼마나 귀하게 여기는지는 충분히 상상하실 수 있으리라 생각합니다.[13]

제자는 스승마저도 넘어설 수 있는 발견의 여정에 오르려는 참이었다. 1831년 8월, 패러데이는 가장 귀중한 업적이 될 새로운 연구 프로 젝트의 첫 단어를 실험 노트에 적어 넣었다. 단 하나의 방정식도 없이 전적으로 글로만 쓰여진 기념비적인 책인 《전기에 대한 실험적 연구 Experimental researches in Electricity》의 집필이 시작되었던 것이다.

5

자기 유도

1831~1840

왕립 과학 연구소의 가장 귀중한 재산은 런던 시 쓰레기하치장에서나 발견될 법한 물건으로, 도선으로 얽혀 있고 헝겊으로 둘둘 말려 있는, 고리 던지기에 쓰일 것만 같은 너덜너덜한 장비다. 그러나 여태까지 만들어진 과학 기구 중 가장 중요한 것으로, 그 값을 매길 수 없다.

1831년에 이르자, 전기로부터 자기를 만들어내는 방법은 누구나 아는 지식이 되었다. 전류가 흐르는 도선을 조심스럽게 매달면 남과 북으로 정렬된다는 것, 보통의 쇳조각을 잠시 코일 안에 넣어두면 영구 자석으로 변화시킬 수 있다는 것 등 말이다. 그러니 그 반대, 즉 자기로부터 전기를 만들어내는 것도 가능하리라 생각했지만, 이에 도전했던 수많은 사람들은 모두 실패를 맛보아야 했다. 자석과 회로로 구성된 패러데이의 다양한 시도도 이보다 나을 바는 없었지만, 그는 코일이 감긴 작은 철 원통을 항상 지니고 다니면서 숙고하며 사고를 발전시키고 있었다.

신선한 영감은 물리의 다른 분야에서 찾았다. 패러데이는 악기를 만들어 파는 가업을 잇고 있던 동료 과학자 찰스 휘트스톤Charles Wheatstone과 특별한 우정으로 이어져 있었다. 그는 칼라이더폰Kaleidophone 이라는 물건을 발명했는데, 나무판자 위에 고정된 상태로 진동하는 금속 봉의 끝에서 빛을 반사시키는 장치였다. 패러데이는 스크린에 투영되어 움직이는 반사광의 복잡한 패턴을 보며 즐거워했다. 휘트스톤은 진동하는 판으로 비슷한 효과를 보여주었던 독일 물리학자이자 음악가 에른스트 클라드니Ernst Chladni의 연구를 그에게 소개해주었다. 클라드니는 유리판 위에 모래를 얇게 펴놓고 유리판의 모서리를 바이올린 현으로 긁으면 판의 진동이 아름다운 무늬를 만들어내며 유리 속 정상파가 시각적으로 표현된다는 것을 발견했다.

여기에서 한걸음 더 나아가, 이 무늬들은 가까운 거리에 놓인 다른 유리판을 긁어도 이미 모래를 뿌려놓은 유리판에 유도되었다. 첫 번째

| 그림 5.1 **클라드니 그림. 진동하는 유리판에 모래를 얇게 펴서 만든 무늬들** |

파의 진동이 공기 중에 음파를 만들어내고 이 파동이 두 번째 판을 진동시킨 것이다. 평소와 같이 패러데이는 여러 가지 실험 조건에서 직접 모든 것을 샅샅이 조사했다. 이 노력에 대한 보상으로 그는 클라드니보다도 더욱 생생하게 음향 유도를 입증할 수 있었다. 두 번째 유리판에 모래 대신에 계란 흰자, 기름, 물의 혼합물을 뿌려두자, 진동은 그 위에 주름과도 같은 섬세한 줄무늬를 만들어냈다.

음향 진동과 파동에서 오는 영감에 몰입한 패러데이는 음파나 광파처럼 전기와 자기도 파동을 통해 전파될지도 모른다고 생각하기 시작했다. 1831년 여름, 그는 자기적으로 연결된 두 개의 전기회로를 가지고 이를 시험해보기로 했다. 첫 번째 회로에 전류를 흘려보내는 경우, 어떤 종류의 진동이나 파동이 철심 자석을 통해 두 번째 회로에 전류를 유도하는지 관찰하는 것이 관건이었다. 두 회로 사이에는 최대한 강력한 자기적인 연결이 필요했기 때문에, 그는 직경이 무려 6인치에 달하는 연철鍊鐵 고리를 사용하기로 했다. 또한 코일을 여러 번 감을수록 더 강한 자기 효과를 얻을 수 있었으므로 많은 회전수를 가진 코일이 필요했다. 주문한 고리가 도착하자, 그는 두 개의 코일이 서로 마주보도록 도선을 감았는데 최대한 많은 횟수의 코일을 여러 겹으로 감았다. 맞닿은 층의 도선 간에 절연 상태를 유지하기 위해 각 층에는 헝겊을 삽입했다. 결코 멋진 모습은 아니었지만, 본디 멋이라는 것은 능력에서 나오는 법이다.

그는 한쪽 코일(A)에 배터리에 연결하고 스위치를 켰다. 이렇게 해서 1차 회로 또는 송신 회로가 만들어졌는데, 철심 고리를 자기화하는 역할이었다. 그는 철심을 통과해서 진동이나 파동 같은 것이 작용해서 다른 쪽 코일(B) 안에 전류가 유도되기를 바랐다. 코일(B)는 아주 가벼운 자석 바늘을 민감하게 균형 맞춰서 제작한 검류계Galvanometer에 두 개의 긴 도선으로 연결되어 있었다. (검류계는 전류를 찾아내는 외르스테드의 최초 방식과 같은 원리로 작동했는데, 이는 앙페르를 비롯한 여러 사람들에 의해 수차례 개량되었다.) 코일(B)와 두 개의 긴 도선 그리고 검류계는 합쳐서 2차 회로 또는 수신 회로를 형성했다.

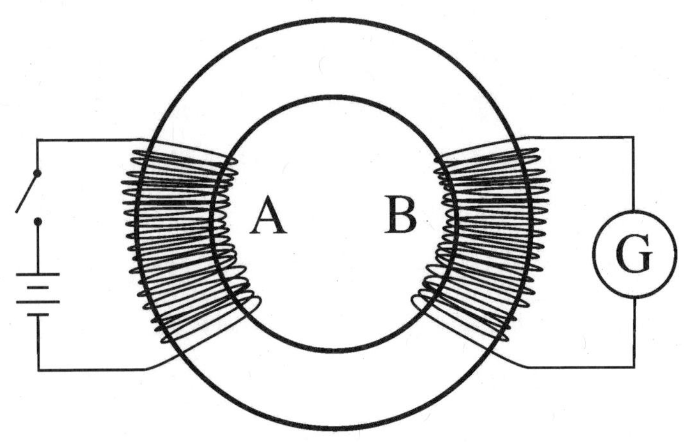

| 그림 5.2 **패러데이의 철심 고리 실험 개념도** |

아주 작은 전류라도 흐른다면 남북을 가리키고 있는 자석 바늘의 움직임을 볼 수 있을 것이었다. 그리고 1831년 8월 29일, 드디어 모든 준비가 끝났다.

패러데이는 스위치를 닫으며 바늘을 쳐다보았다. 바늘이 움직였을 때 그의 심장은 뛰었지만 바늘은 잠시 경련한 후 다시 제자리로 돌아왔다. 1차 코일에는 일정한 전류가 흐르고 있었지만 2차 코일에서는 아무 일도 일어나지 않았다. 검류 바늘에는 전혀 움직임이 없었다. 그러나 1차 코일의 전류를 끈 직후 자석 바늘은 다시 한 번, 이번에는 반대쪽을 향해 움직였다. 이 자체로도 충분히 이상한 현상이었지만, 이해할 수 없는 점은 더 있었다. 바늘의 첫 번째 움직임은 2차 회로의 첫 번째 전류의 펄스가 1차 코일과 반대 방향이라는 것을 보여주었지만, 두 번째 움직임은 1차 전류와 같은 방향임을 보여주고 있었다.

이 현상을 어떻게 설명해야 할까? 이것은 역사상 가장 위대한 과학적 발견 중의 하나이거나, 복잡하지만 평범하게 설명되는 우연한 결과이거나 둘 중 하나였다. 아무튼 패러데이는 흥분을 억누르지 못하고 친구인 리처드 필립스에게 이렇게 썼다. "나는 지금 전자기학 연구로 눈코 뜰 새 없이 바쁘네. 큰 놈이 하나 걸려든 것 같은데 아직 잘 모르겠어. 내가 전력을 다해 싸운 다음에야 사실 물고기가 아니라 수초였다는 사실을 알게 될 수도 있지."[1]

패러데이는 철심 고리 실험을 조금씩 변경해가며 여러 번 반복하면서, 혹시 바늘을 경련하게 했던 의도치 않은 요소가 있던 것은 아닌지 샅샅이 점검했다. 그러나 아무것도 찾을 수 없었다.

자기로부터 전기를 발생시키는 방법을 찾는 데 이토록 오랜 시간이 걸렸던 것은 놀라운 일이 아니었다. 전류를 켜거나 꺼서 자기적인 영향이 변화하는 경우 말고는 아무 일도 일어나지 않았다. 이는 중대한 결과물이었지만 아직 해야 할 일이 남아 있었다. 그는 자기로부터 전기를 만들어냈지만, 여기에 사용된 자기는 전기로 만든 것이었다. 같은 일을 보통의 영구 자석과 도선 회로를 사용해서 재현하는 것이 가능할까? 직선 도선, 나선 코일, 용수철 형태의 도선 등을 이용해서 자석들을 여러 가지로 배치해보았으나, 아무 결과를 얻지 못했다. 그러나 두 막대자석의 반대 극 사이에 코일을 감은 철심 원통을 두고, 다른 극은 서로 붙여서 사실상 두 배의 세기를 가진 V 모양의 단일 자석을 만들었을 때, 패러데이의 노력은 보답을 받았다.

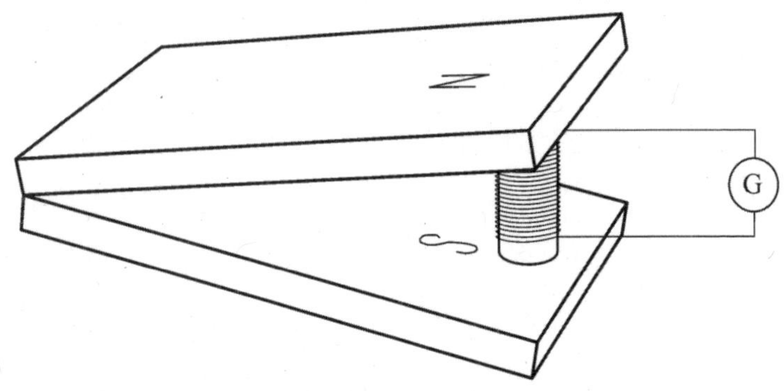

| 그림 5.3 **패러데이의 V 모양 자석 실험 개념도** |

그가 두 막대자석의 양 끝을 가까이하는 순간, 코일에 연결된 검류계의 바늘이 탁 튀며 움직였다. 그리고 다시 자석의 끝을 떼어내자 다른 방향으로 움직였다. 그는 이렇게 자석으로부터 전기를 직접 만들어냈고, 얼마 지나지 않아 훨씬 쉬운 방식이 있다는 것을 알아냈다. 높은 회전수를 가진 코일을 검류계에 연결한 다음, 보통의 막대자석을 코일의 내부 공간으로 밀어 넣었다 뺐다를 반복하자, 검류계의 바늘은 한 번은 이쪽으로, 다음엔 다른 쪽으로 격렬하게 움직였다.

그는 인간이 살아가는 방식에 변혁을 불러일으킬 만한 일, 바로 전

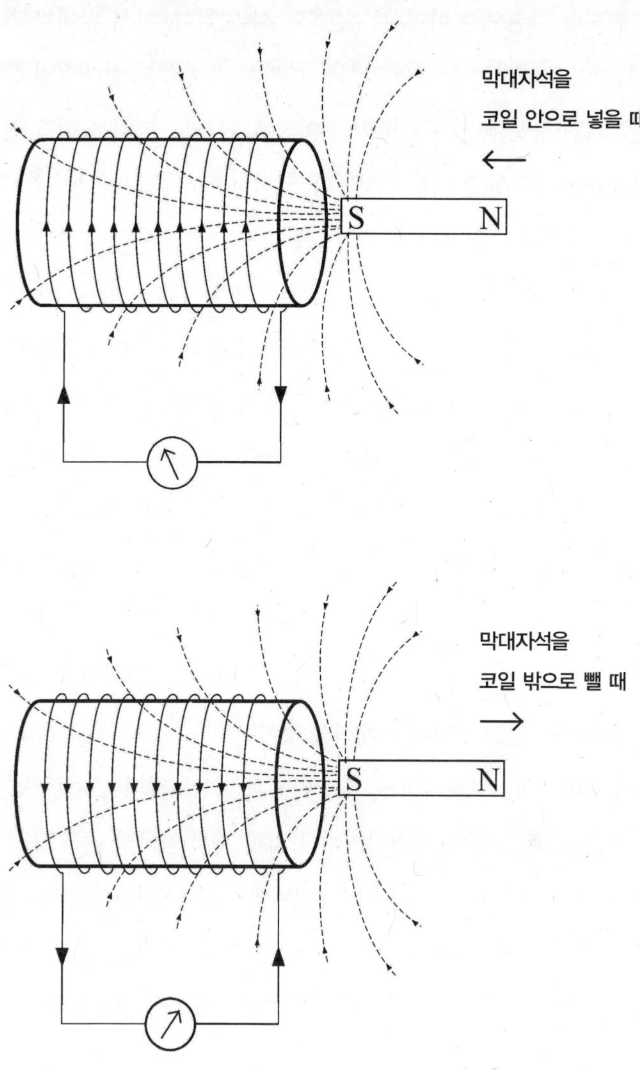

| 그림 5.4 패러데이의 막대자석과 코일 실험 |

자기 유도의 발견으로 이어지는 길목에 서 있었다. 도선 안에 전기를 발생시키기 위해서는 도선과 자석을 가까운 곳에 두고 상대적인 운동을 일으키면 충분했다. 패러데이는 어디에서든 쓸 수 있는 값싼 전기를 만들어낼 가능성을 열었던 것이다. 그러나 이처럼 일시적이고 약한 전류로는 충분하지 않았다. 필요한 것은 연속적인 전류였다. 일시적인 전류가 도선 코일과 자석 사이를 갑작스럽게 움직이는 상대 운동에 의해 만들어진다면, 연속적인 전류를 만들어낼 만한 부드러운 운동을 설계할 수는 없을까? 패러데이는 7년 전에 프랑수아 아라고가 했던 신비로운 실험을 다시 한 번 머릿속에 떠올렸다. 아라고는 회전하는 구리 원판을 이용해서 가까이에 놓인 자석 바늘을 회전하게 만들었다. 아직까지 아무도 왜 그런 일이 일어나는지 설명하지 못했지만, 패러데이는 이제야 그 답을 알 수 있었다. 구리 원판과 바늘 사이의 상대적인 운동이 구리 원판 안에 전류를 일으켰을 것이며, 그렇다면 전류의 자기 효과가 회전하는 바늘에 가해졌을 것이다.

패러데이는 아라고의 실험을 수정하기로 마음먹었다. 그는 구리 원판을 축 위에 놓고 원판 가장자리가 강력한 자석 양극의 좁은 간격 사이에 위치하도록 했다. 그런 다음, 원판의 가장자리에 미끄러지게끔 전극을 접촉시키고 다른 한쪽은 축 위에 접촉시켜서 전류 회로를 구성하도록 하여 검류계에 연결했다. 그는 회전하는 구리 원판과 자석의 상대적 운동이 원판을 가로지르는 연속적인 전류를 만들어내면 이것을 검류계로 검출하려 했던 것이다. 패러데이는 원판을 회전시킨 후에 검류계 바늘을 관찰했다. 그러자 바늘이 움직였고, 이번에 바늘은 한 자리에 머물러 있었다. 미약했지만 끊이지 않는 일정한 전류였다. 마찬가지로 원판을 다른 방향으로 회전시키면 검류계 바늘은 반대 방향으로 움직였다. 세계 최초의 전기 모터를 제작했던 패러데이는 그로부터 10년 후, 이번에는 세계 최초의 발전기를 발명한 것이다.

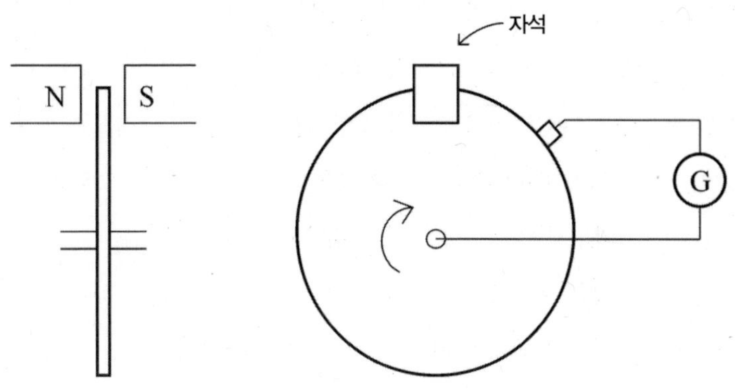

| 그림 5.5 패러데이의 최초 발전기 모형도 |

이와 같은 방식으로 아라고의 실험 결과도 설명할 수 있었다. 아라고가 회전시킨 원판과 매달린 자석과의 상대적 운동으로 인해 원판 안에서는 전류가 발생했고, 이 전류는 다시 자기력선을 전개해서 자석을 회전시켰던 것이다.

패러데이는 전기 모터와 마찬가지로 발전기의 상세한 작동 원리를 공개하는 데 주저하지 않았고, 기술적인 발전은 다른 사람에게 위임했다. 그가 맡은 일은 물리 세계에 대한 지식의 영토를 확장해나가는 것이었다. 그는 전기와 자기의 작용 방식에 대해 경이로운 발견을 해냈고, 이 발견들을 설명하는 데 온 생각을 집중했다.

사실 패러데이는 이미 11년 동안이나 이 문제에 골몰했다. 자석 바늘이 전류에 수직 방향으로 움직인다는 것을 보여준 외르스테드의 발견을 접했던 순간부터 전기와 자기 사이의 관계를 이해하려고 부단히 노력해왔다. 이에 대한 그의 생각은 실험실에서 자신이 직접 관찰한 것이었으며, 수학이나 다른 사람들의 이론에 의지하지 않았다. 처음에는 모호하고 가설적이던 그의 생각은 서서히 하나로 결합되었고, 여태껏 존재한 적이 없었던 새로운 것으로 변화하고 있었다. 패러데이는 많은 정통 과학자들이 자신의 아이디어를 웃음거리로, 또는 이단적으로 여길 것을 알고 있었기 때문에 이런 생각을 대부분 혼자만 간직하고 있었다.

1831년 11월 24일, 그는 전자기 유도에 대한 발견을 왕립 학술원의 동료들 앞에서 발표했다. 논문은 화려한 과시나 추측 없이 실험 결과를 보여주었고, 사실에 입각하여 소박하게 기술되었다. 확립된 이론에 맞서 공개적으로 도전할 준비가 되어 있지 않았기에, 그는 전기와 자기 사이의 연결을 가정했던 앙페르의 모델 일부를 언급하며 조심스럽게 말을 골랐다. 아주 짧게 이론의 영토에 진입하는 모험도 했으나, 자신이 앙페르를 비롯한 다른 모두와 얼마나 동떨어져 있는가에 대해서만 언급했을 뿐이었다. 철심 고리 실험을 발표하면서 그는 2차 회로에 전류가 유도되었다는 사실을 믿기까지의 과정을 설명했다.

볼타 전기적 또는 자기 전기적 유도의 지배하에 놓인 도선은 아주 기묘한 상태에 있는 것처럼 보였다. 보통의 조건에서는 전류가 생성되어야 했는데도 도선은 전류의 형성에 저항했기 때문이다. 반면에 도선을 그냥 내버려두면 보통 상태에서는 가지고 있지 않은 능력, 즉 전류를 일으키는 능력을 갖게 되었다. 물질의 전기적 상태는 아직까지 인지된 바가 없다.

그러나 이 상태는 전기의 흐름으로 야기되는 수많은, 또는 대부분의 현상에서 극도로 중요한 영향력을 발휘하고 있는 것으로 보인다. 그 이유는 곧 다루게 되겠지만, 몇몇 학식 있는 친구들의 권고에 따라 나도 이것을 전기적 긴장electro-tonic 상태라고 명명하는 과감한 시도를 했다.[2]

패러데이의 동료 중에 그가 무엇에 대해 이야기하는지 희미하게라도 짐작하고 있던 사람은 아예 없거나, 있다고 해도 극소수였음은 놀랍지 않다. 앞으로 전기적 긴장 상태가 장 이론의 발전에 큰 역할을 했다는 것을 살펴보게 될 텐데, 이 단계에서는 패러데이 자신에게도 불가사의한 일이었다. 그것은 전류가 흐르는 도선 속에서만 존재하는 일종의 장력이나 변형 응력strain처럼 보였다. 그러나 생성되거나 방출되는 순간에만 드러났기 때문에, 변형 응력을 직접 측정하기 위해 생각할 수 있는 방법을 모두 동원해도 성공하지 못했다. 패러데이가 포착하기 어려운 상태를 개념화한 것은 비상한 과학적 상상력으로 거둔 대단한 업적이다. 철심 고리 실험에서 가장 난해한 수수께끼는 1차 회로의 전지 연결을 끊은 이후에 2차 회로에 잠깐 동안 흐르는 전류였다. 패러데이에게 이것은 두 회로를 연결하고 있는 철심 고리 안의 자기적 힘을 매개로 1차 전류가 2차 회로에 유도했던 변형 응력의 방출처럼 보였다. 1차 회로에 전지를 연결한 직후에 2차 회로에 흘렀던 반대 방향의 짧은 전류도 같은 의미에서 변형 응력이 생성되었다는 표시였다. 이런 변형의 상태는 1차 전류가 일정한 동안에는 유지되었지만 전지 연결이 끊어지면 무너졌고, 이때 2차 전류는 바늘에 찔린 풍선에서 기체가 흘러나오듯이 짧은 순간 동안 흘렀던 것이다.

이런 생각들은 잘 준비된 기반에서 비롯한 것이었다. 패러데이는 모든 사람들과 동떨어진 노선에서 깊이 숙고해왔다. 그의 상상에 의하면, 전류는 도선 속에 급격하게 생성되었다가 방출되는 변형 응력의 결과일지도 몰랐다. 또한 모든 전류는 그 둘레에 원형의 자기적 힘을 생산했고, 이 힘은 주변 공간 속에서 물리적 실체를 가진 것처럼 보였다. 마찬가지로 모든 자석은 주변 공간에서 휘어진 경로로 작용하는 힘의 무늬를 생산했다. 이 힘의 경로는 눈에 보이지 않았지만, 자석 위의 종이에 철가루를 뿌리면 쉽게 모습을 드러냈다.

철가루는 철심 자석 주위에서뿐만 아니라 전류가 흐르는 도선 코일 주위에서도 패러데이가 상상력을 통해 보았던 것과 같은 3차원 무늬의 단면을 보여주었다. (앙페르가 증명한 대로 이런 코일은 자석과 똑같이 작용했다.)

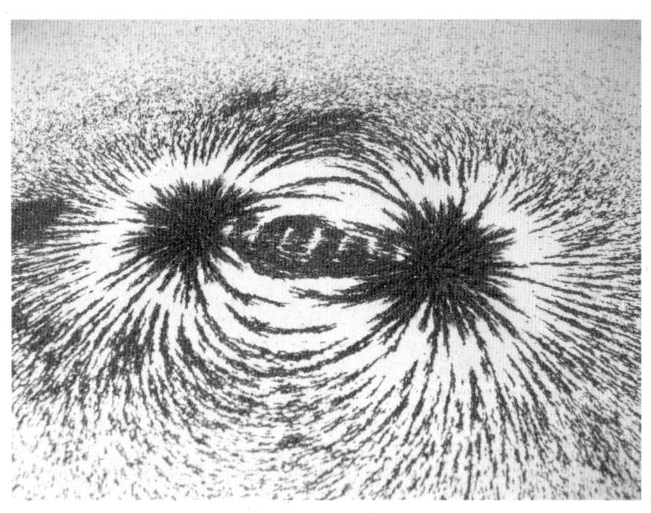

| 그림 5.6 **자석 위 종이에 뿌린 철가루에 의해 보이는 자기력선** |

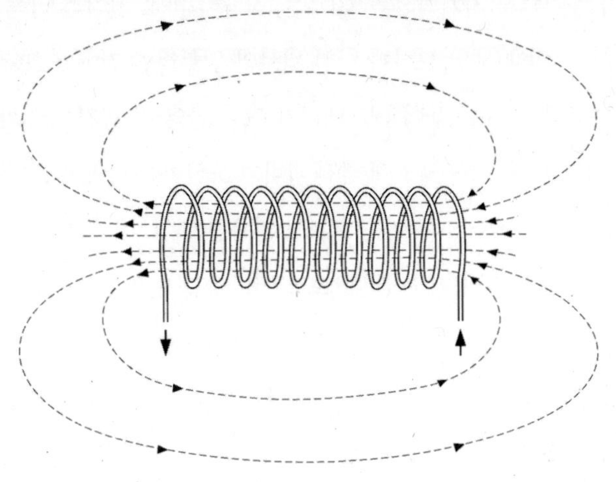

| 그림 5.7 **전류가 흐르는 코일 주위의 자기력선** |

두 번째 자석의 한쪽 극을 첫 번째 자석의 한쪽 극 근처에 가까이 가져가면 이 무늬는 변화했다. 《전기에 대한 실험적 연구》에서 패러데이는 이것의 개념을 설명했다. "철가루에 의해 드러나며, 극을 병렬로 배치하여 변형되는 자기 곡선을 자기력선magnetic line of force이라고 부른다."[3]

이는 '역선line of force'이라는 개념이 처음 공식적으로 출현한 것인데, 나중에 장 이론의 발전에서 핵심적인 개념이 되었다. 자기력선은 전기적 긴장 상태와 더불어 패러데이가 실험실에서 발견한 것의 실체가 무엇인지 규명하는 데 도움을 주었다. 도선이 자석을 향해 움직이거나 반대로 자석이 움직일 때 도선 회로 안에서는 전류가 발생했는데, 그것은 도선이 자석의 자기력선을 자르면서 지나갈 때 일어났다.

패러데이는 이렇게 자기력선을 '자르는' 작용이 바로 전기적 힘을 만드는 것이며, 이때 해당 도선이 닫힌 회로의 일부라면 전류가 흐르게 된다고 추측했다. 예를 들어 패러데이가 코일 안의 빈 공간으로 자석을 밀어 넣었을 때, 그는 코일에 감긴 각각의 도선이 자기력선을 '자르게'(절단보다는 교차한다는 의미에서) 함으로써 전류를 발생시켰으며, 자석을 다시 꺼내면 같은 일이 반대 방향으로 일어나서 전류가 반대 방향으로 흘렀던 것이다.

그렇다면 패러데이의 발전기는 어떤가? 매 순간마다 구리 원판의 일부는 자석의 두 극 사이에서 움직이며 그 역선을 자르고 있었기 때문에, 원판을 가로지르는 연속적인 전류가 생성될 수 있었다. 똑같은 원리가 (독특한 방식으로) 철심 고리 실험에도 적용된다. 1차 전류를 켜면 철심 고리에 감긴 1차 코일로부터 주변 공간으로 자기력선의 파동이 퍼져나가고, 이어서 자기력선이 2차 코일을 통과할 때 각각의 도선의 회전에 의해 잘리기 때문에 전류가 발생한다. 반면 역선들은 안정된 패턴을 얻으면 더 이상 잘리지 않으므로 2차 전류는 정지하는 것이다. 그러나 1차 전류를 끌 때는 이것이 역으로 일어나며, 역선이 사라져가는 과정에서 다시 잘리게 되어 2차 회로에는 반대 방향의 전류가 흐르게 된다.

지속적인 상상적 사유와 최고의 실험 기술이라는 두 가지 능력을 희귀한 방식으로 겸비한 패러데이는 완벽하게 새로운 개념 두 가지를 만들어냈다. 전기적 긴장 상태와 자기력선이었다. 그는 이 개념들이 더 큰 그림에도 들어맞을 것이라고 분명하게 느끼고 있었지만, 지금 단계에서는 희미할 뿐이었다. 그러는 동안 불쾌한 기시감을 불러일으키는 사건을 겪게 된다.

앞에서 보았듯이, 패러데이는 1831년 11월 24일에 왕립 학술원에서 전자기 유도의 발견에 대해 발표했다. 비슷한 시기에 패러데이는 같은 소식을 파리에도 보냈는데, J. N. P. 아셰트J. N. P. Hachette가 이 편지를 과학 아카데미Academie des Sciences의 12월 회합에서 낭독했다. 여기까지는 좋았으나, 〈르 리세Le Lycee〉 지에서 잘못된 정보를 이용하는 바람에 이 발견을 두 프랑스 과학자의 공로로 돌리는 기사를 싣고 말았다. 그러는 동안에 이 기사를 읽은 이탈리아인 레오폴도 노빌리Leopoldo Nobili와 빈센초 안티노리Vincenzo Antinori는 이 실험을 나름대로 재현하여 얻은 결과물을 출판했다. 그들은 논문에서 패러데이에게 공로가 있음을 인정했지만, 불운하게도 실제 패러데이의 논문은 1832년 초에야 출판된 데 비해, 이 논문이 출판된 학술지는 1831년 11월이라는 날짜가 잘못 적힌 채로 인쇄되었다. 런던에서 상황은 점점 악화되고 있었다. 〈문학 공보Literary Gazette〉의 윌리엄 저든William Jerden은 출간일의 차이에 주목했고, 거대한 발견으로 가는 경주에서 마이클 패러데이가 두 이탈리아인에게 패했다고 독자들에게 공표했다.

전자기 회전에 관해서 울러스턴을 표절했다고 의심 받은 지 10년이 지난 지금, 패러데이는 다시 한 번 무고하게 논쟁에 휩쓸렸다. 강한 자제력으로도 분노를 억누를 수 없었다. 그는 저든에게 이렇게 썼다.

이번만큼이나 철저하게 독립성을 추구했던 연구는 지금껏 없었습니다. 그리고 내 논문보다 앞선 연구가 있었음을 암시하는 여러 상황이 이렇게 곤혹스럽게 느껴지는 것도 처음입니다.[4]

아셰트와 저든은 사적으로, 공적으로 사과했고, 노빌리와 안티노리 논문의 영역본에는 패러데이의 주장에 대한 특별한 감사의 말이 실렸다. 그러나 패러데이가 그의 실험 결과를 출판 전에 자유롭게 발설하는 일은 이것으로 마지막이었다.

이 사건으로 겪은 고통은 모든 수리물리학자들이 놓치고 말았던 사실을 단순한 실험과 명료한 추론에 의해 발견했다는 기쁨으로 보상받았다. 패러데이의 샌디먼파적인 양심은 다시 한 번 시험에 들었다. 그는 일순간이지만 자만심의 유혹에 굴복했는지, 리처드 필립스에게 이런 편지를 썼다.

실험이 수학 앞에서 움츠러들 필요가 없다는 사실을 아는 것은 대단히 기분 좋은 일이지만, 발견에 있어서 그것[수학]에 맞서는 것은 꽤 높은 능력을 필요로 한다네. 하지만 흥미로웠던 것은 일류 수학자들이 주장하는 것들이…… 거의 아무런 기반도 없다는 사실이었네. …… 이 오만한 편지를 용서하게.[5]

전기와 자기에 대한 패러데이의 사고는 계속됐다. 그의 추측은 상상력을 최대한 활용했지만, 언제나 실험에서 관측한 것에 기반을 두고 있었다. 음향 진동과 파동에 대한 실험을 진행하면서 패러데이는 이것이 전기와 자기에서 일어나는 일의 슬로모션과도 같은 현상이라고 생각하게 되었고, 전기회로와 자석으로 얻은 새로운 실험 결과는 이를 확신에 가깝게 바꾸었다. 그는 전기회로에 축전기가 연결되고 나서 도선 둘레에 자기력선이 형성되기까지는 시간이 필요하며, 공기 중의 음

압과 마찬가지로 자기적이나 전기적인 힘도 전달 매질의 진동이나 파동을 통해 시간이 걸려 전파되어야 한다고 생각했다. 이런 생각은 순간적 원격 작용을 지지하는 지배적인 이론과 전적으로 반대되는 것이었다. 그러나 이 생각을 지지하는 직접적인 증거가 아직 없었기 때문에 출판되는 논문에서는 언급하는 것을 자제했다. 그런데 이런 극단적인 생각을 비밀로 유지하면서도 공식적으로 등록할 수 있는 방법이 있었다. 1832년 3월, 그는 왕립 학술원의 총무에게 다음과 같은 글이 적힌 종이를 개인 금고에 보관해줄 것을 요청했다.

전기와 자기에 대한 실험적 연구의 두 논문에 표현한 결과의 확실함은…… 자기적 작용은 점진적이고 시간이 필요하다는 것을 믿게 만들었다. 다시 말해, 자석이 떨어져 다른 자석에 작용할 때…… 그 작용의 원인은…… 자기적 물체로부터 서서히 진행되는 것으로, 그 전파를 위해 시간이 필요하며 쉽게 감지할 수 있음이 드러날 것이다. 나는 전기적 (응력의) 유도 또한 이와 유사하게 점진적 시간을 통해 이루어진다고 생각한다.

나는 자기적 힘이 자극으로부터 확산되는 과정을 교란된 수면의 진동이나 소리 현상의 공기 진동과 비교해서 생각하고 있다. 즉, 나의 생각은 진동 이론이 소리뿐만 아니라(빛에도 해당될 텐데) 이 현상에도 적용된다는 쪽으로 기울어져 있다.[6]

두 번씩이나 무고하게 표절 문제를 겪었던 패러데이는 같은 일이 반복되지 않도록 안전장치를 두었던 것 같다.

당시에 알려진 전기의 원천에는 여러 가지가 있었다. 전기뱀장어 같은 물고기들은 스스로 전기를 생산했고, 마찰을 통해서는 정전기를 얻을 수 있었으며, 이는 라이덴병과 같은 기구에 저장했다가 한번에 방전시킬 수 있었다. 또한 볼타 전지는 두 개의 다른 금속 사이의 화학적인 작용으로 연속적인 전류를 만들었고, 마지막으로 패러데이의 새로운 자기 전기적 전류도 있었다. 이 모든 전류는 과연 같은 종류일까? 울러스턴을 비롯한 몇몇 사람들은 정전기와 볼타 전기가 유사한 전기화학적 효과의 결과라는 것을 증명한 바 있었다. 그렇지만 패러데이는 언제나 그래왔듯이 사실을 직접 확인해야만 직성이 풀렸기 때문에, 철저하고 주의 깊게 연구를 실행하기로 결심했다. 그는 먼저 여섯 개의 서로 다른 종류의 전기적인 효과를 확인했다. 전하의 인력과 척력, 전류의 발열 효과, 자기적 힘을 만드는 효과, 화학적 분해, 생리적 효과, 마지막으로 스파크가 있었다. 그는 체계적으로 이 효과들을 하나하나 조사하면서, 전기 물고기를 포함한 모든 경우에 전기의 원천에 관계없이 동일하다는 것을 확실하게 증명했다. 전기가 실제로 무엇인가에 대해서는 단일 유체, 이중 유체 또는 다른 어떤 것이든 열린 마음으로 중립을 유지했다. 이런 불가지론은 1833년에 《전기에 대한 실험적 연구》에 등장하는 전류에 대한 기술에서 명백하게 확인할 수 있다.

전기적 유체든, 서로 반대 방향으로 움직이는 두 유체든, 또는 단순한 진동이든, 흐름current이라 함은 점진적인 성질의 모든 것을 말하며, 더 일반적으로 말한다면 점진적 힘을 뜻한다.[7]

전류는 도선 안에만 존재하는 것이 아니라 화학 용액 속에서도 흘렀는데, 패러데이는 더 많은 것을 발견하게 되리라 생각했다. 또 다른 일련의 역사적인 실험을 통해, 그는 전기분해에 해당하는 두 가지 근본적인 법칙을 수립했다. 이는 전류가 통과해서 흐를 때 화학 용액 안에 분해되는 물질의 질량은 흘러간 전기의 총량에 비례한다는 것, 주어진 전기량에 의해 발생하는 물질의 양은 '등가 질량'이라고 부르는 것에 비례한다는 것이었다. 한 원소의 등가 질량은 오늘날 원자 구조라는 항목으로 정의된다. 원자의 존재가 증명되기 70년 전에 이런 법칙을 수립할 수 있었던 천재를 보면 감탄스러울 뿐이다. 특히 패러데이가 전기와 마찬가지로 원자에 있어서도 회의론적 관점을 가지고 있었다는 사실을 고려한다면 더욱 놀랍다. 그는 이렇게 썼다.

등가 무게equivalent weight란 쉽게 말해 같은 양의 전기를 지닌 물체 또는 자연적으로 동일한 전기적 힘을 지닌 물체의 양이다. 등가 숫자를 결정하는 것은 전기로, 이것이 바로 결합력을 결정하기 때문이다. 아니면 원자론이나 그 어법을 차용해서 말하자면, 통상의 화학 반응에서 각각 서로 동등한 물체의 원자들은 그들과 자연적으로 관련된 동일한 양의 전기를 가지고 있다고 할 수 있다. 그러나 나는 원자라는 용어에 시기심을 느끼고 있다는 점을 고백할 수밖에 없다. 원자에 대해 이야기하는 것은 매우 쉽지만, 특히 화합물이 고려의 대상일 때 그 본질에 대해 확실한 개념을 정립하기가 어렵기 때문이다.[8]

거의 반세기 후에 독일의 위대한 물리학자인 헤르만 폰 헬름홀츠Hermann von Helmholtz는 패러데이 기념 강연에서 패러데이의 탁월한 예지력을 언급했다.

　　패러데이 법칙의 가장 놀라운 결과는 이것이라 생각합니다. 만일 근본 물질이 원자로 구성되어 있다는 가설을 받아들인다면, 전기 역시, 그것이 음이든 양이든 '전기의 원자'처럼 행동하는 근본 물질로 나뉘어져 있다는 결론을 피할 수 없다는 것입니다.'

　　전자가 발견되기 10년 전에 헬름홀츠가 이런 말을 했다는 사실은 그의 말에 더욱 힘을 실어준다. 각각의 원자가 양으로 대전된 부분과 음으로 대전된 부분을 가지고 있다는 가능성을 패러데이가 왜 탐구하지 않았는지 의아해할지도 모른다. 그 실마리는 원자에 대한 의견을 피력하면서 사용한 시기심이라는 이상한 단어에서 찾을 수 있다. 원자의 개념이 화학 반응에서 원소들의 비례적인 무게에 대한 단순한 설명을 제공하는데도 불구하고, 패러데이는 스승 데이비와 마찬가지로 "모든 물질은 원자로 구성되어 있다"는 존 돌턴John Dalton의 이론에 회의적이었다. 데이비와 패러데이 두 사람 모두 통합적 이론을 찾고 있었기에, 화학 물질을 서로 연관성이 없는 수많은 물질과 각각의 원자로 분류하는 돌턴의 방식을 좋아할 수 없었다. 그럼에도 돌턴의 단순한 이론이 근본적으로 옳다는 것이 판명되었으니, 패러데이가 '목욕물과 함께 아기도 내다 버린'(작은 것에 집착하다가 큰 것을 잃는다는 뜻의 관용구—옮긴이) 희귀한 경우라고 할 수 있겠다.

　　한편 패러데이는 "화학적 용액 안에서 전류는 어떻게 흐르는가?"라는 의문에 봉착했다. 널리 알려진 견해는 대전된 물체 사이나 자석의 극 사이에 일어나는 원격 작용 이론과 유사한 것이었다. 전지에 연결된 도선을 액체 속에 담그면, 도선의 양 끝은 그 사이를 직선으로 작용하는 힘의 중심이 되었고 용액 속 물질의 입자들을 분리했다. 분리된 입자의 두 부분은 서로 반대로 대전되어 있었기 때문에 하나는 음극으로, 다른 하나는 양극으로 당겨졌다. 그리고 전류는 자유로운 조각의 운동에 의해 구성되었다. 이 견해는 매우 대중적이었기 때문에 자석의 극에 빗대어 도선의 끝부분도 극이라 부르게 되었다.

패러데이의 스승 데이비와 라이프치히 출신의 테오도어 그로투스Theodor Grotus는 그 과정이 더 복잡할 것이라고 생각했다. 그들의 해석에 따르면 양극과 음극에서 나오는 힘은 단순히 입자들을 분리한 것이 아니었다. 양극은 용액 안에 화학적 교환의 사슬을 형성했는데, 대전된 조각들은 이 사슬 안에서 연속적으로 파트너를 바꿨고 그 결과 양으로 대전된 부분은 한걸음씩 음극 쪽으로 움직이고, 음으로 대전된 부분은 반대로 움직였다. (한 사람당 양동이를 두 개씩 들고 릴레이식으로 전달하는 경우를 생각해보라.) 양으로, 또는 음으로 대전된 조각들이 해당 도선의 끝부분에 도달하면, 그들은 마지막 임시 파트너를 버리고 그들

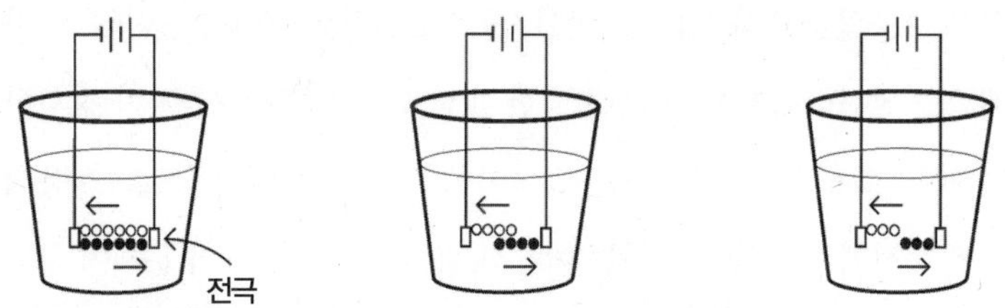

| 그림 5.8 **전해를 설명하는 대전된 입자들의 움직이는 사슬** |

의 전하를 도선에 내어준 뒤 자유로운 상태가 된다.[10]

데이비는 번쩍이는 통찰력을 발휘해서 전기가 서로 다른 원소들을 화합물로 묶어주는 힘이라는 주장을 통해 이론적으로 진일보를 이루었고, 이것이 물질의 고유 성질임을 암시했다. 물론 그의 견해는 옳았으나, [전기적] 유체의 개념은 굳게 자리 잡고 있어서 이 견해가 완전히 폐기되는 데는 많은 시간이 걸렸다.

패러데이는 데이비와 그로투스 편에 서 있었지만, 극의 역할을 전적으로 반박하며 더 멀리까지 나아갔다. 두 사람은 화학적 교환을 일으킨 것이 극에서 나온 힘이며 따라서 거리에 따라 약해진다고 생각했던 반면, 패러데이는 극은 아무런 힘도 가하지 않는다고 믿었다. 패러데이가 볼 때 극은 전지의 힘으로 유체 안을 흐르는 전류가 지나가는 입구와 출구에 지나지 않았고, 이것은 옳은 견해였다.

전기화학에 대한 연구 결과를 쓰면서 패러데이는 한 가지 어려움에 부딪혔다. 그는 어느 누구도 묘사한 적 없고 생각해본 적조차 없을 만한 물리적인 과정을 기술하기 위해서 고군분투했는데, 물론 처음 있는 일은 아니었다. 그는 이미 친구들의 도움으로 전기적 긴장 상태라는 용어를 발명한 바 있었다. 생각이 발전해감에 따라 언어 자체는 생각의 일부로 변화했다. 새로운 단어, 새로운 문장 하나하나는 아직 그 자체로는 완전하지 않더라도, 모호한 개념을 명료하게 다듬거나 정의하는 데도 도움을 주었다. 그는 정확성을 추구했고, 일상적으로 사용되지만 동시에 사고를 오도하는 이론적 함의를 가진 단어의 문제에 부딪혔다. 가장 중요한 예는 전류electric current였는데, 이 단어는 전기가 유체임을 암시하고 있었기 때문이다. 여기에 대해서는 패러데이도, 그 이전의 어떤 사람도 알맞은 대체 단어를 찾아내지 못했다. 그러나 다른 곳에서 그는 표준이 되는 새로운 단어를 만들어냈다. 그는 글을 쓸 때 섬세하고 창의적인 관심을 기울임으로써, 때때로 지배적인 이론에 완전히 대립되는 것이라도 다른 사람들이 새로운 생각을 이해하고 받아들이게끔 했다. 그가 만든 어떤 개념은 이전에 보았던 것에 비해 너무 생소했고 특히 수학적인 방식으로 표현될 수 없었기에, 동시대인들 중 누구도 그것을 이해하지 못했다. 왕립 과학 연구소 후임자인 존 틴들은 그 어려움을 이렇게 설명했다.

가끔 나는 패러데이가 유체와 에테르와 원자가 펼치는 연극을 직접 봤다는 인상을 받는다. 그가 받은 훈련으로는 자신이 본 것을 구성 요소들로 분해하거나, 역학적으로 숙련된 사람들이 만족할 만한 방식으로 기술할 수는 없었지만 말이다. …… 그럼에도 그가 지식의 최첨단 경계에서 일하고 있었다는 것을 항상 기억해야 한다. 그래서 그의 마음은 그 지식을 둘러싸고 있는 "어둠과의 끝없는 접경 지대"에 곧잘 빠져 있었다.[11]

뒤에서 다루겠지만, 패러데이가 어떻게 이 "연극을 보았는지"를 이해하고, 나아가 다른 사람들이 이해할 수 있는 수학적 언어로 번역하기 위해서는 제임스 클러크 맥스웰James Clerk Maxwell을 거쳐야 했다.

새로운 단어가 필요할 때면 패러데이는 최고의 조언을 고르기 위해 고심했다. 이번에는 그의 친구인 휘틀록 니콜Whitlock Nicholl 박사에게 자문을 구했다. 니콜의 도움으로 패러데이는 용액 속에 담긴 회로의 단자를 지칭하기 위해 오해하기 쉬운 용어인 극pole 대신에 전극

electrode을 사용할 것을 제안했다. 또한 용액에 전류를 흘려서 구성 성분으로 분리하는 과정을 전기분해electrolysis(또는 전해電解)로, 여기에 사용되는 용액을 전해질electrolyte이라고 부를 것을 제안했다. 패러데이는 더 많은 조언을 위해 케임브리지의 박식가 윌리엄 휴얼William Whewell에게 갔는데, 그는 양전극을 양극anode으로, 음전극은 음극cathode으로 명명하고, 양이온anion, 음이온cation, 이온ion의 사용을 제안했다. 다른 수많은 혁신과 마찬가지로 이러한 새로운 단어들은 처음에는 첨예한 반발에 부딪쳤지만, 패러데이도 세상을 살아가는 지혜가 있었기 때문에 휴얼의 드높은 명성을 최대한 이용하며 대항했다. 그는 휴얼에게 보낸 편지에서 그에게 진 빚을 인정했다.

사람들은 그[새로운 용어]에 상당히 격렬하게 반대했는데, 나는 모든 사람들을 만족시키려고 노력하는 아버지와 아들과 당나귀(당나귀를 데리고 길을 가던 아버지와 아들이 만나는 행인들의 말대로 따라 하다가 결국은 당나귀를 죽이고 만다는 내용의 우화—옮긴이)와도 같은 상황에 빠진 것을 깨달았습니다. 그러나 내가 당신의 권위라는 방패를 들어 올리자 반대의 목소리가 순식간에 녹아서 사라지는 모습을 보는 것은 멋진 일이었습니다.[12]

신기하게도 전기분해에서 지금 사용하고 있는 일상적인 모든 용어들은, 오랫동안 억세게 살아남은 전류를 제외하면 모두 패러데이가 1830년대에 친구들의 도움으로 만들어낸 것이다. 이 용어들은 자신의 발견을 항상 정확한 언어로 기술하려는 패러데이의 막대한 책임감과 소통력에 대한 증거로 남았다. 새로운 단어들은 그 자체로 필요한 것이 아니라, 기존의 단어들이 우리의 사고를 제한하는 이론적 짐을 매달고 있었기 때문이다. 패러데이는 고대 그리스어를 몰랐지만 그것에 정통한 학자들에게 자문할 수 있는 실용적 능숙함을 지녔고, 제안해준 단어 중에서 그 의미가 정확하고, 기억하기 쉬우며, 이론적 함의가 없는 올바른 단어를 선택할 줄 알았다.

예전에 데이비와 함께 있을 때부터 패러데이는 줄곧 전기가 물질의 본래적인 힘이라는 생각에 노출되어 있었고, 그것이 사실이라는 것을 알고 있었다. 그의 연구 역시 의심을 넘어서서, 전기화학에서는 전기적인 힘이 먼 거리를 지나는 원격 작용이 아니며 입자에서 입자로 국지적으로 전달된다는 것을 보여주었다. 뿐만 아니라 이 힘은 직선이 아니라 곡선으로 작용했다. 예를 들어, 전지에 연결된 두 단자를 염화구리 용액에 담가두면 구리는 음극의 양극을 바라보는 부분뿐만 아니라 음극 전체에 퇴적되었다. 음극이 얇은 날 모양이라면 그것의 앞면만이 아니라 뒷면도 구리로 뒤덮였고, 이는 화학적 교환의 사슬과 마찬가지로 힘 역시 곡선 경로를 따른다는 것을 보여주었다.

이것은 괄목할 만한 결과였지만, 독일이나 프랑스 등의 수리물리학자들은 큰 관심을 두지 않았다. 어지럽고 냄새나는 화학은 영역 밖의 일이었고 별로 이목을 끌지도 못했다. 그러나 패러데이가 직선 원격 작용을 함축하는 쿨롱의 법칙이 신성불가침으로 추앙받던 정전기학의 중심부로 파고들자, 상황은 달라질 수밖에 없었다. 감히 패러데이 같은 수학 문맹자가 그들의 영역에 얼씬거리다니 말이다.

그가 관심을 정전기학으로 돌린 것은 전기화학 연구 중에 자연스럽게 떠올랐던 질문 때문이었다, 전기분해 과정은 어떻게 시작되는가?

처음 전지를 회로에 연결할 때 대체 무슨 일이 일어나는 것일까? 패러데이는 분해가 시작되기 바로 직전에 화학 용액(또는 전해질) 속의 모든 입자들은 순간적일지라도 반드시 분극 상태(이는 양으로 대전된 부분과 음으로 대전된 부분이 서로 반대 방향으로 잡아당겨지는, 장력의 팽팽한 응력 변형 상태를 말한다)에 있어야만 한다고 추론했다. 이 상태에서 각 입자들은 이웃 입자들과 양과 음의 전하들이 교대하는 순서로 서로 가깝게 사슬처럼 늘어서는 경향이 있었다. 그의 추측에 의하면, 이것이 화학적 교환이 일어나는 사슬, 즉 전기 작용의 휘어진 역선이었다. 전해질 속에서 응력 변형 상태는 찰나의 순간만 유지되고, 입자가 분해되기 시작하면 변형 응력은 부분적으로라도 방출되며, 이때 화학적 교환은 전기 작용의 휘어진 역선을 따라 일어나며 전류를 구성한다.

패러데이에게 이는 "전해질 내에서 화학적 분해가 어떻게 시작되는가?"에 대한 단순한 설명 이상의 것으로, 물리 세계에 대한 뉴턴의 관점을 완전히 뒤엎는 사고 과정의 출발점이 되었다. 원대한 도식이 그의 마음속에서 형성되기 시작했다. 전해의 과정을 촉발시켰던 똑같은 응력 변형의 분극 상태가 물질 속의 모든 전기적 작용의 원천일지도 모른다. 전해질을 금속 도체로 대체한다면 금속은 변형을 지속적으로 지탱하지 못할 것이므로, 전류는 자유롭게 흐를 것이다. 반대로 전해질을 절연 물질로 대체한다면 변형은 유지될 것이다. 물론 극도의 변형 조건에서는 절연이 파괴되어 공기를 통한 스파크처럼 갑작스러운 방전이 일어날 것이다. 패러데이는 실제로 완벽한 도체나 절연체는 없으며, 가장 좋은 도체라 할지라도 아주 작은 부분이나마 변형될 것이고, 가장 좋은 절연체라도 아주 작은 전류나마 통과시킬 것이라고 생각했을 것이다. 그러나 완전한 절연체가 아니라도 변형된 분극 상태를 유지할 수 있다는 생각은 중대한 결론으로 이어졌다. 패러데이에게 절연체 안의 응력 변형 상태는 자석 근처에 있는 도선의 내부와 주위에 존재한다고 가정했던 전기적 긴장 상태의 전기적 대응물처럼 보였다. 전기적 긴장 상태의 전자기적 양식을 찾을 때와 마찬가지로, 정전기적 양식 역시 패러데이가 모든 방법을 동원했는데도 직접 감지하는 것이 불가능하다는 사실이 증명되었다.

전통적인 이론에서 원격 작용으로 여기는 주요한 정전기 효과에는 두 가지가 있었다. 첫 번째는 대전된 물체들 사이의 역학적인 힘이었다. 두 번째는 전기 유도였는데, 이는 대전된 물체가 주변의 다른 물체에 반대 전하를 유도하는 효과였다. 패러데이는 이것이 어떻게 일어나는지 설명할 수 있었다. 신비스러운 원격 작용은 없었다. 유도는 두 물체 사이의 절연 매질 속에서 이어진, 인접했으나 분극된 입자의 사슬을 따라 일어나는 것이었다. 만일 첫 번째 물체가 양으로 대전되었다면 중간 매질의 표면에 접하고 있는 입자의 음 부분을 잡아당기게 되고, 따라서 두 번째 물체 표면에 접한 사슬의 반대쪽 끝 입자는 양이기 때문에 두 번째 물체 표면의 음으로 대전된 부분을 잡아당기면서 음전하를 유도하게 된다.

패러데이의 아이디어가 옳다면, 처음 대전된 물체와 다른 물체 사이의 유도적 효과는 중간 매질의 유도적 사슬을 형성하는 성향에 의존하는 것이며, 절연 물질의 종류에 따라 변할 것이라고 기대할 수 있다. 그는 여러 가지 물질로 채운 두 개의 동심 금속 공을 이용해서 이를 시험할 수 있는 장치를 만들었다. 그는 두 공 사이의 공간을 공기, 셸락

shellac(천연 수지의 일종—옮긴이), 밀랍, 유황으로 채워보았는데 그 차이는 매우 컸다. 물질은 각각 자신만의 특정한 유도 능력을 가지고 있었고, 이는 또 하나의 큰 발견이었다. 이 실험을 하는 과정에서 패러데이는 예전부터 의심스러워 보였던 사항을 관찰할 수 있었다. 유도가 절연성 물질을 지나며 작용하는 데는 시간이 걸린다는 것이다. 이 발견은 나중에 대서양 전신 케이블 프로젝트에서 문제를 제기한다.

대전된 물체들 사이의 힘은 어떤 것일까? 화학 용액이 담긴 용기 안의 두 전극 사이를 지나갈 때 뒤따르는 대전된 입자의 조각의 경로를 상상하면서, 패러데이는 자석 위에 놓인 종이 위에 쇳가루를 뿌렸을 때 생겼던 무늬를 떠올렸다. 바로 이 무늬가 전기 유도를 설명하는 자기력선의 아이디어를 촉발했다. 그는 정전기 유도를 설명하기 위해 분극된 입자들이 인접한 사슬을 마음속에 그렸다. 그의 마음속에서 곡선의 패턴은 자석 주위의 쇳가루 무늬와 닮아 있었다. 이 유도의 사슬은 분명히 전기적 힘의 역선이었다. 늘어서 있는 분극된 입자들의 사슬을 따라서 생기는 장력은 왜 반대 전하들이 서로 끌어당기는지 설명해줄 것이다.

패러데이는 또한 전기력선과 자기력선이 서로 옆으로 반발할 것이라고 추측했다. 이 성질의 완전한 의미는 천천히 깨달았던 것처럼 보이지만 말이다. 한 저명한 전기 작가는 그가 이 시점에는 그것을 "희미하게 알고 있었다"라고 썼다.[13] 역선들 사이의 척력이 전하나 극 사이의 척력도 마찬가지로 명확하게 설명한다는 점을 감안하면, 이는 흥미로운 사실이다.[14] 패러데이가 오류를 범한 예를 찾는 것은 어렵지 않다. 그는 일찍이 전기적 긴장 상태의 전자기적 형태가 역학 시스템의 운동량과 매우 유사하다는 (올바른) 생각을 이러저리 굴리다가 결국 폐기해버리고 만 적도 있다.

실제로 이런 예는 그가 완벽한 무지의 영역에서 연구하고 있었으며, 실험에서 발견한 이상한 사실들, 가끔은 명백히 모순적인 사실들을 이해하려고 몸부림치고 있었다는 점을 상기시켜준다. 놀라운 점은 그가 한 가지를 놓쳤다는 것이 아니라, 말로 표현하기가 불가능에 가까운 혼란스러운 증거들로부터 독특한 생각들을 만들어내는 데 성공했으며 종국에는 옳은 것으로 드러났다는 사실이다. 그의 생각들 중에 몇 가지는 다음 세대에 이르러 스코틀랜드의 위대한 물리학자들인 윌리엄 톰슨William Thomson(켈빈 경Lord Kelvin)과 제임스 클러크 맥스웰에 의해 처음으로 수학적 언어로 표현되기 전까지는 어느 누구도 이해하지 못했다.

패러데이의 도식에 의하면, 물체에 나타나는 전하는 단순히 유도 역선의 맨 끝점이었는데 한쪽 끝은 양이고 다른 한쪽은 음으로, 전하의 총합이 0을 이루어야 했다. 그리고 금속과 같은 전도성 물질은 유도적 응력 변형을 지탱할 수 없기 때문에 전하는 오로지 유도 역선이 접경하는 표면에만 존재할 수 있었다. 이러한 예상에 뒤따르는 결론 하나는 외부로부터 작용하는 유도로는 금속 용기를 뚫지 못한다는 것이었다. 패러데이는 이것에 관련된 많은 실험을 했는데, 그중에서도 가장 볼만한 것은 왕립 과학 연구소 대강당의 청중을 경악하게 만들었다. 패러데이는 한 변이 12피트인 정육면체 나무 상자를 제작한 뒤에 표면을 얇은 아연으로 코팅했다. 그리고 청중이 보는 앞에서 그 안으로 걸어 들어간 다음, 정전기 발생기를 이용해서 상자의 표면을 수천 볼

트로 대전시켰다. 상자의 모퉁이에서 스파크가 마구 튀는 동안에도 패러데이는 상자 안에 유유히 앉아서 전하가 상자를 뚫고 침투하지 못하는 것을 확인했다. 이것이 패러데이 격자Faraday's Cage의 첫 실험 시연이었다. 오늘날 사람들이 번개가 쳐도 내부의 승객에게 해를 끼치지 못한다는 사실을 알기에 아무렇지도 않게 자동차와 비행기를 타고 이동하는 것도 같은 원리다.

패러데이는 정전기 유도가 원격 작용의 추종자들이 믿는 것처럼 항상 직선을 따라 작용하는 것이 아니라 곡선 경로를 따라서 작용한다는 것을 증명하기 위해 한 가지 간단한 실험을 선택했다. 그는 셸락 코팅한 막대를 음으로 대전시킨 뒤, 놋쇠 공을 이에 가깝게 움직였다. 금속은 정전기 유도를 통과시키지 않으므로, 유도가 직선으로 작용하는 것이라면 공은 가림막처럼 작용하면서 막대의 유도가 미치지 않는 영역을 정의하는 그림자를 드리웠을 것이다. 그러나 그는 막대의 음전하가 그림자가 예상되었던 영역의 모든 대상에 양전하를 유도하는 것을 발견했다. 즉, 유도 선들은 놋쇠 구의 가림막의 뒤편으로 휘어져 있어야만 했다. 패러데이에게 이것은 정전기 유도, 따라서 정전기적 힘은 곡선을 따라 작용할 뿐만 아니라 입자에서 입자로 작용한다는 확증이었다. 이것만이 힘이 곡선을 따라 작용할 수 있는 유일한 방법이었기 때문이다.

1838년 6월이 되자, 그는 정전기의 본질에 대한 이론을 열 가지 요점으로 정리해서 《전기에 대한 실험적 연구》에 포함시킬 수 있게 되었다.

이 이론은 물질이 절연성이든 전도성이든 상관없이, 해당 물질의 입자들은 일반적으로 전도체라고 가정한다.

입자는 보통 상태에서 극성이 없으나 이웃하고 있는 대전된 입자의 영향으로 극성을 띨 수 있는데, 극성을 띤 상태는 다수의 입자들로 구성된 절연성 도체에서와 똑같이 한순간에 일어난다.

분극된 입자들은 힘이 가해진 상태에 있으며, 보통 상태 또는 자연 상태로 되돌아가려는 경향이 있다.

입자는 그 전체로서 도체이기 때문에 그 본체나 극은 쉽게 대전될 수 있다.

연속적으로 인접하고 있는 입자 또한 유도적 작용의 선 안에 들어 있어서 극성 힘을 서로 전달할 수 있다. 전달은 경우에 따라 어렵거나 용이하다.

전달이 어려운 경우에는 전이 또는 전달이 일어나기 전에 극성 힘이 증가되어야 한다.

연속적으로 인접한 입자 간 힘의 용이한 전달은 전도성을 구성하고, 어려운 전달은 절연성을 구성한다. ……

통상적 유도는 여기勵起 상태의 전기나 자유로운 전기로 대전된 물질이 절연체에 작용하는 데서 비롯되며, 그 효과는 절연체 안에 동일한 양의 반대 상태를 생성하는 경향을 가진다.

이는 이웃한 입자의 분극을 통해서만 가능한데, 분극된 입자는 같은 작업을 이웃한 입자에 다시 수행하는 식으로 반복되며, 이러한 방식으로 이 작용은 여기 상태의 물체로부터 이웃의 전도체로 퍼져나간다. 그리고 이 작용은 그곳〔전도체〕에서 전달 효과의 결과로 나타나는 반대의 힘(이 힘은 전도체에서 해당 물체 입자의 분극 상태에 따른다)을 만들어낸다.

따라서 유도는 절연체를 통하거나 이를 가로질러서만 일어날 수 있다.

그리하여 유도는 절연이고, 입자 상태의 필연적 귀결이며, 전기적 힘의 영향이 절연 매질을 건너서 전달되거나 퍼져나가는 방식이다.[15]

요약하자면 정전기는 물질 속에서 각 입자로부터 이웃 입자로 전달되는 응력 변형의 형태로 나타났다. 닫힌 회로 내에서는 변형이 붕괴될 때 전류가 흘렀다. 패러데이는 아직 대부분의 물리학자들이 전기가 가상의 직선을 따라 원격 작용하는 불가량성 유체(또는 이중 유체)라고 믿고 있던 시대에 이 글을 쓴 것이다. 패러데이의 전기 작가 중 한 사람인 실베이너스 P. 톰프슨Sylvanus P. Thompson은 그가 어떻게 동시대인들의 시야를 뛰어넘는 혜안을 가질 수 있었는지 묘사하고 있다.

그는 매일같이 실험실의 장비 곁에서 생활하고, 일하고, 연구하면서 자신의 사고가 현상의 주변을 자유롭게 뛰놀도록 했다. 자기가 관찰한 사실을 설명하기 위해 끊임없이 이론을 구상했고, 다시 자신의 아이디어를 실험을 통해 점검했으며, 그 시대에 받아들여진 과학적 이론에서 얼마나 많이 벗어났는지에는 개의치 않고 실험이 제안하는 생각이라면 논리적 결론까지 밀고나가는 것을 결코 주저하지 않았다. …… 그는 가히 놀라운 과학적 통찰을 가지고 일하고 또 일했다. 당시에는 긍정적이고 즉각적인 결과를 내지 못하여 실패한 것처럼 보이던 실험마저도, 그의 뒤를 잇는 과학자들의 정신에 풍성하고 깊은 광산이 되어주었다는 것이 증명되었다.[16]

1830년대에 패러데이가 이루어낸 성취는 믿을 수 없는 것이다. 1838년에 《전기에 대한 실험적 연구》는 14편에 달했다. 그리고 왕립

과학 연구소장의 임무 외에도 울리치에 있는 왕립 육군 사관학교와 왕
립 과학 연구소의 강의 또한 맡고 있었다. 그는 예전의 결심을 깨고 다
시 몇 가지 분석과 자문을 맡았다. 어떤 것은 사회적이거나 애국적인
의무감에서 맡은 것이고, 또 어떤 것은 연구소의 재원을 늘리거나 자
신의 수입에 보탬이 되고자 맡았다. 이런 일 중 하나로는 영국의 등대
를 책임지는 기구인 도선사 협회Trinity House의 과학 자문직도 있었다.
세라는 기회가 될 때마다 시골이나 바닷가로 데려갔지만, 그는 곧 과
로의 대가를 치렀다. 젊은 시절에 그를 때때로 괴롭혔던 신경성 두통
은 더 잦아졌다. 그는 더 이상 고도의 집중력을 유지할 수 없었으며,
갈수록 심각해지는 기억력 감퇴에 시달렸다.

　의사는 한 달간 쉴 것을 명령했다. 머지않아 또 한 달, 그리고 다시
또 한 달을 쉬어야 했다. 패러데이는 가끔씩만 실험실에 들릴 수 있었
고, 친구에게 편지를 쓰는 일조차 힘들어졌다. 한 편지에서 그는 기억
력을 믿을 수 없을 정도여서 문장을 쓰다가도 처음에 어떻게 시작했는
지 기억나지 않는다고 말하기도 했다. 마흔아홉 번째 생일을 맞으면
서, 패러데이는 위대한 발견을 하던 시간은 끝났다고 확신했다. 물론
틀린 생각이었다.

6

어렴풋한 추측의 그림자

1840~1857

집요한 실험가 패러데이가 실험실에서 일을 하지 않은 지도 2년이 되었다. 바닷가와 산에서 보낸 강제 휴가 덕택에 그의 육체는 건강해졌고, 알프스 산길을 하루에 30마일 정도 걷는 것쯤은 아무 일도 아니었다. 가족과 친구들과 함께 지내는 시간, 또 자연의 위력과 아름다움은 그를 기쁘게 했지만(그는 천둥번개가 휘몰아칠 때 밖을 뛰어다니는 것을 좋아했다고 한다), 패러데이에게 실험이 없는 삶은 불완전할 수밖에 없었다. 그는 이를 일기장에 한마디로 함축했다. "내 〔육체적〕 힘의 절반을 주고 그만큼의 기억력을 얻을 수 있다면 기꺼이 그럴 것이다. 하지만 그것으로 무얼 하겠는가? 감사하라."[1]

정신적 힘을 엄격하게 분배하면서 패러데이는 할 수 있는 일을 해나갔다. 그는 강연을 재개했고, 1841년과 1842년에는 크리스마스 어린이 강연도 맡았다. 등대 내부의 환풍에 관련한 도선사 협회의 자문직을 수행했고, 화약 공장과 탄광에서 일어난 폭발을 조사하는 정부 조사단을 이끌기도 했다. 1842년에는 윌리엄 암스트롱William Armstrong의 유명한 발견(증기기관에서 발생하는 증기가 전하를 띤다는 내용)을 조사하고 싶은 마음을 억누르지 못하고 실험실로 돌아왔다. 물방울과 증기 파이프 사이에 일어나는 마찰 접촉 때문에 대전이 일어난다는 사실을 발견한 후, 그는 실험실을 다시 앤더슨 하사의 손에 맡겨두고 떠났다. 1844년이 되어서야 실험실로 돌아온 패러데이는 기체 액화에 관한 예전의 작업에서 성과를 거두었는데, 이는 한때 데이비의 전매특허였던 향정신성 아산화질소와 암모니아를 가지고 진행되었다.

1845년 6월, 패러데이는 영국과학진흥협회의 연례 총회에 참석했다. 그는 총회에 정기적으로 참석하지는 않았으나 이번 모임은 모교인 케임브리지에서 개최되었고, 케임브리지 트리니티 칼리지의 학장은 패러데이에게 이온, 양극, 음극 등의 용어를 추천해준 윌리엄 휴얼이었다. 모임 중간의 쉬는 시간에 젊은 스코틀랜드인 한 명이 패러데이에게 다가와서, 얼마 전 케임브리지 피터하우스 칼리지의 회원으로 선출된 윌리엄 톰슨이라고 자신을 소개했다. 지금은 켈빈 경으로 더 잘 알려져 있는 톰슨은 불과 10세에 글래스고 대학에 입학하여 모든 과목에서 수석을 차지한 신동이었다. 그는 특히 수학에 깊은 열정을 보였는데, 17세 때 패러데이의 전기력선이 조셉 푸리에Joseph Fourier가 금속 막대 내부의 열전도를 위해 제시한 것과 동일한 방정식으로 표현될 수 있다는 것을 증명했다. 이것은 패러데이와 수학이 조화를 이룰 수 있다는 첫 번째 단서였기에 역사적으로 중대한 논문이지만, 저자가 케임브리지에서 첫 학기를 보낸 10대 소년이었으므로 큰 관심을 끌지는 못했다. 패러데이도 이 논문의 존재를 알지 못했던 것으로 보인다. 아무튼 패러데이도 이 젊은이의 번뜩이는 지성에 깊은 인상을 받았음은 틀림없다. 그리고 8월에 톰슨에게서 편지가 왔을 때, 그는 다시 한 번 놀라지 않을 수 없었다.

수학은 앙페르와 마찬가지로 톰슨에게 과학의 언어였다. 어떤 주제를 이해하기 위해서 패러데이가 실험을 해야 했다면, 톰슨은 공식을 써내야 했다. 그는 공식이라고는 단 하나도 없는 패러데이의 《전기에 대한 실험적 연구》를 보고, 이 글이 극도로 투박한 외국어로 쓰인 것 같다는 인상을 받았다. 그러나 푸리에가 세운 열전도의 수학적 이론과 역선 사이에 존재하는 유사성을 알고 나서는 역선의 개념을 심각하게 고려하기 시작했는데, 패러데이를 제외하면 톰슨은 이 개념을 최초로 받아들인 사람이었다. 그는 이것이 쿨롱과 앙페르의 정전기력 이론과 완전히 동일한 결과를 도출한다는 사실에 경탄했다. 즉, 패러데이의 역선은 점전하의 순간적 원격 작용을 표현하는 다른 방식에 불과한 것일까? 톰슨은 처음에는 그렇다고 생각했으나, 푸리에의 열전도와는 달리 패러데이의 발견에 등장하는 전자기 유도는 작용하기까지 시간을 필요로 한다는 사실을 알아챘다. 그리고 역선과 열전도의 유사성을 이용하는 편이 특정 계산을 훨씬 더 간편하게 만들어준다는 것을 발견했다. 그는 패러데이의 견해가 맞을지도 모른다고 생각했다. 즉, 역선은 물리적 실체를 가지고 있고, 전기적 힘은 전하를 띤 물체 사이의 매질에 실현된 일종의 변형일 수 있다는 것이다.

톰슨은 투명한 물질에 있는 내부적 변형은 편광을 비춰보면 감지해낼 수 있다는 사실을 알고 있었다. 여기에서 편광이란 횡파가 가지는 파동의 진동이 모두 특정한 평면에 정렬된 상태의 빛을 말하는데, 일반 태양광의 경우에는 방향이 무작위적이다. 과학자들은 기계적으로 응력을 가한 물질 안을 편광이 통과할 때, 진동의 정렬 상태, 다시 말해 편광면이 변화한다는 것을 발견했다. 전기력선이 매질 안에 존재하는 일종의 변형을 표현한다는 패러데이의 생각을 받아들인 톰슨은 전기를 가한 투명한 물질에 편광을 투과시킨다면 편광면의 변화로 변형을 감지할 수 있지 않을까 궁금해졌다. 패러데이라면 이미 이런 실험을 해봤을 수도 있다고 생각한 톰슨은 곧 편지로 문의했다.

지난 몇 년간 패러데이는 열렬한 팬들이 좋은 의도에서 건넨 쓸모없는 제안에 시달려왔지만, 이번 것은 달랐다. 톰슨이 제안한 실험을 이미 여러 번 시도해보았으나 성과를 얻지 못했던 것이다. 그러나 좋은 제안이었고, 그의 작업을 이해하려고 애쓰는 젊은 수학자에게서 나온 것이라는 점이 놀라웠다. 바로 패러데이가 필요로 하던 자극제였다. 그는 톰슨에게 감사의 말을 보내고, 실험을 다시 하기로 결심했다.

처음에 패러데이는 정전기 발전기를 이용해서 정전기를 가한 다양한 액체들(증류수, 황산, 황산구리 및 황화나트륨 용액 등)에 편광을 투과시켜보았다. 그는 우선 대전帶電 방향에 평행하게 빛을 비추고 이어서 가로질러서도 비추어보았으나, 횡파 진폭의 방향은 변화하지 않았다. 그는 전류의 효과가 지속되거나, 증가하거나, 감소하거나, 펄스를 가지도록 조정해보고, 마지막으로 스파크까지 시험해보았다. 다음으로는 액체 대신 판유리, 수정, 빙주석氷洲石 등등 여러 가지 고체를 이용해보았다. 그러나 2주간 계속된 작업에서 아무것도 찾아내지 못했다.

어쩌면 편광면의 변화가 너무 미세해서 감지할 수 없는지도 몰랐다.

그는 전기력보다 훨씬 강력하게 만들기 쉬운 자기력의 영향을 시험해보기로 했다. 왕립 과학 연구소 실험실에는 매우 강력한 전자석이 있었고, 울리치의 왕립 육군 사관학교에 있는 거대한 전자석도 이용할 수 있었다. 다시 한 번, 그는 여러 실험 조건을 적용해보았다. 자석의 위치와 강도를 변경해보고, 모든 투명한 실험 물질에 편광을 투과시켰으나 허사였다. 그러고 나서 생각해낸 것이 1820년대의 다사다난했던 유리 프로젝트에서 쓰고 남은 특별한 중重유리 샘플이었는데, 이것은 규소화 붕산납으로 만든 유리였다.

2주 동안 렌즈를 들여다보고 있었으나 검은색 외에는 아무것도 보이지 않았다. 사용된 광원은 석유 램프였고, 여기에서 나온 빛은 먼저 편광 프리즘을 지나 실험 물질을 통과하여, 마지막으로 분석기를 통과한 다음에야 접안렌즈에 도착했다. 실험 장치는 실험 물질에 가해지는 전기력이나 자기력이 의해 빛의 편광면이 변화할 때만 빛이 접안렌즈에 도달하도록 설계되어 있었다. 처음에 그는 중유리를 자석의 N극과 또 다른 자석의 S극 사이에 위치시켰다. 아무 일도 일어나지 않았다. 몇 가지 달리 실험해보았지만 소용없었다. 그런데 동일한 자석의 두 극을 유리 옆에 나란히 놓고 빛을 비추자, 접안렌즈 안쪽에서 흔들리는 불꽃 같은 어렴풋한 영상이 보였다.

패러데이는 또 하나의 발견을 직감했다. 그는 막 그 문을 살짝 열었지만, 이보다 더 강력한 장비가 필요했다. 장비를 구하는 것은 어렵지 않았다. 그는 울리치의 거대 전자석을 옮겨 오도록 하고 4일간 휴식했고, 기쁜 마음으로 전자석을 기다리면서 도착하면 할 일에 대한 계획을 세웠다.

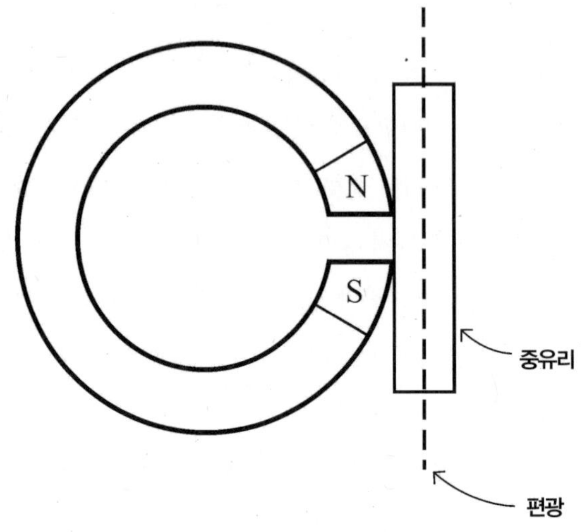

| 그림 6.1 패러데이의 자기 광학 실험에서 자석과 중유리의 배치도 |

9월 18일, 그는 울리치 전자석과 중유리로 실험을 반복했다. 불꽃의 영상은 전보다 훨씬 밝게 나타났으나 최고의 밝기에 도달할 때까지 1초가량이 걸렸다. 이는 패러데이가 이전에 관찰했던 사실, 즉 전자석이 최대로 자기화되기까지는 시간이 걸린다는 사실을 보여주는 최고의 예였다. 다음으로 그는 자기화된 유리를 통과하면서 빛의 편광면이 실제로 회전했다는 사실을 입증했으며, 회전의 방향을 특정했고, 회전각이 자석의 강도에 비례한다는 것을 발견했다(이때 자석의 강도는 전지에 연결된 전선이 철 막대에 감긴 횟수로 조정할 수 있었다). 패러데이는 실험을 거듭했고, 이날 실험실에서 거둔 결과를 기록하며 "아주 멋진 효과"라든지 "현재까지 최고의 효과" 등의 찬사로 이를 장식했다. 12쪽이나 채우고 나서, 그는 "하루치 작업으로 훌륭함"이라는 말로 실험 일지를

마감했다.[2]

울리치의 거대 전자석을 손에 넣은 패러데이는 여태까지 빛의 편광면에 감지할 만큼의 회전을 주지 못했던 다른 투명한 물질을 가지고 재실험했다. 모두 같은 결과를 보여주었고, 패러데이는 자연의 모든 힘이 깊은 통일성으로 이어져 있다는 자신의 믿음이 증명되었다고 느꼈다. 빛과 자기력이 같은 방식으로 연결되어 있다는 점뿐만 아니라, 지금까지 자기와는 관련 없다고 생각되었던 유리나 다른 투명한 물질도 자기의 영향을 받는다는 사실을 밝혀낸 것이다. 이 결과는 다음 질문으로 이어졌다. 모든 물질은 어떤 식으로든 자기적인가? 새로운 생각은 아니었다. 패러데이는 사실 이미 여러 물질에 자석의 효과를 시험한 적이 있으나, 긍정적인 결과를 얻지 못했을 뿐이었다. 그러나 뮤즈가 그의 곁에 있다고 느꼈으므로, 그는 한 번 더 시도해보기로 결심했다.

비자기적이라고 생각되는 물질에 자성이 존재한다는 것을 가장 직접적으로 증명하는 방법은 강력한 자석의 양극 사이에 그것을 놓고 나침반 바늘처럼 움직이도록 하는 것일 터였다. 가장 희망적으로 보이는 물질은 중유리였는데, 길이 2인치, 폭 0.5인치의 막대 모양을 하고 있었다. 패러데이는 작은 종이받침에 이것을 올려두고 울리치 전자석의 양극 사이에 명주실로 매달아 균형을 유지했으나, 눈에 띄는 효과는 나타나지 않았다. 그러나 이 정도로 실망해서 실험을 그만두지는 않았다. 어쩌면 이보다 더욱 강력한 자석이 필요한지도 몰랐다. 그는 선박의 닻에 쓰이는 거대한 고리를 입수해서 어마어마한 크기의 전자석을 만들게 했는데, 이에 쓰인 전선은 총 522피트였고 완성된 전자석의 무게는 238파운드에 달했다.[3] 이 괴물 같은 장비가 준비되는 동안, 그는 실험실에 있는 장치로 더 많은 실험을 했다. 모든 실험은 자연의 힘들의 연결성을 증명할 목적으로 계획된 것이었는데, 여기에서 어떤 결과도 얻지 못했으나 이 중 한 가지 실험에서 나중에 커 효과Kerr effect로 알려질 현상을 감지해내는 데 근소한 차이로 실패한다. 커 효과는 빛의 편광면이 자기화된 금속 표면에 반사하면서 변화하는 것을 말한다.

11월 4일, 새로운 전자석이 준비되었다. 패러데이가 중유리 막대를 자석의 N극과 S극 사이에 매달자, 막대는 흔들리다가 마침내 자기력선에 수직으로 정렬되었다. 유리가 빛에 의존하지 않는 새로운 종류의 자기적 성질을 가지고 있음을 증명한 것이다. 이제 새로운 위대한 발견으로 가는 문이 활짝 열렸다. 지금까지 비자기적이라고 여겨진 많은 다른 물질을 같은 방식으로 실험해본 결과 모두 똑같이 움직였던 것이다. 수정, 여러 분말, (얇은 용기에 담긴) 수많은 액체, 나무, 소고기, 사과, 빵 그리고 대부분의 금속조차도 자기력선에 수직으로 정렬되었다. 철, 코발트, 니켈은 역선에 평행으로 정렬되는 예외적인 경우였다. 패러데이는《전기에 대한 실험적 연구》에서 실험 결과를 생동감 있는 문체로 요약했다.

사람을 충분히 정확하게 균형을 맞춘 상태로…… 자기장 가운데에 매달 수 있다면, 그의 몸은 적도에 평행하는 방향을 가리킬 것이다. 혈액을 포함해서 사람을 이루는 모든 물질은 이러한 성향을 가지고 있기 때문이다.[4]

이 위대하고 새로운 발견만큼이나 중대한 것은 패러데이가 자기장이라는 개념을 사용했다는 점이다. 이 단어는 얼마 전에야 처음으로 패러데이의 기록에 등장한 것이었다. 공간 자체가 힘의 소재지가 될 수 있다는 생각은 한 단어로 응축되었고, 이것은 후에 물리학자들에게 필수불가결한 것이 될 장field이라는 단어였다.

패러데이는 새로운 작업에 골몰한 나머지 11월 20일에 열린 왕립학술원의 모임에 참석하는 것도 원하지 않았고, 그가 발표하기로 한 논문 〈빛에 의한 자석의 작용에 관하여〉는 다른 사람이 대독해야만 했다. 실험의 놀라운 결과물은 모든 고체와 액체는 자기력에 반응한다는 결론으로 이끌었고, 패러데이는 기체도 포함될 것이라고 추측했지만 현재로서는 증명할 방법을 찾지 못하고 있었다. 그는 자기장에 평행이 아니라 수직으로 정렬되는 물질은 N극이든 S극이든 상관없이 모든 자극에 의해 밀려난다는 사실을 발견했다. 대부분의 물질은 이 부류에 속했고, 이를 묘사할 수 있는 새로운 단어가 필요했다. 윌리엄 휴얼의 도움으로 반자성diamagnetic이라는 단어가 채택되었다. 마찬가지로 장에 평행하게 정렬되는 소수의 물질도 이름이 필요했다. 이들은 지금까지는 단순히 자성을 띤 것으로 묘사되었지만, 모든 물질이 자기적 성질이 있다고 믿게 되었으므로 그럴 수 없었다. 철, 니켈, 코발트 등의 성분을 위해 패러데이가 고른 이름은 상자성paramagnetic이었다.

이러한 성공에 큰 용기를 얻은 패러데이는 계속해서 자연의 힘을 통합하는 방법을 탐구해나갔다. 그는 자기가 물질의 보편적 성질이라고 믿었고, 그것이 빛의 광선에도 영향을 끼칠 수 있음을 알고 있었다. 그런데 반대 경우는 어떨까? 빛으로 하여금 물체를 전기화 또는 자기화하게 만들 수 있을까? 햇빛 좋은 어느 날, 그는 태양광을 나선 코일을 따라서 비춰보았다. 효과는 없었다. 다음에는 자석화되지 않은 철 막대를 코일 안에 넣어보기도 했다. 이는 서로 다른 유형의 힘 사이의 연관성을 찾으려는 수백 가지의 실패한 시도들 중 하나일 뿐이었다. 이 중에는 전자기와 중력을 연결시키려는 시도도 있었다. 과학자들은 아직도 이 연결고리를 찾아 헤매고 있는데, 이는 오늘날 알려진 네 가지 힘(전자기력, 약한 핵력, 강한 핵력, 중력)을 통합하는 단일 이론을 찾으려는 노력의 일부다(이 중 앞의 두 힘은 전기약력이라는 이름으로 통합되었다).

왕립 과학 연구소의 금요일 저녁 토론회는 독립적인 기관이나 다름없었다. 청중 중 누구도 제대로 이해하지 못했고 사실상 이상한 방식으로 우연히 일어났던 1846년 4월 3일의 강연은 훗날 역사적 사건이 되었다. 찰스 휘트스톤은 유명한 강연자들 중에서 마지막 순서였는데, 자기 차례가 되어 입장할 순간이 되자 공황상태에 빠져서 달아나버렸다. 뛰어난 과학자, 발명가이며 사업가이기도 했던 휘트스톤은 대중 앞에서 연설하는 것을 부끄러워하기로 유명했다. 패러데이가 그에게 최신 발명품으로 스파크의 지속 시간처럼 짧은 시간을 측정하는 전자기 시간 계측기electromagnetic chornoscope의 소개를 맡긴 것은 모험이라고 할 수 있다. 어쨌든 이 모험은 실패로 끝나버렸으므로, 패러데이는 실망한 고객을 집으로 돌려보내거나 직접 강연을 맡거나 해야 했다. 결국 그는 강연하는 쪽을 택했지만, 예고한 주제에 대한 이야기는 할당된 시간을 한참 남겨두고 바닥나버렸다.

예상치 못한 상황에 빠진 패러데이는 한 번도 해본 적 없는 일을 감행했다. 청중에게 물질, 역선, 빛에 관한 개인적 사유의 결과를 조금 보여주기로 한 것이다. 그러면서 그는 향후 60년간 발전될 빛에 대한 전자기 이론의 윤곽을 대단히 선지적으로 그려냈다. 그 당시에는 아무도 공유하지 않던 패러데이의 비전에 따르면, 우주는 역선으로 종횡무진 뒤덮여 있었다. 여기에는 전기력선과 자기력선이 있었지만, 다른 것도 존재할지 몰랐다. 이 선들이 교차하는 점은 바로 물질이 존재한다고 지각하는 점이었다. 그가 말하는 '원자'는 공간 속에 연장되어 있는 힘의 중심점에 지나지 않았다. 교란이 일어나면 역선은 횡으로 진동하면서 빠르지만 유한한 속도로, 밧줄에 일어나는 파동처럼 길이를 따라 에너지를 전송했다. 그의 추측에 의하면, 빛은 이러한 진동의 한 양태였다. 진동이 역선 자체의 진동이라는 점, 따라서 빛의 파동을 전달하는 데 필요하다고 여겨지던 신비로운 매질 에테르의 진동이 아님을 패러데이는 강조했다. 그는 에테르의 존재에 의심을 품고 있었으며, 에테르가 있다면 "중력이 결핍되어 있고 탄성이 무한해야 할 것"이라는 말을 덧붙였다.

이것으로는 부족하다는 듯이, 패러데이는 마찬가지로 중력도 역선에 의해 전달될 것이라고 추측했다.

빛의 전달을 포함한 모든 복사 작용은 시간을 소비합니다. 그런데 역선의 진동이 복사 현상의 원인이라면, 진동 역시 시간을 소비하는 것이 필연적입니다. 중력과 같은 힘이 시간을 소비하지 않고 작용할 수 있는지, 또는 역선이 이미 존재한다고 가정했을 때 역선의 한쪽 끝에서 일어나는 가로 방향의 교란은 시간을 소모하는지, 아니면 필연적으로 반대편에서 감지되어야만 하는지, 나는 이와 같은 사항을 입증했거나 장차 입증할 수

있는 정보의 존재에 대해 회의적입니다.[5]

패러데이 시대의 사람들에게 중력이 역선을 통해 작용한다거나, 모종의 방식으로 전기나 자기와 연결되어 있다는 식의 생각은 해괴해 보였다. 그들의 생각하는 중력은 뉴턴의 법칙에 따라 원격에서 순간적으로 작용하는 직선력이었다. 전기와 자기는 유체였고, 빛은 신비로운 물질의 진동이었다. 이 모든 것은 우아한 수학으로 설명될 수 있었지만, 수학 문맹자가 내놓은 생각을 진지하게 수용한다면 물리 세계에 대한 기존 법칙을 전부 뒤엎을 수도 있었다. 오늘날 되돌아보면 역사적인 순간이었음에 틀림없다. 대범한 이론가 패러데이는 전자기학 이론뿐만 아니라 특수상대성이론, 라디오, 텔레비전을 비롯한 수많은 것을 가져다줄 과학적 변혁의 예고편을 미리 발표하고 있었다.

그러나 그 당시 사람들은 이를 알아보지 못했다. 패러데이는 사적인 생각들을 발설하는 바람에 자진해서 조롱의 대상이 되었던 일을 후회했을지도 모르지만, 이미 늦었다. 더 이상의 피해를 막기 위해 그는 〈철학 잡지Philosophical Magazine〉에 실린 〈광선 진동에 대한 숙고 Thoughts on Ray-Vibration〉라는 논문에서 강연의 내용을 재차 요약할 때 이 글을 다음과 같은 말로 끝맺었다.

이 점에 대한 나 자신의 생각은 어렴풋한 추측에 지나지 않으며, 일정 기간 동안 연구와 사고를 이끌어주는 역할을 하는 정신의 인상과도 같은 것이기에, 앞에 쓴 내용은 많은 실수를 포함할 것이라고 생각합니다. 실험적 질문에 종사하는 이들에게 이러한 종류의 생각은 수없이 마주치는 것이며, 한때 명백했던 강인함과 아름다움도 진정한 자연적 진리의 진보 앞에서 스러지는 일이 허다하다는 것을 잘 알고 있습니다.[6]

당시의 일반적인 과학적 의견은 패러데이가 자신의 깊이를 넘어서는 모험을 감행했다는 것이었다. 그의 동료들은 그가 일류 실험가라는 사실은 인정했지만, 수학이 없었기 때문에 이론화를 위한 도구를 전혀 갖추지 못했다고 여겼다. 특히 그가 보여준 최근의 탈선 행위는 이런 견해를 확인시켜주는 것처럼 보였다. 패러데이의 지지자들조차도 난처해했다. 첫 번째 전기 작가인 헨리 벤스 존스Henry Bence Jones는 논문 〈광선 진동에 대한 숙고〉를 반 줄로 언급했을 뿐이고, 세 번째 전기 작가 존 홀 글래드스톤John Hall Gladstone은 아예 언급하지도 않았으며, 두 번째 전기 작가이며 패러데이의 왕립 과학 연구소의 후임자였던 존 틴들은 "여태까지의 과학자에게서 나온 가장 희귀한 추측 중 하나"라고 표현했다.[7] 그러나 패러데이의 생각은 사변적이긴 했지만, 맥스웰과 그의 추종자들이 보여주었듯 본질적으로 옳았다.

사람들이 이론가로서의 패러데이의 능력을 어떻게 평가했든 간에, 그가 발견한 반자성이라는 것에 전 세계의 과학자들은 깜짝 놀라고 있었다. 물질은 도대체 왜 이렇게 예기치 못했던 방식으로 행동하는 것일까? 과학계의 거두가 된 한스 크리스찬 외르스테드는 반대 방향의 극성을 제안했다. 즉, 자성 극은 철과 같은 상자성 물질에서는 반대 방향의 극성을 유도하지만, 비스무트(Bi, 창연)와 같은 반자성 물질에서는 같은 방향으로 유도한다는 것이었다. 앙페르의 연구 동료의 아들인 에드먼드 베크렐Edmund Becquerel은 유체정역학에 대한 아르키메데스의 원리와 유사한 천재적인 이론을 내놓으며 등장했다. 그의 이론에 따르면, 모든 물질은 자기적 능력을 가지고 있으나 상대적으로 강한 것(상자성체)이 약한 것(반자성체)을 대체하는 경향이 있다. 이는 밀도가 높은 액체가 공기 방울처럼 밀도가 낮은 물체를 대체하는 것과 같은 원리다. 이는 깔끔한 해답이었지만, 반자성체가 왜 진공에서조차 자극에 밀려나는지 설명하기 위해 베크렐은 상자성체보다는 약하고 반자성체보다는 강한 자성을 지닌, 만물을 채우고 있는 에테르를 가정해야 했다.

언제나 그랬듯이 패러데이는 연구를 하면서도 다른 사람들의 이론과 실험을 조심스럽게 검토했다. 그중에서도 외르스테드의 반대 극성 가설이 목록의 맨 위에 있었다. 그는 자석 위에 놓인 종이 위에 비스무트 가루를 뿌렸고, 외르스테드가 옳다면 철가루와 같이 익히 알려진 무늬로 정렬될 것이라고, 즉 가루 입자들은 각각 반대 방향을 향하겠지만 전체 형태는 똑같아 보일 것이라고 생각했다. 즉, 비스무트 가루가 철가루와 같은 무늬를 나타낸다면 극의 존재를 확인시켜줄 것이었다. 그러나 패러데이가 뿌린 비스무트 가루는 정렬의 흔적을 전혀 보여주지 않았으며, 외르스테드의 견해가 틀린 것 같았다. 반대 극성의 징후는 보이지 않았다.

그때 패러데이는 당시 라이프치히 대학의 교수였던 독일 물리학자 빌헬름 베버Wilhelm Weber의 훌륭한 실험에 대해 듣고 나서 한 번 더 숙고하게 되었다. 그것은 패러데이의 철심 고리 실험을 영리하게 변형한 것이었는데, 1차 코일과 2차 코일은 있었지만 고리는 없었다. 연철 막대에 나선으로 감긴 1차 코일은 전지에 연결되어 강력한 전자석을 형성했다. 2차 코일 역시 나선이었는데 1차 코일과 동축으로 조금 떨어져 있었다. 그것은 나무관 위에 감겨 있어서, 철이나 비스무트 막대를 안에 넣었다 뺄 수 있었다. 2차 코일의 끝은 검류계에 연결되어 회로를 형성했는데, 검류기는 어느 방향의 전류든 감지할 수 있었다. 베버가 철심 막대를 2차 코일 안으로 밀어 넣자 검류계의 바늘은 오른쪽으로 움찔거렸고, 빼낼 때는 왼쪽을 향해 움직였다. 모든 것은 예상대로였다. 그러나 철심을 비스무트로 대체하자 바늘은 반대 방향으로 움찔거렸다. 이는 반대 극성의 극명한 증거였다.

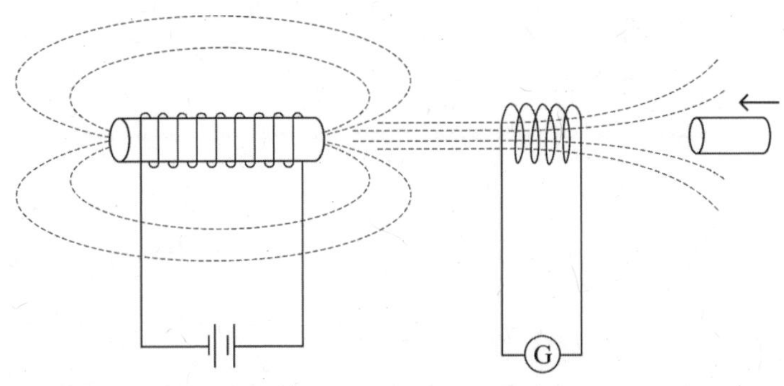

| 그림 6.2 **베버 실험의 개요도. 오른쪽의 나무관에는 철심 막대나 비스무트 막대가 들어간다.** |

패러데이는 베버의 실험을 설명하는 방법에 몰두했다. 오랫동안 그는 자기력이 힘의 역선을 따라 작용한다고 믿었다. 혹시 어떤 물질은 다른 물질보다 역선에 더 쉬운 경로를 제공하는 것은 아닐까? 그는 이미 정전기에 대해 각 물질이 고유한 유도 능력을 지닌다는 사실을 보인 바 있었다. 자기력선이 통과시키는 것에도 이와 유사하게 물질마다 고유한 능력이 있는 것은 아닐까? 생각들이 제자리를 찾아가기 시작

했다. 상자성체들은 주위의 공기보다 역선을 훨씬 잘 통과시키기 때문에 역선은 그쪽으로 수렴했다. 반대로 반자성체는 공기에 비해 역선을 잘 통과시키지 못하기 때문에 역선은 그쪽으로부터 발산된 것이다.

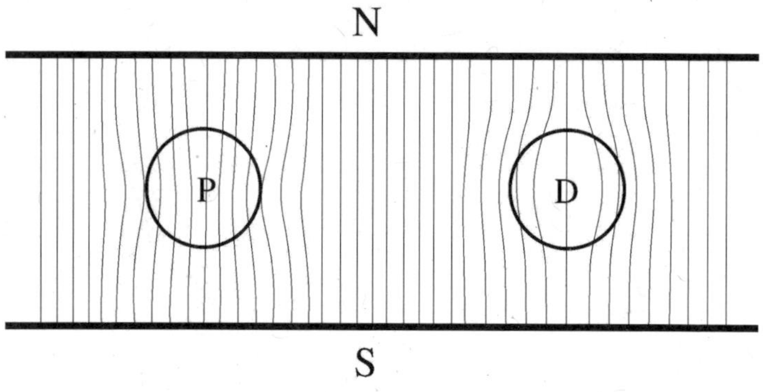

| 그림 6.3 **상자성체를 통한 자기력선의 수렴(왼쪽)과 반자성체를 통한 발산(오른쪽)** |

따라서 공기 중에서 상자성체는 역선이 밀집된 영역으로 움직이려는 경향 때문에 자기력이 강해지는 반면, 반자성체는 역선이 더 희박한 쪽으로 움직이려 하기 때문에 자기력이 약해지는 것이었다. 일반적으로 물체의 자기적 행동은 그것을 감싸고 있는 매질에 의존했다. 어떤 물체가 역선을 주변 매질보다 더 잘 통과시키면 상자성체처럼 작용할 것이고, 반대로 역선을 잘 통과시키지 못하면 반자성체처럼 작용할 것이었다. 이처럼 간단했다. 힘의 중심이라는 개념의 극은 존재하지 않았다. 척력도, 인력도 없었으며, 더구나 원격 작용도 없었다. 물체는 자기 주변에 있는 역선의 패턴에 따라, 즉 장에 따라 반응했을 뿐이다.

베버의 실험 결과는 거대한 설계의 결과일 뿐이었다. 철 막대를 2차 코일 속으로 밀어 넣으면 자기력선이 수렴하고, 코일의 도선을 자르면서 전류를 유도한다. 반면에 비스무트를 밀어 넣으면 역선은 발산되며, 마찬가지로 코일의 도선들을 자르지만 이번에는 반대 방향의 전류를 유도한다.

반자성을 완전히 설명하기 위해서는 아직 원자론과 양자역학의 출현을 기다려야 했다. 넓은 의미에서 모든 물질은 반자성체다. 그러나 어떤 물질은 동시에 상자성체이기도 한데, 여기에서는 상자성이 상대적으로 미약한 반자성을 압도한 것이다. 철, 코발트, 니켈은 의외의 성질을 가진다. 지금은 강자성ferromagnetism이라 불리는 이 성질은 나머지 두 형태의 자성을 억누르며, 금속이 영구자석이 되도록 한다. 각각의 이론에 결함은 있었지만, 외르스테드, 베크렐, 베버 모두의 공적은 여기에서 드러난다. 패러데이의 이론은 베크렐의 유체정역학적 유추에 놀랍도록 가깝다는 것이 밝혀졌고, 베버와는 진리 탐구의 동반자이자 동료로서 경쟁하기를 즐겼다. 패러데이는 논문을 끝내고 난 후 외르스테드에게 사본을 보내주겠다는 약속과 함께 전체 과정에 대해 기쁨에 찬 묘사를 써서 보냈다.

처음에 견해가 서로 어긋난다는 것은 멋지지 않습니까? 시간이 점차 진실을 가려내고 그 형태를 갖추게 할 것입니다. 그리고 지금의 저로서는 이 견해가 10년이나 20년 후에 얼마나 큰 중요성을 지니게 될지 짐작할 수도 없습니다.[8]

패러데이는 그때까지 기체에서 자기적인 성질을 검출하는 데 실패했으나, 1847년에 이탈리아에서 새로운 소식을 들었다. 제네바 대학의 미셸 반칼라리Michele Bancalari 교수가 자성이 불꽃의 행동에 영향을 미친다는 사실을 보였다는 것이었다. 패러데이는 언제나 그랬던 것처럼 그 결과를 스스로 조사했다. 그는 "몇 년 전에는 그 효과를 측정하는 일에 실패했다"[9]는 사실에 놀라움을 표시했는데, 많은 기체를 실험해본 결과 모두 자기적 성질을 가지고 있을 뿐만 아니라 기체에 따라 상당히 차이가 난다는 점을 단 몇 주일 만에 발견할 수 있었던 것이다. 실험해본 기체의 대부분이 반자성체로, 산소는 상자성을 보였다.

패러데이의 연구의 일부는 최고의 진공 펌프를 사용해서 빈 공간의 자기적 성질을 연구하는 것이었다. 두 가지 질문이 떠올랐다. 첫 번째 질문인 "왜 진공은 반자성 물질보다도 역선을 더 잘 통과시키는 것일까?"에 대한 답변은 찾지 못했는데, 이는 20세기에 양자역학이 발전할 때까지는 아무도 답하지 못했던 질문이었다. 두 번째 질문은 "진공은 어떤 방식으로 역선을 통과시키는가?"였는데, 이에 대해서 패러데이는 수수께끼 같은 답을 내놓았다.

에테르 가설에 아무리 자유로움이 허락되더라도, 공간만으로는 물질처럼 작용할 수 없다.[10]

그는 분명 '광선 진동' 강연에서 에테르를 노골적으로 빼놓았다. 강경 노선이 누그러지기라도 한 것일까? 그는 뒤따른 논문에서 자신의 견해를 더 해명했다. 에테르는 불필요한 장치이지만, 만약 존재한다면 빛 외에 자기력선을 전달하는 역할도 할 것이라는 식이었다.

패러데이는 벌써 몇 년 동안이나 정통이 아닌 이설을 생각해왔지만, 즉석 강연이었던 '광선 진동'에서 여과 없이 발설해버렸던 경우를 제외하고는 비밀로 하고 있었다. 그 이유는 분명했다. 위대한 실험 과학자로 인정받고 있더라도(왕립 학술원은 그에게 가장 높은 커플리Copley 메달을 포함하여 세 개의 메달을 수여했다), 이론가로서 인정받는 데는 수학적 지식이 부족하다는 사실이 걸림돌이라는 것을 알고 있었다. 수학을 기반으로 한 뉴턴의 전통은 전하나 자극 사이에서 힘이 직선으로 원격 작용한다는 이론으로 아직도 지배적 위치를 차지하고 있었고, 쿨롱과 앙페르의 아름다운 수학적 이론이 틀릴지도 모른다고 생각하는 사람은 거의 없었다. 역선의 존재 가능성에 대한 패러데이의 간결하고 신중한 언급은 대체로 사람들의 비웃음에 부딪혔다. 그의 실험실에서 나오는 결과물은 뉴턴의 개념을 사용하는 수학자들에게는 사실상 설명하기가 점점 더 어려워졌다. 그러나 앙페르의 역할을 이어받은 베버와 다른 이들은 만물을 원격 작용으로 설명하기 위해 매번 더욱 독창적인 수학적 모델을 만들어내고 있었다. 이에 비하면 패러데이의 이론은 어린아이의 환상처럼 보였다. 영국 왕립 천문학자 조지 비델 에어리 경Sir George Biddell Airy은 이 지배적인 견해를 설득력 있게 표현했다.

나는 〔실험적 결과와 원격 작용에 기초한 계산 간의〕 일치를 실질적으로, 그리고 계산적으로 알고 있는 누군가가 단순하고 정확한 작용과 역선이라는 대단히 모호하고 가변적인 것 사이에서 망설이는 경우를 상상조차 하기 어렵다.[11]

그러나 패러데이에게는 실험 결과만이 유일한 진리였다. 실험 결과가 틀렸다고 보여준다면 어떤 탐구 노선도 당장에 버릴 것이었다. 아직 역선이라는 관념은 모든 검증을 견뎌내고 있었다. 반자성에 대한 실험에서 절정에 달했던, 수년에 걸친 수백 번의 실험을 통해 패러데이는 역선이 전기와 자기적 힘, 이에 동반하는 물질 내부의 변형이나 그 패턴을 보여주는 지표가 아니라, 힘을 전달하는 운반체로서 실제로 공간상에 존재한다는 사실을 믿기에 이르렀다. 의혹을 깰 만한 증명은 없었지만, 거듭되는 실험의 증거는 원격 작용에 비해 역선을 압도적으로 지지했다. 그의 모든 실험 결과는 원격적으로는 아무 일도 일어나지 않으며, 모든 힘과 유도는 중개하는 매질 안의 형태 변형을 통해 작용하고, 이 변형은 대부분의 경우 직선이 아닌 경로를 따라 작용한다는 사실만을 보여주었다. 반자성을 발견하는 데 성공한 이후 패러데이는 대담해졌고, 전통적 관점에 공개적으로 도전하기 시작했다. 자기장이라는 용어도 그의 글에서 정규적으로 등장했고, 《전기에 대한 실험적 연구》에 수록된 보고서 중 한 편에서 이런 생각을 전달하려고 노력했다.

전기와 자기의 관계에 대한 최초의 실험에서부터, 나는 자기력선이 자기적 능력에 대한 표현, 단순히 질과 방향이 아니라 그 양도 포괄하는 표현이라고 생각했고 또 그렇게 주장했다.[12]

이것은 솔직하지 않은 발언인데, 논쟁적인 사안에 대한 그의 사고와 발언은 언제나 개인적인 수준에 머물렀기 때문이다. 그는 계속해서 이렇게 썼다.

　이런 역선을 정의하는 데 중요한 점은, 그것이 결정적이고 불변하는 힘의 양을 표현한다는 사실이다. 따라서 두 개 또는 그 이상의 힘의 중심이나 원천 사이에 역선이 존재할 때 그 형태는 크게 변할 것이며, 또 추적될 수 있는 공간도 크게 변할 것이다. 그런데도 역선의 특정 부분에서 임의의 영역에 담긴 능력의 합은 같은 역선의 임의의 다른 영역에 담긴 능력의 합과 정확하게 같다. 그 형태가 변했거나, 후자의 경우에 얼마나 수렴적인지, 발산적인지에 상관없이 말이다.[13]

　여기서 비수학자인 패러데이는 네 개의 '맥스웰 방정식' 중 하나에서 수학적 형식을 획득하는 자기장의 성질을 정확하게 묘사하고 있다.

　이어진 실험 끝에 그는 "전류는 도선이 자기력선을 '자를' 때 유도된다"는 1831년의 결과를 정량화했고, 이 발견을 심원하고 현혹적인 진술로 요약했다. "전류 속으로 던져지는 전기의 양은…… 교차되는 곡선의 양과 직접적으로 동일"했다.[14] 이 진술은 역선이 밀집해 있거나 희박하거나, 또 수렴하고 있거나 발산하고 있거나에 상관없이 언제나 유효했고 도선의 모양이나 운동 방식에도 아무 영향을 받지 않았지만, 전류의 방향은 오른손 법칙으로 알려지게 될 원칙에 따랐다.[15] 이것은 전자기학의 가장 근본적인 법칙 중 하나로, 오늘날 패러데이의 유도 법칙으로 불리는 문장의 원문이다.

　패러데이의 이단적 견해 중 하나는 자기 극magnetic pole의 존재에 대한 것이었다. 그는 세 가지 합리적인 이유가 있었다. 이들 중 둘은 모든 사람들이 인정하고 있었는데, 오직 패러데이만이 그 귀결을 알아내는 데 천착했던 것으로 보인다. 첫째, 왜 자석 끝 임의의 점이 힘의 중심으로 작용해야 하는가? 둘째, 단일 극이 발견된 일은 없으며, 극은 언제나 N극과 S극의 쌍으로만 나타난다. 자석을 가늘게 썰어놓는다면 각각의 금속 조각은 아무리 얇더라도 N극과 S극을 갖게 될 것이다. 이 사실은 본래 자석의 능력은 그 끝에 집중되어 있는 것이 아니라 그 길이에 따라 분포된다는 것을 말해준다.

세 번째 이유는 패러데이가 생각해낸 것이다. 반대로 대전된 전하 사이에서 작용하는 전기적 힘과는 다르게 자기력선은 시작점이나 끝나는 지점 없이 연속적인 고리를 만들었다. 그가 1831년에 실행한 '부유하는 자석 바늘' 실험은 전류가 흐르는 코일 주위의 자기적 힘의 고리가 코일 속을 통과하며 지나간다는 사실을 보여주었다. 똑같은 크기와 세기를 가진 철심 막대자석으로 대치했더라도 자기적 효과는 정확하게 똑같았을 것이며, 힘의 고리가 가지는 패턴 또한 변하지 않을 것이다. 힘의 고리는 코일 속을 통과해서 지나갔던 것처럼 철심 막대자석의 긴 면을 따라 지나가야 하는 것처럼 보였다. 막대자석의 끝은 단순히 고리를 이루는 힘의 역선이 들어가고 나가는 표면에 불과했다. 극은 존재하지 않았다.[16]

패러데이는 영구 자석의 내부에 있는 역선에 대해 어떤 설명도 제시하지 않기로 했다. 그가 왜 자석의 철 입자 주위를 맴도는 미세한 전류를 상정했던 앙페르와 프레넬의 가설을 받아들이지 않았는지 의아해할 사람도 있을 것이다. 그렇다면 역선이 각각의 전류 고리를 통해 지나갈 것이므로 잘 맞아떨어질 텐데 말이다. 그는 역선이라는 개념이 그 자체로서 완전하며 힘들게 얻어낸 실험적 증거에 의해 뒷받침되는 상황에서, 앙페르나 프레넬의 전류와 같은 사변적인 요소를 더해서 훼손하고 싶지 않았는지도 모른다. 더 나아가, 패러데이는 화학자였기에 물질의 입자 주위를 맴도는 전류라는 개념에 직관적으로 거부감을 느꼈을 수도 있겠다.

자기력선과 더불어 또 하나의 개념을 찾아냈는데, 패러데이는 "전기적 긴장 상태라는 관념이 끊임없이 강요되었다"라고 썼다.[17] 그는 자기장과 전기회로 사이의 모든 상호작용은 역선을 통해 설명할 수 있었지만, 이 과정에 어떤 종류의 변형이나 응력이 관여되어 있다는 생각을 떨쳐버릴 수 없었다. 그는 1831년의 철심 고리 실험에서 처음으로 발견했던 것을 몇 번이고 다시 관찰했다. 도선 고리 주변의 자기장을 갑자기 제거하면, 고리 안에서는 잠시 동안 전류가 흘렀다. 이것은 역선이 붕괴하면서 도선을 '잘랐다'고도 설명할 수 있었지만, 패러데이에게는 도선 고리와 그 주변에 존재하던 변형 상태가 방출되면서 전류의 형태를 띤 것처럼 보이기도 했다. 이와 비슷하게, 라이덴병과 같은 저장 장치의 방전에 따르는 짧은 전류도 대전된 금속 사이의 절연 물질 안에 있는 변형이 방출되면서 나온 것처럼 보였다. 이것이 전기적 긴장 상태의 전기적 양상이었다.

1855년, 패러데이는 《전기에 대한 실험적 연구》의 3권이자 마지막 권을 완성했다.[18] 이 책은 수백 번의 연구에 대한 성패를 따지지 않는 진실한 설명이었으며, 대부분 폐기되었거나 엄격한 검토 끝에 수정된 대담한 가설들, 지칠 줄 모르는 탐구의 정신으로 충만했던 그의 여정에 대한 이야기였다. 그는 기억력이 감퇴되는데도 이 연구를 수행했

다. 한번은 지난 실험 노트를 되돌아보다가 불과 6개월 전에 했던 일
련의 긴 실험을 다시 반복했다는 것을 알아차렸다. 젊은 시절에는 왕
성했던 정신적 에너지가 줄어들고 있었다. 패러데이는 한계를 정함으
로써 대처했다. 그는 실험실 일을 자주 쉬었고, 대부분의 저녁 초대를
사양했다. 그러나 예전의 열정을 가지고 사회적 의무에 임했고, 템스
강 오염 제거를 위한 캠페인에서는 손을 떼지 않았다.

그는 또 1850년대에 유행에 민감한 런던의 상류층을 휘어잡았던 신
비의 '테이블 돌리기'를 주최하던 사기꾼의 정체를 폭로하는 데도 최
선을 다했다. 몇 사람이 테이블 위에 손을 얹고 있으면 유령 같은 힘에
의해 테이블이 움직인다는 것이었다. 패러데이는 세 번의 강령회를 직
접 조사했는데, 참석자들이 어둠 속에서 손바닥을 테이블 위에 얹자
신비한 힘이 테이블을 회전시키는 모습을 보았다. 패러데이가 누군가
밀고 있다는 것을 감지하기 위해 롤러를 몰래 설치한 후에 실험을 재
개하자, 당연히 테이블은 더 이상 움직이지 않았다. 이에 강령술을 행
하던 사기꾼들은 이런 감시하에서 영들이 임하기를 기대할 수는 없다
고 주장하며 나섰다. 1853년 6월에 패러데이는 〈아테네움〉 잡지에 유
행의 정체를 폭로하는 장문의 편지를 투고했고, 그 결과 심령주의자들
과 그들을 따르던 많은 동조자들이 그를 격하게 비난하는 일이 벌어졌
다. 그는 한 친구에게 이렇게 썼다.

나는 테이블 돌리는 자들에게 불리하도록 판세를 뒤집은 것 외에는(테
이블을 돌리다turn the tables는 '형세를 역전시키다'는 뜻의 관용어로, 이를
이용한 언어유희다―옮긴이) 한 일도 없고 그래야만 했던 것도 아니었는

데, 그토록 많은 질문의 화살이 쏟아지고 있었네. 그래서 내 생각과 관점이 어떠한지 알려서 밀려오는 홍수를 멈추는 편이 낫겠다고 생각했어. 이 세상에서 인간의 마음이란 얼마나 위약하고, 잘 속으며, 불신으로 가득 차 있고, 미신적이고, 뻔뻔하며, 겁에 질려 있는가. 또 얼마나 모순과 부조리와 몽매함으로 가득하단 말인가.[19]

패러데이와 다른 사람의 노력에도 미신적 행위는 계속되었다. 9년이 지난 후 한 강령회에 초대받았을 때, 그는 이렇게 말하면서 거절했다. "이제 나는 영혼들이 관심을 끄는 법을 스스로 찾아내게 두려 합니다. 나는 그들에게 지쳤습니다."[20]

패러데이는 위대한 발견을 이루었지만, 1850년대에는 그것이 장차 무엇으로 이어질지 전혀 드러나지 않았다. 그는 전기 모터와 발전기의 원리를 제시했고 철심 고리를 통해 현대의 전력 공급 시스템에서 빼놓을 수 없는 장치인 변압기의 원리를 보여주었지만, 이는 아직 별다른 결과물로 이어지지 못했다. 발명가들이 만든 전자기 기기는 대부분 호기심을 만족시키는 수준에 머물렀고 실용성은 희박했다. 결국 이 분야가 열리게 된 것은 1870년대에 하인리히 가이슬러Heinrich Geissler를 비롯한 사람들이 개발한 효율적인 진공 펌프에 의해서였다. 이로 인해 필라멘트 전구의 제작이 가능해졌고, 이는 다시 효율적인 발전기가 요구되는 전력 공급 시스템에의 투자로 이어졌다. 그 후에야 전력망을 통해 작동되는 온갖 목적의 전기 모터를 개발하는 것이 현실적인 사업이 될 수 있었다. 그리고 1800년대 말에 니콜라 테슬라Nikola Tesla가

고전압 교류 전력 공급 시스템의 이점을 보여주었을 때, 비로소 변압기가 필요해졌다.

전기 조명은 아직 요원했지만, 또 다른 응용은 가히 세기의 기적이었다. 영국에서는 찰스 휘트스톤과 그의 동료 윌리엄 포더질 쿡William Fothergill Cooke에 의해, 미국에서는 새뮤얼 모스Samuel Morse에 의해 개발된 전신기는 놀랄 만한 발전을 이루고 있었다. 1840년대 말에는 이미 많은 도시가 지상선으로 연결되어 있었지만, 전신사들이 믿을 만하게 작동하는 수중 케이블은 없었다. 수많은 활동 외에도 패러데이는 해저 전신기를 가능하게 하는 일에 부분적으로 기여했다. 문제점은 바닷물과 접촉하고 있는 케이블의 외피와 내부 금속 도선 사이에 절연체로 쓰기에 알맞은 물질을 찾아내는 것이었다. 전신사들은 면포, 고무, 끓는 콜타르에 적신 밧줄 등 상상할 수 있는 모든 재료를 사용해보았으나, 절연 상태는 번번히 고장을 일으켰다. 그러던 중 1848년에 누군가가 패러데이에게 구타페르카gutta percha라고 불리는 말레이시아산 나무의 고무를 샘플로 보내줬는데, 시험해본 결과 훌륭한 절연체일 뿐 아니라 방수 효과도 있으며 유연하고 탄력이 있고 열을 가하면 쉽게 필요한 형태로 녹여서 굳힐 수 있었다. 이 무렵 패러데이의 명성은 대단했기에, 그가 추천하면서 구타페르카의 수요는 급격하게 늘어났다. 이 물질은 모든 조건을 충족했고, 영국 해협과 아일랜드 해에는 얼마 지나지 않아 해저 케이블이 놓이게 되었다.

다음 도전은 분명하지만 쉽지 않은 것으로, 대서양에 해저 케이블을 설치하는 일이었다. 많은 문제들 중 하나는 신호 펄스가 해저 케이블로 전송될 때 흐려지기 때문에, 각각의 펄스가 구분될 수 있도록 느린 속도로 전송해야 한다는 것이었다. 이 문제는 케이블이 길어질수록 악화되었기에 대서양 전신 회사Atlantic Telegraph Company는 자본을 투자하기에 앞서서 수익성이 보장되는 속도로 전신을 보내는 일이 가능한지 파악하려 했다.

처음에 전신 기사들은 신호가 흐려지는 이유를 찾지 못했으나, 패러데이는 여기에 대한 해답을 내놓았다. 중앙의 구리 도선이 절연 물질과 외피로 둘러싸인 케이블은 거대하게 확장된 라이덴병과도 같다. 패러데이는 모든 전기 유도는 절연 물질을 통해 작용하는 데 시간이 걸린다는 사실을 발견했다. 따라서 라이덴병과 같은 장치도 충전과 방전에 시간이 걸리는데, 이런 현상이 케이블 내부에서도 일어나고 있었던 것이다. 전신 기사가 발신기에서 키를 누르면 수신 단말의 전류는 점진적으로 증가할 뿐, 케이블이 완전히 충전되기 전까지는 최고 값에 이르지 못한다. 키를 다시 놓을 때도 마찬가지로 수신기의 전류가 제로로 떨어지는 데는 시간이 걸렸다. 그래서 뚜렷해야 하는 펄스의 형태가 뭉개져버린 것이었다.

그러나 패러데이는 케이블의 충전 시간을 정량화해내지 못했으므로, 대서양 전신 회사는 젊은 스코틀랜드 출신 과학자 윌리엄 톰슨의 도움을 요청했다. 톰슨은 패러데이의 전기력선에 대한 방정식을 계산해내기도 했던 인물인데, 그때 당시 이용했던 열의 흐름과의 유추를 이번에도 적용해서 전기적 유도가 금속 막대를 통과하는 열처럼 절연 물질을 통해 확산해나간다고 추론했다. 이런 방식으로 그는 해저 케이블에 해당하는 방정식을 만들었고, 거리의 제곱에 비례해서 충전 시간이 증가할 것이며 심지어 값비싼 저低저항 케이블을 사용하더라도 대서양을 건너 메시지를 보내는 것은 아일랜드 해를 건너는 것에 비해 훨씬 긴 시간이 걸릴 것이라는 나쁜 소식을 회사에 전달했다. 어찌 되었든 일은 계속 진행되었고, 수없이 지연된 끝에 1858년에 드디어 케이블이 설치되었다. 그러나 2초당 한 글자의 속도로 빅토리아 여왕과 뷰캐넌 대통령 사이에 오가는 메시지를 전달한 지 얼마 되지 않아 케이블은 고장나고 말았다. 이후의 시도들은 좀 더 성공적이어서, 전신 회사는 마침내 꾸준히 지지해준 주주들을 위해 이윤을 창출했고 톰슨은 기사 작위를 받았다.

변덕스러운 톰슨은 어떤 주제에 대해서도 몇 주 이상 연구하는 일이 드물었고, 완전히 다른 과학 분야에 대한 생각에 사로잡혀서 연구 주제를 바꾸는 일이 잦았다. 패러데이의 전기 역선에 관한 초기 연구는 이런 폭발적인 영감의 전형적인 예라고 할 수 있다. 그는 때때로 전기라는 주제로 되돌아왔다. 톰슨은 모든 물질이 전기와 자기에 대해 고유한 유도 능력을 가지고 있다는 패러데이의 생각을 수학적으로 표현했고, 자기 시스템의 전체 에너지를 계산하는 공식을 유도했다. 그러나 뒤에서 보게 되겠지만, 그의 가장 큰 공헌은 전기를 연구하려는 다른 젊은 스코틀랜드인에게 훌륭한 조언을 해주었다는 것이다.

패러데이는 외로운 연구자였다. 그는 데이비가 죽은 이후로 가까운 동료가 없었고, 자신도 문하생이었으면서 제자를 받지 않았다. 여기에 대해 패러데이는 이렇게 말했다.

나는 오랫동안 계속해서 실험실에 어울릴 만한 천재를 찾아보았지만, 아무도 발견하지 못했다. 그러나 올바른 자기 규율을 얻기 위해 노력했더

라면 분명 훌륭한 실험 철학자가 되었을 법한 사람은 여럿 보았다.[21]

그런데도 그의 연구에 합류하겠다며 바이런 경의 딸 에이다 러브레이스Ada Lovelace가 '과학의 신부'가 되게 해달라고 열렬히 요청한 것을 패러데이는 거절했다. 물론 러브레이스의 헌신이라는 특이한 말을 받아들일 준비가 되어 있지 않았는지도 모른다. 그러나 개인적인 성향이 강한 연구 방식 때문에 스승의 역할을 맡는 것이 불가능했을 수도 있다.

이유가 무엇이든, 공간상의 물리적인 역선이라는 패러데이의 과격한 생각은 열매를 맺지 못하고 사라져버렸을 수도 있었다. 게다가 유일하게 관심을 보이던 톰슨은 전기력선을 기본적으로 수학의 흥미로운 국면으로 취급했던 것이다. 그러나 톰슨은 중요한 공헌을 했다. 한 젊은 친구가 전기 연구를 시작하려는데 가장 좋은 방법이 무엇인지 조언을 구했을 때, 그는 패러데이의 《전기에 대한 실험적 연구》를 반드시 읽으라고 말해주었다.

1857년 초에 패러데이는 그의 우편함에서 〈패러데이의 역선에 관하여On Faraday's Lines of Force〉라는 논문의 사본을 발견했다. 논문의 저자는 애버딘에 있는 매리셜 대학의 젊은 자연철학 교수 제임스 클러크 맥스웰이었는데, 이 글은 그가 아직 케임브리지의 학생일 때 쓴 것이었다. 논문은 이렇게 시작했다.

현재 전기과학의 상태는 추측에 대해 이상할 정도로 비호의적이다.[22]

패러데이는 이 뒤에 무슨 말이 나올지 조마조마했겠지만, 이는 다른 물리 분야로부터 유사점을 끌어오는 맥스웰 식의 도입법이었다. 역선에 대해 그가 제시한 비유는 비압축성 유체imcompressible fluid였다. 유체의 유선은 전기력선이나 자기력선을 대신했고, 임의의 점에서 유체 흐름의 속도와 방향은 그 지점의 역선의 밀도와 방향을 표시했다. 그는 이 비유를 전류가 흐르는 두 도선 사이의 자기력을 포함하여 모든 정전기적 효과와 자기 효과로 확장할 수 있었다. 유체 흐름의 수학은 논의의 여지가 없는 명백한 것이었고, 그는 그것을 몇 개의 방정식으로 요약하여 표현했다. 논문 1부의 마지막 문장에서 맥스웰은 전자기학에서 패러데이의 지도를 따르려는 의도를 암시했다.

나는 전기적 긴장 상태의 역학적 개념을 보편적 추론에 적합하게 형성하는 방법을 발견하고자 한다.

논문의 2부에서 그는 실제로 전자적 긴장 상태를 수학적으로 기술하는 방식을 찾아냈다. 패러데이가 얼마나 기뻐했을지 충분히 상상할 수 있다. 드디어 그의 생각을 받아들이고, 그것을 통해서 연구하려는 사람이 나타났던 것이다. 그는 이렇게 답장했다.

보내주신 논문은 잘 받았으며 깊은 감사를 드립니다. 저는 당신이 '역선'에 대해 언급한 것에 감사하지는 않겠습니다. 당신이 철학적 진리에 대한 관심에서 그렇게 했다는 것을 알고 있기 때문입니다. 그러나 저에게는 고마운 작업이었고, 그 생각을 계속해서 이어가도록 많은 용기를 주었다는 사실을 알아주십시오. 이 대상을 다루기 위해 만들어진 수학적 힘을 처음 보았을 때 저는 두려웠지만, 곧이어 대상이 수학의 힘을 잘 견뎌내는 것을 보고는 경탄을 금치 못했습니다.[23]

맥스웰의 지지에 용기를 얻은 것인지, 패러데이는 '광선 진동' 강연에서 처음 언급했던 생각을 확장하여 중력선gravitational lines of force을 공식적으로 제안하는 논문을 발표했다. 그는 동료 과학자들 중 대다수가 불신으로 반응할 것을 알고 있었기에, 맥스웰에게 의견을 물었을 때도 불안을 느꼈을지 모른다. 그러나 걱정할 필요는 없었다. 맥스웰은 길고 사려 깊은 답장에서 그것이 타당한 생각이며, 중력선은 "하늘을 가로지르는 그물을 직조"하고 "별들의 항로를 인도"[24]하는 관념이 될지도 모른다는 결론을 내렸다. 여기에 패러데이는 이렇게 답했다.

제게 있어서, 당신 같은 태도와 사유의 습관을 가진 사람과 이 주제에 대해 의견을 나눌 수 있었던 것은 저번의 편지가 처음입니다. 그 편지는 제게 큰 도움을 줄 것이고, 그것을 여러 번 읽고 또 계속해서 숙고할 것입니다. …… 저는 당신의 말을 소중하게 여깁니다. 저에게 그 편지는 매우 소중한 것이고…… 큰 평안을 주기 때문입니다.[25]

패러데이는 자신의 후계자를 찾아냈다.

7

패러데이의 마지막 나날들

1857~1867

삶의 마지막 10년 동안 패러데이가 성취한 일은 역사책에 실릴 만한 내용은 아니다. 그러나 아주 단순한 정신적 작업조차도 힘겹게 만든 끝없는 기억력 감퇴와 신경 쇠약을 딛고 이루어냈다는 점에서, 이는 여전히 놀라운 성과다.

그중 많은 부분은 공익에 대한 강한 의무감에서 비롯되었는데, 이러한 점이 가장 잘 드러난 것은 도선사 협회에서 그가 맡았던 일이다. 당시 그는 본업에서도 손을 떼고 좋은 수입원이던 화학 자문직도 그만둔 채 오로지 자연철학자의 삶을 추구하고 있었고, 그의 사유는 추상화의 최고 단계에 도달하여 세속적이고 반복적인 일상과는 멀리 떨어져 있었다. 생의 마지막 몇 년 동안, 헝클어진 백발을 한 패러데이의 모습은 세상과 담쌓은 정신없는 교수와도 닮은 구석이 있었다. 그러나 도선사 협회에서 일할 때만큼은 빅토리아 시대의 전형적인 실용주의 사업가로 변신했다. 그는 예산 문제에 민감했으며, 등대 유지에 필요 없거나 돈을 낭비할 만한 제안이 들어올 때마다 강경한 자세로 응대했다.

1850년대 후반에 그는 도선사 협회를 위한 보고서만 20여 편을 작성했다. 이 글은 등대 유지의 모든 측면을 포괄했지만, 주안점은 빛의 밝기와 안정성이었으며 패러데이의 임무 중 하나는 석유나 가스램프를 대체할 수 있는 전기 램프를 시험 도입하는 것이었다. 여러 차례의 사전 시험을 거친 뒤, 1858년에 아직 실험적이기는 하지만 완전히 작동하는 램프가 도버 해협 근처 사우스 포어랜드South Foreland에 설치되었다. 증기 엔진으로 가동되는 자기 전기 발전기가 탄소 아크 램프에 전류를 공급하자, 최초로 영국 해협을 가로지르는 전기 불빛이 뻗어나갔다. 몇 대의 유사한 전기 램프들이 다른 등대에 설치되었으나, 높은 비용과 불완전한 안정성 탓에 전기화 프로그램은 1920년대에 이르러 필라멘트 전구와 중앙 발전식 전기가 보급될 때까지 미루어졌다.

패러데이는 자주 점검차 등대를 찾곤 했는데, 험한 날씨에도 도선사 협회의 함정을 타고 바다에서 보이는 불빛의 가시성을 검사했다. 1861년에 사우스 포어랜드에 정기 점검에서 기록한 보고서를 보면, 이런 작업은 그보다 나이가 반밖에 안 되는 젊은이의 패기조차 시험받을 만한 일이었음이 명백해진다. 이때 패러데이의 나이는 70세였다.

지난 월요일에 도버 〔해협〕에 갔다. 눈바람에 발이 묶였다. …… 그날 밤에는 등대에 갈 수 없었다. 다음 날 보니 내려가는 길이 눈에 뒤덮여 있어 런던으로 돌아왔다. 금요일에 다시 도버에 갔다. …… 길에 눈이 쌓여 있지 않길 바랐으나 아직도 등대로 가는 길이 막혀 있었으므로, 나는 관

목과 담을 넘고 경작지를 건너서 목적지까지 이동하여 필요한 탐문과 관찰을 진행했다.[1]

오늘날 그 당시 바다에서 생명(그리고 화물)을 구하려는 노력의 중요성을 이해하기란 어렵다. 심지어 1912년까지도 노벨물리학상은 등대와 부표에 자동으로 가스를 공급하는 방식을 발명한 닐스 구스타프Niels Gustav에게 돌아갈 정도였다. 심사위원단의 의견에 따르면 그의 업적은 경쟁자였던 알베르트 아인슈타인Albert Einstein, 막스 플랑크Max Planck, 헨드릭 안톤 로런츠Hendrik Antoon Lorentz, 에른스트 마흐Ernst Mach, 올리버 헤비사이드Oliver Heaviside의 업적을 능가하는 것이었다. 패러데이의 등대 관련 작업은 인류에게 바치는 봉사로, 선한 의도에서 행해졌고 또 그렇게 받아들여졌다. 등대에 관한 패러데이의 발언 중 하나를 살펴보면, 종교적 신념이 얼마나 그의 과학적 작업에 영감을 주었는지 알 수 있다.

인간이 만든 것 중에 등대만큼이나 규칙성과 확실성을 요구하는 장치는 없다. 선원들은 자연의 법칙처럼 등대를 신뢰하며, 해가 저물면 그와 동시에 확실하게 등대의 불이 켜지기를 기대한다.[2]

실험실에서 신의 자연법칙을 더 많이 발견해내려고 애썼던 것처럼, 도선사 협회에서 패러데이는 이 법칙을 가장 완벽하게 모방해야 할 모델로 삼았다.

정부는 어떤 주제에 대한 과학적 조언을 얻고자 할 때 패러데이를 찾았다. 크림전쟁 중에, 전쟁부는 오늘날이라면 일급비밀에 해당할 사항에 대해 조언을 구했다. 그들은 독가스 구름의 예상되는 형태와 이동 양상에 대해 질문했는데, 이것을 러시아군을 패배시킬 무기로 생각하고 있었던 것이다. 패러데이는 반세기 전의 유럽 여행 때 보았던 베수비오 화산의 기억을 언급하며, 예측할 수 없이 변화하는 바람이 유해 가스를 패러데이 쪽으로 날려대는 바람에 거의 질식사할 뻔했다고 이야기를 했다. 분명히 독가스는 양날의 검이었다. 전쟁부는 결국 이 무기를 이용하지 않기로 결정했다.[3] 이 일화를 보면 패러데이가 일주일 전에 일어난 일보다 50년 전의 일을 더 또렷하게 기억했다는 것을 추측할 수 있다.

그는 런던 국립 미술관의 그림과 대영 박물관의 엘긴 대리석 조각 같은 보물을 보존하는 최선의 방법에 관해 조언했다. 또한 대다수의 학교에 행해지는 형편없는 과학 교육을 개선하기 위한 노력 역시 아끼지 않았다. 패러데이는 다른 면에서는 훌륭한 교육을 받은 사람들이 가장 기초적인 과학적 원리도 이해하지 못하는 것을 보고는 큰 충격을 받았던 것이다. 한번은 공립학교 위원장들을 대상으로 이렇게 불평했다.

그런 사람들은 제게 와서 자연과학에 속하는 일에 대해 말합니다. 최면술이나 접신接神, 비행 현상이나 중력의 법칙에 관해서 말입니다. 그들은 저를 찾아와서 이런 것들을 물어놓고는, 되레 제가 이런 법칙에 대해서 모른다고 생각하여 자신들이 옳고 제가 그르다고 고집을 피우는데, 그 모양새를 보면 일반적인 교육 과정이 이들의 정신을 가르치는 데 얼마나 실패했는지 알 수 있습니다. …… 그들은 자신의 무지에 대해 무지합니다.

······ 그리고 다시 말씀드리지만 가장 높은 수준의 교육을 받은 사람도 이런 상태에 머무르게 하는 교육 시스템에는 분명 문제가 있습니다.[4]

고위 관료들은 실제로 자신의 무지함에 무지했다. 패러데이가 벽을 바라보고 말했다고 해도 결과는 똑같았을 것이다. 영국의 공립학교들은 변함없이 라틴어와 고대 그리스어를 주식으로 삼았고, 그나마 유클리드의 글은 겉핥기식으로만 가르쳤다.

패러데이는 마지막 순간까지 과학적 진리를 추구하기를 멈추지 않았다. 세월이 흐르면서 그는 자연의 모든 힘의 통일성을 더 굳게 믿었으며, 이는 중력이 전기와 자기에 연관되어 있다는 증거를 찾으라는 명령과도 같았다. 중력에 관한 그의 실험은 가히 영웅적인 실패였다. 이미 1849년에 그는 350피트 길이의 구리선을 감아 만든 나선형 구조물을 수직으로 세운 뒤, 왕립 과학 연구소의 대강당의 높은 천장에서 바닥에 놓인 쿠션을 향해 구조물 안으로 다양한 물질을 낙하시켰다. 그는 물체가 중력선 가운데에 고정되어 있을 때, 자기력선들 가운데에 있는 금속 도선의 전기적 상태와도 같은 압력에 놓여 있을 것이라고 추론했다. 이 추론이 맞다면 물체가 자유낙하함에 따라 해당 압력이 방출되면서 전자기 유도의 경우처럼 코일에 전류가 흐르게 되어 검류계에 측정될 것이라고 생각했다. 그는 철, 구리, 비스무트 등의 물체를 낙하시켰다. 전류는 감지되지 않았으나, 이 실험 결과가 "중력과 전기 간에 상관관계가 존재한다는 강한 느낌"을 뒤흔들지는 못했고, 1859년에 그는 이 일에 다시 착수했다.[5]

이번에는 대전시킨 거대한 납덩이를 가능한 한 가장 긴 수직거리 상에서 위아래로 움직이며 전하에 변화가 있는지 시험해볼 예정이었다. 그는 처음에는 국회 건물의 탑을 사용하려다가, 결국 워털루 교각 근처에 있는 165피트 높이의 탄환 제조탑[6]에 자리를 잡았다. 유의미한 전하의 변화는 일어나지 않았다. 그러나 패러데이는 결과를 정리해서 왕립 학술원에 제출했다. 패러데이가 보기에 이 주제에 관해서라면 심지어 부정적인 실험 결과도 출판할 만한 가치가 있었던 것이다. 그런데 원장을 맡고 있던 조지 스토크스George Stokes는 이 생각에 동의하지 않았다. 대부분의 동료들과 마찬가지로 스토크스 역시 힘의 통일성에 대한 패러데이의 생각을 진지하게 받아들이지 않았으며, 존경받는 노학자가 웃음거리가 되지 않도록 논문 투고를 반대하는 게 옳다고 생각했다(그리고 이는 옳은 생각이었다). 패러데이는 말없이 따랐다.

패러데이 생애의 마지막 실험은 1862년 3월의 실험이었다. 그는 자석이 백열성incandescent 물질에 미치는 영향을 조사했는데, 그의 정신은 아직도 물리적으로 가능한 것들의 경계를 탐험하고 있었다. 그는 자석의 두 극 사이에 가스 불꽃을 켜고, 광학적 효과가 발생하는지 찾아보았다.

자석의 두 극 사이에 무색의 가스 불꽃이 타올랐고, 여기에 염화나트륨, 염화리튬 등을 추가하여 색을 띠게 했다. 강력한 자기장 바로 앞에 니콜 편광기Nicol's Polarizer를 위치시켰고 장치의 반대쪽에는 검측기를 설치했다. 그리고 전자석을 작동시켰다가 끄기를 반복했으나, 편광기와 검측기의 어떤 위치에서도 스펙트럼상의 선에 효과나 변화는 관찰되지 않았다.[7]

또 다른 실패였다. 그러나 여기에서 패러데이의 천재성과 비전이 내뿜었던 빛을 볼 수 있다. 알려진 모든 힘을 통합하려는 그의 노력과 마찬가지로, 그는 미래의 과학자들이 수확할 수 있는 씨를 뿌리고 있던 셈이었다. 1897년, 네덜란드의 물리학자 피테르 제만Peter Zeeman은 더 강력한 자기장과 정밀한 장치로 이 실험을 반복하여 패러데이가 찾고 있던 그 효과를 발견했다. 오늘날 제만 효과로 알려진 이것은 자기장 안에서 빛의 스펙트럼이 몇 개의 구성 부분으로 나뉘는 현상으로, 자기공명영상MRI과 같은 기술을 가능하게 만들었다. 정신의 힘이 감퇴하고 있었는데도, 자기가 빛에 미치는 효과를 예상해냈던 패러데이에 대해 경탄할 수밖에 없다.

건강과 정신적 능력이 감소함에 따라, 패러데이는 왕립 과학 연구소에서 맡았던 여러 직책을 하나하나 내려놓기 시작했고, 1865년에는 결국 소장직마저 존 틴들에게 이임했다. 고정 수입과 살던 집을 잃게 된 것을 걱정할 새도 없이, 패러데이를 열렬히 동경하던 알베르트 왕자는 햄프턴 코트 궁전의 저택을 하사해달라고 여왕에게 간청을 올렸다. 패러데이는 처음에는 막대한 수리 비용을 걱정하여 이를 거절했으나, 여왕은 비용을 지불해주겠다고 말했다. 패러데이는 부인 세라와 함께 저택으로 이사했다. 이곳이 그들의 마지막 집이었다.

그는 상업적 일이나 고위직 때문에 과학적 연구를 등한시하지 않겠다는 원래의 결심을 지켰다. 왕립 학술원이 1857년에 회장직을 맡아줄 것을 요청했을 때, 패러데이는 이를 거절했다. 건강도 문제였으나, 1824년에 왕립 학술원 회원으로 선출되었을 때의 쓰라린 기억 역시 완전히 지워지지 않았던 것이다. 지난 세월 동안 과학계에서 받은 영예 직함을 열거해달라는 질문에 그는 이렇게 답했다.

　오로지 왕립 학술원 회원이라는 직함만이 내가 추구해서 얻은 것입니다. 다른 모든 직함은 해당 단체들의 친절함과 선의에서 나온 우연한 선물입니다.[8]

한번은 패러데이가 기사 작위를 수여받았다는 소문이 나돌았다. 누군가가 편지로 이에 대해 묻자, 그는 답장했다.

　내 이름에 경Sir이라는 칭호가 붙지 않은 것에 나는 만족합니다. 그리고 (내 의지로 할 수 있다면) 앞으로도 그랬으면 합니다.[9]

그가 원했다면 기사 작위를 받거나, 윌리엄 톰슨처럼 남작 작위를 받는 데 별 어려움이 없었을 것이다. 이에 비해 패러데이는 해외의 영예 직함에는 좀 더 열린 모습을 보여주었다. 나폴레옹 상[10]을 수여받은 데이비를 따라서, 그는 나폴레옹 3세의 레지옹 도뇌르 훈장을 받아들였다. 그가 받은 해외 직함은 이것이 전부가 아니었다. 그는 프로이센 메리트 기사단과 사보이 왕실 기사단의 기사였으며, 성 모리스 기사단과 성 나자렛 기사단의 중급 훈작사 직함도 가지고 있었다. 검소한 삶을 중시하고 사치를 경멸했으며 자국의 영예 직함을 일축했던 평범한 인간 마이클 패러데이가 왜 해외 엘리트 단체들의 높은 직함을 받아들였는지 의아하기도 하다. 여기에 대해 패러데이는 부분적으로 해명한 바가 있다. "나는 프로이센의 기사 작위만은 실제로 영예롭다고 느끼지만, 나머지의 경우에는 그렇게 느껴서는 안 될 것이다."[11] 어쩌면 물리적 거리가 멀었기 때문에 가능한 일이기도 했을 것이다. 휘황찬란한 기사단 망토를 입거나 화려한 예식에 참가하지 않아도 된다는 것을 알고 있었기 때문이다.

최종적으로 은퇴할 때까지 패러데이는 매일같이 햄프턴 코트에서 왕립 과학 연구소까지 오갔다. 그리고 1860년에 그가 맞은 새로운 방문자는 다름 아닌 제임스 클러크 맥스웰이었는데, 스트랜드 가에 위치한 킹스 칼리지의 교수로 부임하여 매일 켄싱턴의 집에서 통근하면서 자연스레 앨버말 가에 가까워졌던 것이다. 그는 금요일 저녁 토론회에 종종 참석했고, 한번은 패러데이의 초청에 응해서 괄목할 만한 강연을 하기도 했다. 그들이 사적으로 만났다는 기록은 찾아볼 수 없지만, 그랬다고 생각하는 편이 여러모로 맞을 것이다. 함께 세계를 바꾸어놓은 겸손한 천재 두 명이 같이 있는 모습을 상상을 해보는 일은 즐겁지 않은가.

1862년부터 서서히 패러데이의 건강은 악화되었고, 그의 정신은 주위의 일을 계속 놓치기 시작했다. 과거도 현재도 그의 마음속에서 뒤엉켜갔다. 친한 친구에게 보내는 마지막 편지에서 그는 말했다.

친애하는 쇤바인Schönbein,

나는 계속해서 내가 쓴 편지를 찢어버리고 있다네. 헛소리만 쓰고 있기 때문일세. 연결된 문장을 하나도 제대로 쓰지 못하고 있네. 내가 이 혼란에서 언젠가 회복할 수 있을는지 모르겠네. 더 이상 편지하지 않겠네. 사랑을 보내네.[12]

더 이상 의지력만으로는 일상생활을 붙들어두는 것이 불가능해졌고, 지금까지 애써 쫓아냈던 망각의 안개가 그를 완전히 에워싸버렸다. 대부분의 날을 조용히 앉아서 보내게 된 패러데이의 유일한 낙은 날이 좋을 때 창문을 통해 석양을 바라보는 것이었다. 1867년 8월에 그는 의자에 앉은 채로 편안하게 죽음을 맞이했다. 자신의 바람에 따라서 장례식은 "엄격하게 사적이고 간결하게"[13] 치뤄졌다. 패러데이는 하이게이트 공동묘지에 묻혔는데, 무덤의 묘비 또한 단순했다.

마이클 패러데이
1791년 9월 22일 탄생
1867년 8월 25일 타계

스스로 말했던 것처럼, 그는 끝까지 평범한 인간 마이클 패러데이로 남았다.

패러데이를 기리는 진심 어린 추도는 전 세계에서 날아들었고, 그것들만 모아도 책 한 권은 거뜬히 채울 수 있을 것이다. 그중에서 누구보다도 그를 잘 알고 지냈던 존 틴들의 추도사는 패러데이의 성격에 대한 깊은 통찰을 담고 있다.

패러데이의 친절함과 선량함과 온화함에 대해 우리는 많은 말을 들었습니다. 모두 맞는 말이지만, 여전히 부족합니다. 강력한 본질은 이런 요소로 분해될 수 있는 것이 아닙니다. "친절하다"거나 "온화하다"는 허약한 말로는 표현할 수 없는 힘과 방향성을 갖추지 못했다면 패러데이의 인격은 그토록 위대하지 못했을 것입니다. 그의 친절함과 온화함 아래에 감춰진 것은 화산과도 같은 열기였습니다. 그는 정열과 흥분으로 가득한 성품의 소유자였으나, 쓸모없는 열정에 자신을 낭비하지 않았습니다. 대신 고차원적인 자기 규율을 통해 이 모든 불길을 하나의 불빛이자 삶의 원동력으로 치환해낸 사람이었습니다. 전승에 의하면 "노여움이 더딘 자는 권력자보다 강대하고, 자신의 영혼을 다스릴 줄 아는 자는 도시의 정복자보다 위대하다"라고 합니다. 패러데이는 노여움이 더딘 사람은 아니었습니다, 그러나 그는 자신의 영혼을 완벽하게 다스릴 줄 알았고, 그러기에 설령 도시를 정복하진 못했어도, 모든 사람의 마음을 사로잡았던 것입니다.[14]

패러데이의 과학적 성취는 모두에게 칭송받았지만, 정작 그의 가장 위대한 업적은 생전에는 대부분 무시되다가 그가 죽을 무렵에 이르러서야 겨우 표면으로 나타나기 시작했다. 독일의 위대한 물리학자 헤르만 폰 헬름홀츠는 1881년에 다음과 같은 말로 패러데이를 추모했다.

전자기력에 대한 패러데이의 견해의 수학적 해석이 맥스웰에 의해 정립된 지금, 우리는 동시대인들 눈에는 모호하고 어둡게만 비춰졌던 패러데이의 말 뒤에 얼마나 높은 정확성과 세밀함이 녹아 있었는지 알 수 있다. 그리고 가장 높은 수준의 수학적 분석력을 통해서만 연역될 수 있는 이 수많은 보편적 정리를 패러데이는 단 하나의 수학적 공식도 사용하지 않고 마치 본능과도 같은 일종의 직관으로 발견해냈다는 사실은 실로 우리의 경탄을 자아낸다.[15]

패러데이의 위대함을 온전히 드러내기 위해서는 정반대의 재능을 가진 또 한 명의 거인이 필요했으니, 그가 바로 제임스 클러크 맥스웰이었다.

8

이건 무슨 원리예요?

1831~1850

패러데이가 살던 런던의 매연과 소음으로 가득 찬 도로들에서 멀리 떨어진 곳, 남부 스코틀랜드 갤러웨이Galloway의 낮은 구릉 사이 어딘가에 어Urr 계곡이 자리하고 있다. 바로 이곳에서 어린 제임스 클러크 맥스웰은 첫걸음마를 내딛고, 첫 말을 떼었다. 그의 아버지는 훗날 글렌레어Glenlair라고 불리게 될 영지를 상속받았는데, 이곳은 어 강의 구불구불한 물줄기가 산과 들을 휘감으며 흐르는 고요하고 아름다운 땅이었다. 맥스웰은 삶의 대부분을 다른 곳에서 보냈지만 마음속에서는 늘 시골 소년으로 남아 있었고, 또한 대지와 그것을 일구는 사람들과 자신을 하나라고 느꼈다. 글렌레어는 예쁘장한 시골 영지 이상의 무엇으로, 맥스웰의 집이자 영감과 위안의 원천이 되는 장소였다. 맥스웰을 이해하기 위해 글렌레어와 그 주민의 역사를 조금은 들여다보아야 한다.

이 주변은 예전부터 평화로운 장소는 아니었다. 몇 세기 전, 갤러웨이 영지는 미들비Middlebie라는 더 커다란 영지였으며, 존스톤Johnstone 일족과 격렬하게 부딪히며 인접한 영토를 황폐화시켰던 난폭한 맥스웰 일족의 요새 중 하나가 있는 곳이었다. 반대로 에든버러 근교 페니키크Penicuik 영지에 살던 클러크 일가는 흠잡을 데 없는 지위를 갖춘 명망 있는 가문이었다. 보기에는 서로 어울릴 수 없을 것 같은 두 가문은 1700년대 중반에 클러크가家가 결혼을 통해 미들비 영지를 획득하면서 합쳐졌는데, 이때 조건은 미들비 영지를 물려받는 사람은 반드시 이름에 맥스웰이라는 성을 덧붙여야 한다는 것이었다. 클러크가는 이미 페니키크 준남작의 지위를 가지고 있었으므로, 첫 번째 상속자에게는 페니키크를, 그리고 두 번째 상속자에게는 미들비 영지를 물려주도록 했다. 그 결과 맥스웰의 아버지는 미들비 영주 존 클러크 맥스웰John Clerk Maxwell이었지만, 삼촌은 페니키크 영주 조지 클러크George Clerk였던 것이다.

존 맥스웰의 조부는 두 가문이 합쳐진 후에 처음으로 미들비의 영주가 되었지만 실제로 거주한 일도 없었고, 광산 사업에 실패하여 막대한 손실을 본 후에는 토지의 대부분을 팔아야 했기 때문에 광대했던 영지는 1,500에이커로 줄어들었다. 이 땅은 존 맥스웰의 아버지에게 넘어갔지만, 그는 동인도회사의 함대에 입대했기 때문에 미들비에서 살지 않았다. 존 맥스웰이 영지를 물려받았을 때 아직 학교에 다닐 나이였고, 그의 가족에게 미들비 영지는 촌구석의 전초기지 정도였을 뿐이어서, 그도 마찬가지로 영지에 살지 않는 영주가 될 것처럼 보였다. 그는 에든버러의 복잡한 사교계에서 성장했고 변호사가 되었지만, 이 직업에 딱히 큰 정력을 쏟아 붓지는 않았다. 물려받은 재산으로 소득이 충분했던 그는 과학과 공학에 대한 자신의 열정에 흠뻑 빠져서 살 수 있었다. 그는 정수 시설부터 채광 기술이나 찻주전자의 대량 생산에 이르기까지 최신 아이디어라면 무엇이든 좋아했고, 공업, 농업 그리고 대학의 분야에 걸쳐 비슷한 정신을 가진 친구들을 두루 얻었다. 그는 가장 친한 친구 존 케이John Cay와 함께 여러 가지의 유용한 장치들을 발명해서 시장에 내놓으려고 했는데, 예를 들어 일정하고 지속적인 바람을 만들어내는 풀무가 그것이다. 이 계획은 결국 빛을 보지 못했지만, 그의 마음에는 다른 계획이 싹트기 시작했다. 바로 미들비 영지에서 살면서 임업과 농업에 대한 최신 아이디어들을 시험해보는 것이었다. 존 케이의 여동생 프랜시스Frances와의 오랜 우정이 사랑으로 꽃피우지 않았다면, 이 계획도 다른 것과 마찬가지로 물거품이 되고 말았을 가능성이 농후하다.[1] 프랜시스는 지금껏 그에게 부족했던 추진력을 가진 단호한 여인이었다. 그녀는 청혼을 받아들였고, 두 사람은 갤러웨이에서 함께 삶을 꾸리기로 결정했다.[2]

이 프로젝트는 거대했다. 영지는 오랜 기간 방치되어 있었으므로 돌과 잡목을 제거하는 등 많은 일을 처리하고 나서야 비로소 쟁기질과 작물 재배를 시작할 수 있었다. 미들비에는 적당한 거처도 마련되어 있지 않았지만, 이미 자신만의 집을 설계하고 건축하려는 전망에 사로잡혀 있는 존에게는 문제가 되지 않았다. 처음에 그는 거대한 저택의 설계도를 도안했으나 토지를 정지하는 작업이 이미 너무 많은 예산을 잡아먹는 바람에, 한 부분만 우선 짓기로 하고 나머지는 나중으로 미뤄야 했다. 클러크 맥스웰 가족은 미들비에 새 생명을 불어넣었고, 그

심장부에는 (작긴 하지만) 새로운 집이 자리하고 있었다. 맥스웰 부부가 저택에 붙인 글렌레어라는 이름은 얼마 지나지 않아 영지 전체의 이름이 되었다.

프랜시스는 엘리자베스Elizabeth란 이름의 여자아이를 낳았다. 그러나 아기가 곧 죽자 기쁨은 고통으로 변했다. 프랜시스가 다시 한 번 아이를 가지게 되자, 부부는 지인들과 병원이 가까운 에든버러로 옮겨 갔다. 이번에는 남자아이로, 제임스 클러크 맥스웰은 1831년 6월 13일에 태어났다. 지인들이 모인 즐거운 축하 파티가 이어졌지만, 곧 글렌레어로 돌아갔다. 이제 온전한 하나의 가족이 사는 집이 된 글렌레어는 아이에게는 동화처럼 행복한 장소였고, 맥스웰 부부는 자라나는 제임스를 헌신적으로 돌보았다.

제임스가 특별한 아이라는 사실은 금방 드러났다. 어떤 것도 그의 주의력을 피하지는 못했다. 부모라면 누구든 아이로부터 끊임없는 질문을 받겠지만, 어린 제임스의 질문을 받는 것은 차원이 다른 경험이었다. 움직이거나 빛이나 소리를 내는 모든 사물에는 "이건 무슨 원리예요?"라는 질문이 붙었고, 만일 대답이 성에 차지 않으면 "하지만 이것만의 '특별한' 원리는 뭐예요?"[3]라는 추가 질문이 뒤따랐다. 프랜시스는 에든버러에 있는 언니, 제인에게 3세가 된 제임스를 이렇게 묘사하는 편지를 보냈다.

제임스는 아주 행복한 남자예요. …… 문이나 자물쇠, 열쇠 같은 물건을 아주 잘 다루고, 입에서는 "이거 어떻게 하는 건지 보여주세요"라는 말이 떠나지 않죠. 벽 안에 숨겨진 배수관이나 초인종 끈을 탐구하기도 하는데…… 아빠를 끌고 다니면서 끈이 통과하는 구멍을 하나하나 보여주곤 해요.

제인 이모는 글렌레어를 방문했던 일을 떠올리면서, 이렇게 어린아이에게서 대답할 수 없는 질문을 그토록 많이 받는 일은 모욕적이었다며 귀엽다는 듯이 말하곤 했다. 제임스는 읽는 법을 빨리 배웠으며, 책이 그의 질문에 답해줄 뿐만 아니라 그 자체로도 즐겁다는 것을 깨달았다. 그중에서 그는 특히 셰익스피어와 밀턴을 좋아하게 되었다. 물론《성경》도 있었다. 종교는 중요한 것이었고, 가족이 모여서 드리는 기도는 하루 일과 중 하나였다. 그는 꼭 집안일에 동참하겠다고 주장한 끝에, 빵을 굽고 바구니를 짜는 일뿐만 아니라 매일 아침 정원사이자 수리공인 샌디와 함께 강에서 수레로 물을 길어오는 일을 돕기도 했다. 그러나 제임스는 대부분의 시간을 근처의 자연에서 보냈다. 돌, 나무, 강과 사방에 살고 있는 생물은 그에게는 끝없는 영감의 원천이 되었다. 제임스는 영지의 다른 아이들과 함께 뛰놀면서 갤러웨이 방언을 배웠고, 덕분에 사투리 억양이 평생 몸에 배게 되었다.

클러크 맥스웰 가족은 예의범절에 얽매이지 않았으므로, 제임스는 통상적인 귀족 집안에 비해 부모님과 훨씬 가깝게 지낼 수 있었다. 어머니는 그의 선생님이 되었고, 아버지는 사업을 할 때 그를 데리고 다니면서 동생과 말하듯이 친근하게 이야기를 나눴다. 아버지 존 클러크 맥스웰은 해피 밸리Happy Vally(이 지역 주민들은 어 계곡을 그렇게 불렀다)에서 잘 알려지고 사랑받는 존재였으며, 어떤 관찰자가 남긴 글에서 그가 모두의 눈에 어떻게 비쳤을지 짐작해볼 수 있다.

그는…… 행동거지에 허세가 없었고 단순했으며, 무엇보다도 자유롭고 관대한 성격이었다. 친절함이 넘치는 그의 얼굴을 본 사람이라면 누구라도 그렇게 생각할 것이다. …… 언제나 남을 위하는 배려심으로 그는 주변의 모든 이들(말 못하는 짐승도 포함해서)에게 따뜻한 편안함과 고요한 만족감의 분위기를 불어넣었다.

제임스는 미들비 영지와 그곳에 살고 있는 모든 사람들의 삶을 개선하려는 아버지의 원대한 계획을 이해했고, 나중에는 이를 자신만의 방식으로 받아들였다. 클러크 맥스웰 가족은 해피 밸리의 사교 활동에 참가했다. 무도회와 농산물 품평회가 있었고, 여름에는 소풍과 활쏘기 시합이 있었다. 가정의 삶은 바빴지만 조화로웠고, 장난과 풍자적 농담이 가득했다. 어떤 사람이나 단체도 애정 어린 조롱의 대상이 되지 못할 만큼 높은 지위에 있지 않았다. 이 시절의 정신은 맥스웰의 평생을 좌우하여 그는 항상 농담을 사랑했고, 일부 꽉 막힌 동료들은 그가 재미로 던진 지적을 이해하지 못할 때도 있었다.

전원 시절은 제임스가 8세가 되었을 때 끝났다. 프랜시스는 위암 진단을 받았고, 마취제도 없이 극히 고통스러운 수술을 받은 후에 47세의 나이로 세상을 떠났다. 가족은 구심점을 잃었다. 아버지와 아들은 쓸쓸하게 남겨졌지만, 슬픔은 둘을 더욱 긴밀하게 엮어주었다. 가장 질긴 인연으로 이어진 둘은 나중에 멀리 떨어져 살게 되었을 때도 항상 자신보다 서로를 먼저 챙겼다.

애초에 맥스웰의 부모님은 그가 13세가 될 때까지 집에서 교육받게 한 후 곧바로 대학에 진학시킬 생각이었으나, 아버지는 영지의 관리와 사업으로 너무 바빠서 가정교사의 역할까지 맡기에는 역부족이었다. 게다가 통학할 수 있는 거리에는 제대로 된 학교가 없었고, 가장 가까운 동료인 아들을 멀리 떠나보내는 것은 생각조차 할 수 없었다. 제임스에게는 새 가정교사가 필요했다. 존은 이웃에 사는 16세 소년에게 이 일을 맡기기로 결심했다. 이것은 재앙에 가까운 결정이었다. 이 가정교사는 자신이 배운 체벌을 동반한 암기 교육 방법을 그대로 적용했는데, 이는 제임스에게 고난이었다. 아버지를 실망시키고 싶지 않았던 제임스는 귀와 머리채를 잡아당기는 수모를 참아내며 불평 없이 1년을 보냈으나, 기계적인 낭송만으로는 어떤 것도 배울 수 없었다. 고통스러운 1년이 흐른 뒤, 제임스는 욕조를 타고 오리 연못 가운데까지 들어가서 나오기를 거부하며 반항했다. 마침 이때 글렌레어를 찾아온 제인 이모는 이 상황을 재빨리 파악했고, 신속한 대응이 뒤따랐다. 가정교사는 해고되었고, 제임스는 스코틀랜드 최고의 학교 중 하나인 에든버러 아카데미에 입학하기로 했다. 존 맥스웰의 동생인 이사벨라 Isabella와 제인 이모가 학교에서 얼마 떨어지지 않은 곳에 살고 있었으므로, 제임스는 학기 중에는 이모 집에서 머물렀다. 그리고 아버지 존은 시간이 날 때마다 이틀 내내 마차를 타고 글렌레어에서 에든버러까지 올라왔다.

　제임스는 남자아이들 60명이 있는 반에 들어가게 되었다. 급우들은 이미 입학한 지 1년도 더 되었고 자기들만의 단체 문화를 형성하고 있었다. 그래서 새로 온 아이라면 누구라도 적응하기 고생스러웠겠지만, 특히 제임스는 모양이 괴상한 튜닉과 끝이 네모난 투박한 구두까지 신고 있었으니 적대적인 호기심이 한껏 발휘될 수밖에 없었다. 그들 눈에 제임스는 먼 촌구석에서 온 천민처럼 보였고, 억양마저도 이상하기 짝이 없었다. 급우들은 도를 넘어설 만큼 제임스를 괴롭혔고, 입학 첫 날 이사벨라 이모 집으로 돌아온 그의 옷은 넝마가 되어 있었다.

이 옷은 제임스가 글렌레어에서 입던 것으로, 옷과 신발을 직접 만들기도 했던 아버지가 편안함과 실용성을 염두에 두고 특별히 디자인 해준 것이었다. 다른 일에서는 매우 지혜로웠던 존이지만, 이렇게 특이한 판단 실수를 할 때가 있었다. 이모들은 학교에 알맞은 옷을 구해 주는 것으로 이 일을 바로잡았지만, 괴롭힘은 계속되었다. 제임스는 놀랄 만큼 훌륭한 유머로 괴롭힘을 받아냈고, 단 한 번 인내심의 한계를 느끼고 달려들었을 뿐이었다. 이 정도의 평정심과 용기는 급우의 존경심을 이끌어냈고, 차츰 그는 어느 정도 인정받게 되었다. 그러나 제임스는 다른 아이들과는 다르게 행동했다. 쉬는 시간이면 그는 놀이 터 구석에서 딱정벌레를 관찰하거나 나무에서 운동 연습을 하는 등 혼 자만의 시간을 보내곤 했다. 또 이상한 도표를 그리거나 직접 만든 기 계 장치를 학교에 가져오기도 했는데, 친구들 중 누구도 그가 무슨 일 을 하는지 이해하지 못했다. 사물에서 받은 인상과 질문, 반쯤 형성된 아이디어로 머릿속이 가득했던 맥스웰은 아무도 달리지 않는 다른 선 로를 혼자서 질주하는 증기기관차와도 같았다. 암기 위주의 지겨운 교 실 분위기에도 적응할 수 없었고, 쉬운 질문만 받아도 수월하게 대답 하지 못하고 힘들어했다. 마치 뭍에 나온 고기와도 같았던 제임스는 학교에서 '멍청이Dafty'라는 별명을 얻었다.

학교에서의 일상은 지루했을지 모르지만, 이사벨라 이모의 생기 넘 치는 집에는 자극제가 많았다. 제임스는 막 떠오르는 예술가인 사촌누나 제미마Jemima와 함께 보내는 시간을 특히 즐거워했다. 그들이 집 안에서 같이 했던 놀이 중에는 '생명 회전판'을 만드는 것이 있었다. 제임스가 회전 장치를 만들고 제미마가 원판 위에 그림을 그리면 기계 장치가 돌아가면서 재주를 넘는 묘기꾼이나 달리는 말의 모습 따위를 보여주는 것이었다. 아버지와 아들은 주기적으로 편지를 주고받았는데, 제임스가 보내는 편지들은 재치 넘치는 장난으로 가득했다. 어떤 편지에는 수신인 란에 "존 클러크 맥스웰, 배달부마음대로, 커크패트릭 더햄, 덤프라이스Mr. John Clerk Maxwell, Postyknowswhere, Kirkpatrick Durham, Dumfries" 같은 엉터리 주소를 적어놓고는 자기 이름은 철자를 뒤섞어서 자스 알렉스 맥머크웰Jas Alex McMerkwell이라고 써넣기도 했다.

암기 위주의 지루한 교육은 시간이 흐르면서 좀 더 흥미로운 내용으로 채워졌고, 어린 맥스웰도 공부에 흥미를 느끼게 되었다. 학급에서 거의 꼴찌였던 그는 2학년에 올라가면서 19등으로 성적이 올랐을 뿐만 아니라 성경 전기 과목에서는 우등상까지 차지했다. 그리고 3학년이 되어 수학 수업이 시작되자, 사람들은 '멍청이'가 별다른 노력도 없이 기하학을 완벽히 이해하는 것을 보며 입을 다물지 못했다. 우등생 분단으로 책상을 옮기게 된 제임스는 좀 더 우호적인 급우들 사이에서 친구를 사귈 수 있었다. 그중 한 명인 루이스 캠벨Lewis Campbell은 반에서 가장 빛나는 학생이었는데, 무슨 행운인지 가족과 함께 이사벨라 이모네 바로 옆집으로 이사를 왔다. 함께 집으로 걸어가는 길에 두 소년은 인생에 대한 생각을 나누었고, 제임스는 자신의 세계가 열리는 것을 느꼈다. 드디어 넘쳐흐르는 그의 생각을 들어주고 또 받아칠 수 있는 또래 친구를 얻은 것이다. 둘은 평생을 친구로 지냈는데, 맥스웰이 죽었을 때 캠벨은 감동적인 전기를 저술했다. 친구를 하나 얻으니 학교에서 다른 친구도 사귀게 되었는데, 그중에는 스코틀랜드에서 가장 위대한 과학자의 반열에 들 피터 거스리 테이트Peter Guthrie Tait도 끼어 있었다.

14세가 되어, 맥스웰은 첫 번째 논문을 발표했다. 논문은 연필과 압정, 실을 이용해서 그릴 수 있는 곡선의 종류에 대한 것이었다. 대부분의 사람은 압정 두 개와 실로 고리를 만들어서 타원을 그리는 방법은 알지만, 맥스웰은 더욱 복잡한 고리를 이용해서 다양한 종류의 곡선을 만들어냈다. 그가 기하학적 명제를 도출한 것이 처음은 아니었지만(사실 그가 쉴 새 없이 하던 일이었다), 이번에는 인맥이 좋은 맥스웰의 아버지가 이 글을 에든버러 대학에 있는 친구 제임스 포브스James Forbes 교수에게 보여주며 이런 것을 본 일이 있는지 물어보았다. 그 결과, 위대한 프랑스 수학자 르네 데카르트가 이와 유사한 곡선을 탐구한 적은 있지만 맥스웰이 내놓은 구성이 더 단순할 뿐만 아니라 더욱 보편적이라는 것을 알아냈다. 이 논문은 에든버러 왕립 학회에서 대독되었는데, 맥스웰이 너무 어리다고 판단했기 때문이었다. 이렇게 해서 그는 에든버러의 과학계에 입문해서 제임스 포브스를 만나게 되었고, 포브스는 맥스웰의 발전 과정을 지도하는 큰 역할을 맡게 된다.

어린 맥스웰의 삶은 모든 면에서 반짝반짝 빛나고 있었다. 원한을 품는 성격이 아니었던 그는 학교 친구들과 활발하게 교류하며 지냈고, 영어, 역사, 지리, 프랑스어와 수학에서 두각을 드러내기 시작했다. 그는 한 번 읽은 것은 무엇이든 기억하는 것처럼 보였으며, 어떤 주제에 대해서든 흠잡을 데 없는 각운과 운율로 시를 짓는 엄청난 능력을 보여주었다. 반면 평범한 대화에서 그의 언어는 다소 유창하지 못했다. 맥스웰은 긴 공백을 두고 이따금 쏟아내듯이 말했고, 낯선 사람 앞에서는 부끄러움을 탔다. 질문에 대한 대답은 간접적이고 수수께끼 같은 경우가 많아서, 물어본 사람이 아무것도 얻지 못하는 경우가 잦았다. 그러나 친구들과 편하게 있을 때면 그는 시끄럽게 농담을 일삼고, 대화 주제에 관한 새로운 관찰과 놀라운 비유를 던지면서 좌중을 즐겁게 해주었다. 글렌레어에서 방학을 보낼 때는 해피 밸리의 사교계를 즐기고, 말을 타고 나가기도 하고, 산에 오르고, 추수를 도왔으며, 겨울에는 스케이트를 타거나 컬링을 즐겼다.

학기 중에 그의 아버지는 가능한 한 자주 에든버러를 방문했다. 그럴 때면 둘은 시내가 내려다보이는 암벽산 아서시트Arthur's Seat를 오르내리며 산책을 하거나, 다른 명소들을 둘러보러 다녔다. 이때의 새로운 경험들은 하나같이 맥스웰의 호기심과 기억력을 자극했지만, 그중에 한 경험은 훗날 세계를 바꾸어놓을 결과로 이어졌다. 존은 제임스를 '전자기 기계'라는 박람회에 데리고 갔다. 당시는 아직 과학의 초창기여서, 자력 빔 엔진magnetic beam engine 같은 장치들은 실용적이기보다는 전시 목적으로 제작된 것이었으나, 이 모든 것은 위대한 마이클 패러데이의 발견이 낳은 유산이었다. 어린 맥스웰은 이렇게 공간에서 작용하는 힘의 기적을 알게 되었다.

존 클러크 맥스웰은 아들이 변호사가 되어 자신보다 더 큰 성공을 거두기를 원했다. 아들이 과학에 확실한 재능을 보이고 있었는 데다가 과학기술을 사랑했다는 점을 고려해보면 이런 계획은 이상해 보일 수도 있겠지만, 당시에는 이런 결정이 잘못된 것만은 아니었다. 그 당시에는 자연철학이라고 불리던 과학은 귀족 계급의 남자들에게는 훌륭한 취미였지만, 장래 계획으로는 형편없는 것이었다. 과학직 종사자들의 급여는 별 볼일 없었고, 몇 개 되지 않는 전문 직책들은 패러데이가 왕립 과학 연구소에서 그랬듯이 종신직으로 운영되는 경우가 많았다. 이상하게 들리지만, 과학은 특별히 쓸모 있는 것으로 여겨지지도 않던 시절이었다. 산업과 운송 분야에서 일어난 대단한 발전은 자연철학자들이 아니라 이론적 지식이 거의 없는 실용적인 사람들, 예를 들어 코크스 용광로를 발명한 에이브러햄 다비Abraham Darby나 '철로의 아버지'라고 불리는 조지 스티븐슨George Stephenson과 같은 사람들이 이루었다. 제임스는 이런 일에 대해서 별로 생각하지 않았다. 그는 물론 과학에 매료되었으나, 유일한 관심 분야라고 할 수는 없었다. 마찬가지로 그는 문학과 철학에도 이끌렸으며, 자세히 알게 된다면 법학도 똑같이 매력적일지도 모른다고 생각했다. 그는 이미 많은 것을 배워보았기에 배움은 끝이 없다는 것을 알고 있었고, 동시에 어서 날개를 펴고 싶다는 간절한 열망이 있었다. 에든버러 대학은 시작하기에 알맞은 장소였다. 16세의 나이로 대학에 입학한 그는 법학 공부를 시작하기 전에 보편 학문에 대한 공부를 끝마칠 생각이었다. 졸업을 축하하는 의미에서 그는 지금까지 다녔던 학교에 바치는 풍자적 헌시를 지었다. 문학사적으로는 로버트 번스Robert Burns와 톰 레러Tom Lehrer 사이의 어딘가에 위치할 법한 이 시의 첫 연과 마지막 연은 다음과 같다.

귀가 있는 자라면
나를 말리는 게 좋을걸

지금부터 굉음을 울리면서

우리들의 옛 학교를 찬양할 테니까

작고 미미한 뭇 학자들은

이제 배움이 끝났다고 슬퍼하네

그들이 어떻게 생각하든, 우리는 건배하세

스코틀랜드의 학교들에 행운이 있기를![4]

맥스웰이 에든버러 대학에서 보낸 3년은 별다른 사건이 없던 휴경기와도 같았다는 의견도 있다. 이 시간이 맥스웰을 모두 알고 있는 식의 과학자로 만들어주지 않았던 것은 사실이라고 할 수 있겠다.

스코틀랜드 대학, 그중에서도 에든버러 대학은 1700년대와 1800년대 초의 계몽운동에서 지대한 영향을 받았다. 이 대학들의 폭넓은 교육은 다방면에서 뛰어나고 독립적인 삶을 꾸릴 수 있는, 자신감 넘치는 젊은이들을 만들어내는 데 집중했다. 학과 중에는 철학이 가장 돋보였다. 위대한 데이비드 흄의 고향인 에든버러 대학은 철학 석좌를 두 개나 가지고 있었는데, 유명한 인물들이 그 자리를 채우고 있었다. 크리스토퍼 노스Christopher North라는 필명으로 인기몰이를 하던 존 윌슨John Wilson은 도덕철학 교수였고, 윌리엄 해밀턴 경Sir William Hamilton(같은 이름의 아일랜드 수학자와 혼동하지 말라)은 정신철학 교수였다. 오늘날에는 과학이라고 불리는 자연철학 석좌도 있었다. 이 석좌는 14세의 맥스웰이 타원 곡선에 대해 쓴 논문이 에든버러 왕립 학술원에서 발표되도록 도와준 장본인인 제임스 포브스가 맡고 있었다.

맥스웰은 윌슨에게 도덕철학을, 해밀턴에게는 논리학과 형이상학을, 포브스에게는 과학을, 필립 켈랜드Philip Kelland에게는 수학을, 그레고리Gregory 교수에게는 화학을 배우기로 결정했다. 몇몇 과목에는 실망하기도 했다. 그중에 가장 실망한 것은 윌슨의 도덕철학 수업이었는데, 맥스웰은 불분명한 사고는 잘못된 결론으로 이어진다는 것만 확인했을 뿐이었다. 켈랜드의 수학 수업은 너무 기초적인 수준이어서 아무런 흥미를 끌지 못했으나 시간이 가면서 나아졌고, 그레고리의 화학 수업은 순전하게 이론적이라는 단점이 있었다. 실험실에서 진행되는 실험은 '실용주의자 켐프Kemp the practical'로 불리는 조교가 독립적으로 감독했는데, 그는 그레고리가 강의실에서 가르친 것과는 상당히 다른 실험 방법을 사용했다. 그러나 부정적인 경험도 쓸모가 있었다. 이런 경험은 과학 수업이라면 반드시 실습을 포함해야 한다는 믿음을 가지게 했다. 실험은 이론과 따로 분리되어 진행되어서는 안 되는 것이었다.

이러한 실망감은 다른 곳에서 보상받았다. 해밀턴과 포브스의 수업은 영감을 주었다. 윌리엄 해밀턴의 방식은 학생들의 가슴속에 쉬지 않는 질문과 비판의 정신을 확립시켜주었다. 그는 이마누엘 칸트의 저작을 영국에 소개한 인물로, 어떤 대상은 다른 대상과의 관계 속에서만 인식될 수 있다는 칸트의 명제를 강조했다. 흄의 회의론적 견해도 해밀턴의 수업에서 큰 비중을 차지했다. 이에 따르면, 수학 이외의 분야에서 증명될 수 있는 것이란 없으며, 우리가 사실로 받아들이는 것의 많은 부분은 추측에 지나지 않았다. 어려운 개념이었지만 맥스웰에게는 새롭고 흥미로웠다. 특히 맥스웰이 서툴게 던진 질문에 해밀턴이 답변하는 대신 더욱 심오한 반문으로 응할 때면 그랬다.

맥스웰에게 철학 공부는 많은 도움이 되었다. 해밀턴의 수업에서 쓴 습작 중 한 편에서 우리는 과학의 영역들을 자유롭게 누비고, 동료 과학자들의 범위를 넘어서서 사고할 줄 알았던 맥스웰의 능력을 엿볼 수 있다.

감각을 통해 직접적으로 지각될 수 있는 유일한 것은 힘이며, 빛, 열, 전기, 소리를 비롯한 감각적으로 지각될 수 있는 다른 모든 것은 힘으로 환원될 수 있다.

그는 단단한 물체를 감지하는 방식이 그것을 통과해서 움직이려는 시도에 저항하는 힘 때문이라는 칸트의 논거가 옳음을 깨달았다. 20년 후, 윌리엄 톰슨과 피터 거스리 테이트의 《자연철학 논고Treatise on Natural Philosophy》의 초고를 검토하던 맥스웰은 바로 이 점에서 그들이 틀렸음을 지적했다. 톰슨과 테이트가 물질에 대한 잘못된 정의를 내렸기 때문에 맥스웰은 "물질은 결코 감각적으로 지각되지 않는다"는 지적을 보태야 했던 것이다.

맥스웰의 작업 방식의 또 다른 특성은 철학을 공부하며 더욱 강화되었던 것이 분명한데, 자신의 마음을 완벽하게 상상력에 내맡길 수 있다는 것이었다. 그는 상상을 통해 놀라운 유추들을 찾아냈지만, 그것이 뛰어난 성공을 거두어도 이에 현혹되지 않고 스스로의 결과물에 대해 엄격한 회의의 과정을 거쳤다. 이런 방식으로 작업했던 탓에 그는 오랜 공백을 가졌다가 어떤 주제로 돌아왔을 때도, 완전히 상이한 접근법을 통해 사고를 새로운 단계로 끌어올릴 줄 알았다.

제임스 포브스는 맥스웰에게 조금 다르지만 더욱 심오한 방식으로 자극을 주었다. 그는 올바른 의미에서 스승이었고, 둘의 관계는 마이클 패러데이와 험프리 데이비의 관계에 비할 만했다. 포브스는 지구과학에 특별한 열정을 가지고 있고 빙하 연구의 선구자였지만, 다른 과학 분야에 대해서도 탁월한 식견을 갖추고 있었다. 물리 세계에 대한 그의 열정은 맥스웰에게도 전염되었다. 둘은 매우 각별한 관계가 되었고, 포브스는 수업이 끝난 후에도 제자가 몇 시간이고 실험실에 남아서 원하는 대상을 탐구할 수 있도록 배려해주었다. 필요할 때면 포브스는 엄격한 관리자가 되기도 했다. 맥스웰이 불완전한 논문의 초고를 에든버러 왕립 학회에 제출하고 포브스가 논문 심사를 맡게 된 적이 있었는데, 그는 제자의 원고를 손수 자세하게 퇴고해주는 편을 선택했다. 이것이 친절함의 표시라는 것은 맥스웰도 알고 있었다. 맥스웰은 뭇 학자들이 부러워해 마지않는 독특하고도 명쾌한 문체를 발전시켜 나갔다. 그의 아름다운 논문은 과학적 생각뿐만 아니라 영어의 문학 전통에 대한 애정의 표출이기도 하다.

여러 해가 흐른 후 〈네이처Nature〉 지에 발표한 한 서평에서, 그는 포브스에 대한 묘사를 실었다.

잠재적으로라도 과학적 재능을 가진 어린아이에게 진짜 과학자가 실험실에서 일하는 모습을 곁에서 지켜보는 것은 삶의 전환점이 될 수 있다. 어린아이는 과학자의 작업에 대한 설명은 한 단어도 알아듣지 못하더라도 작업 자체, 그리고 그에 소요되는 고통과 인내를 볼 것이다. 그리고 어린아이는 과학자가 실패를 겪으면 화를 내는 대신, 작업의 조건에 존재하는 실패의 이유를 찾아본다는 사실을 알게 될 것이다.

스승이 1868년에 세상을 떠나자, 맥스웰은 한 친구에게 "나는 제임스 포브스를 사랑했네"라고 말하기도 했다.

해밀턴과 포브스에게서 받은 영감은 맥스웰이 에든버러에서 공부하는 동안 그를 과학자로 만들어준 세 가지 요인 중 첫 번째였다. 두 번째 요인은 모든 종류의 주제에 관한 엄청난 양의 독서로, 이는 대부분의 사람들이 평생 읽는 것보다 훨씬 많은 양이었다. 그는 읽기만 한 것이 아니라 읽은 내용을 분석하고, 평가하고, 기억했다. 이것은 언제든 비교나 비유에 사용하기 위해 참고할 만한 방대한 지식을 보유하고 있었다는 의미였다. 가장 중요한 세 번째 요인은 맥스웰이 글렌레어 저택의 세탁장 위층에 임시로 마련해놓은 작업실 겸 실험실에서 자유분방하게 진행했던 온갖 실험이었다. 그는 루이스 캠벨에게 보내는 편지에서 이것을 묘사했다.

오래된 문짝을 나무통 두 개 위에 올려 책상으로 쓰고, 의자가 두 개 있고(그중 하나만 안전하네), 천장에는 채광창이 달려 있어서 여닫을 수 있네.

문짝(책상) 위에는 그릇, 컵, 잼 병 등에 물, 소금, 소다, 염산, 황산구리, 흑연광석이 담겨 있지. 또 깨진 유리 조각, 철, 구리 도선, 구리판과 아연판, 밀랍, 봉랍, 점토, 송진, 석탄, 렌즈, 전기 세트Smee's Galvanic apparatus, 그리고 다양한 용액과 독성 약품에 빠져 죽은 셀 수 없이 많은 딱정벌레, 거미, 흰개미 등이 놓여 있네.

맥스웰은 가지고 있는 재료로 할 수 있는 화학 실험이라면 무엇이든 해봤고, 영지의 어린아이들이 놀러오면 흰색 가루 두 가지를 섞은 혼합물에 아이들의 침이 닿으면 초록색으로 변하는 것을 보여주기도 했다. 많고 많은 실험을 하는 가운데, 그는 구리판을 댄 잼 병을 이용해서 일종의 전자기 장치를 만들기도 했는데, 여기에는 모형 전신기도 있었다. 그러나 이 실험실에서 가장 중요한 장비는 깨진 유리 조각이었다.

변형이 일어난 유리를 통과해서 편광을 비추면 색 패턴이 보인다는 말을 들은 그는 직접 조사에 나섰다. 맥스웰은 깨진 유리창 조각을 기하학적인 형태로 잘라서, 적색으로 가열했다가 급속으로 냉각시켰다. 이렇게 하면 유리 조각의 외부가 내부보다 빨리 식으면서, 안쪽의 변형이 유리 속에 '얼어붙은 채로' 남아 있게 된다. 일반 태양광에서 편광을 얻기 위해서는 편광 장치를 만들어야 했다. 그는 커다란 성냥 상자와 작은 운모 판, 봉랍을 이용해서 알맞은 각도로 접착된 유리 조각 두 개를 가지고 이를 제작했다. 결과는 기대치를 넘어섰다. 각 표본은 그 기하학적 형태에 따라 아름다운 색 패턴을 만들어냈던 것이다. 패턴은 유리 내부의 변형 상태를 완벽하게 재현했는데, 각각의 색 선이 동일한 변형점을 연결하는 '윤곽선'으로 작용하기 때문이었다.

발견의 결과물을 기록하기 위해서 맥스웰은 카메라 루시다camera lucida를 간이로 제작했다. 그는 이것을 통해서 종이 위에 나타난 패턴의 가상 이미지를 수채화로 따라 그렸다. 그렇게 만들어진 결과물은 에든버러의 저명한 광학자인 윌리엄 니콜William Nicol에게 보내졌다. 니콜은 매우 감명받은 나머지 그에게 아끼는 빙주석 편광 프리즘 한 쌍을 보냈는데, 이것은 패러데이가 자기가 빛에 미치는 영향을 감지할 때 사용하던 것과 완전히 같은 종류의 것이었다. 언제든 편광을 이용할 수 있게 되었으므로, 맥스웰은 부엌에서 젤라틴으로 만든 다양한 종류의 젤리에 빛을 투과시키면서 조사를 해나갔다. 그는 비틀림 응력을 생성하기 위해 젤리를 뒤튼 뒤, 색선에 의해 나타나는 변형의 패턴을 관찰하고 수채화와 크레용으로 이를 따라 그렸다. 이는 광탄성 기술이 적용된 초기의 예 중 하나로, 미래의 구조공학자들에게 극도로 유용한 기술이 된다. 예를 들어 다리를 만든다고 할 때, 구조공학자들은 다리의 축소 모형을 투명한 재료로 만든 다음 편광을 통과시켰을 때 색선으로 나타나는 변형 패턴을 보고 구조적으로 보강이 필요한 약점이 있는지 판별한다.

전부 혼자 힘으로 해결했던 이런 모험은 맥스웰의 실험 실력을 다듬어주었을 뿐만 아니라 자연의 작동 방식에 대해 뛰어난 혜안을 갖추도록 해주었고, 무서울 정도로 정확한 직관력이 형성되도록 했다. 그의 추측은 틀리는 법이 없는 것처럼 보였다. 그는 실험적 연구와 동시에 수학적 정리도 연구했고, 그중 두 개가 에든버러 왕립 학술원에서 발표되었다. 한 개는 기하학적 정리였는데, 특정 종류의 곡선을 다른 종류의 곡선 위에서 진행시킬 때 전자의 특정점이 가지는 경로에 대한 것이었다. 두 번째 정리는 대부분을 혼자서 연구하는 19세 소년의 것이라고 생각하기에는 대단한 성과였다. 〈탄성 고체의 균형점에 관하여 On the Equilibrium of Elastic Solids〉라는 제목의 이 논문은 편광을 이용한 실험 연구에 동반되는 이론으로, 변형 방정식에 기초한 총체적인 수학적 광탄성 이론이었다. 그는 아직도 나이가 어렸으므로, 두 논문 모두 대독되었다.

사건으로 가득한 삶을 살고 있었지만, 맥스웰은 에든버러 대학을 떠나 옥스퍼드나 케임브리지로 가버린 친한 친구들이 그리웠다. 루이스 캠벨에게 보내는 장문의 편지 속에서 그는 글렌레어에서 진행한 연구와 다른 생각을 가벼운 마음으로 털어놓을 수 있었지만, 편지는 결코 대화를 대신할 수 없었기 때문에 친구에게 에든버러로 올 것을 간청했다. 캠벨은 옥스퍼드에 있었고, P. G. 테이트와 또 다른 친구인 앨런 스튜어트Allan Stewart는 케임브리지에 있었다. 맥스웰은 차츰 다른 것과는 비교할 수 없는 귀중한 기회를 놓치고 있는 것이 아닌지 걱정스러워졌다. 케임브리지는 신진 과학자의 성지였고, 포브스는 맥스웰의 아버지에게 맥스웰도 그리로 보내야 한다는 사실을 설득하려 애썼다. 그러나 존 맥스웰은 부정적이었다. 잉글랜드 대학은 학기가 더 길기 때문에 아들을 지금보다도 더 만나기 어려워질 것이며, 제임스가 부유한 잉글랜드 도련님에게 물들어서 흥청망청한 생활에 빠질 것을 두려워했다. 결정은 재차 미루어졌고, 제임스가 스코틀랜드 변호사 협회에서 보낼 삶을 계획하며 마음의 준비를 하고 있을 무렵, 상황이 변했다. 그는 캠벨에게 보내는 편지에 이렇게 썼다.

난 법전과 법전 전서 등을 당장이라도 독파할 생각이 있네. 그러나 케임브리지 계획이 망각과 방치의 상태에서 다시 깨어나면서 이러한 생각은 다시 어두워지고 있네. 계획은 케임브리지 학사 달력을 조사하는 것과 케임브리지 대학과 서신 연락을 하는 단계에 이르렀네.

아버지는 드디어 맥스웰이 케임브리지에 가는 것을 허락했다. 포브스는 기뻐하면서 트리니티 칼리지의 수장인 윌리엄 휴얼(패러데이가 새로운 용어가 필요할 때마다 조언을 구하던 바로 그 인물이다)에게 편지를 보내는 이례적인 조치를 취했다. 포브스는 맥스웰에 관해 다음과 같이 썼다.

예의범절에 있어서는 상당히 투박하지만, 내가 만나본 중에 가장 특별한 청년이라네. …… 그는 유일무이한 소년으로, 수줍음을 타지만 매우 총명하고 집요함도 있네. …… 수학을 비롯한 여러 면에서 그가 대단히 투박하다는 것은 알고 있네. …… 사회생활과 케임브리지의 훈련만이 그를 길들일 수 있는 유일한 기회라고 생각해서, 그리로 떠나라고 조언했다네. …… 나는 그가 장차 발견자가 될지도 모른다고 생각하네.

투박하다니? 포브스는 막역한 사이였던 휴얼과 일종의 은어로 말하고 있었다고 생각된다. 물론 맥스웰에겐 우아함이 다소 부족하긴 했다. 케임브리지 인구의 큰 부분을 차지하는 이튼이나 해로 같은 명문학교 출신 학생들의 세련된 예의범절에 견줄 수는 없었다. 게다가 잉글랜드 지방 사람들에게 그의 억양은 이상하게 들릴 수밖에 없었다. 맥스웰은 심지어 가족에게도 사교적인 태도가 모자라다고 지적받을 정도였다. 예를 들어, 저녁 식사 도중에 유리잔에 나타난 흥미로운 반사광이나 촛불의 흔들림에 정신을 빼앗기고 있으면 제인 이모는 "제임스야, 너 또 멈춰버렸구나"라고 지적하면서 다시 대화로 끌어들이는 일이 비일비재했다. 그러나 맥스웰은 눈에 띌 정도의 미남이었으며,

화려하진 않지만 항상 단정한 행색을 하고 있었다. 그는 풀 먹인 옷깃을 싫어했고 겨울에도 장갑을 끼지 않았다. 또한 어떤 종류의 사치에도 관심이 없었으며, 기차를 탈 때도 딱딱한 의자가 좋다면서 3등석만을 고집했다. 루이스 캠벨의 어머니는 맥스웰을 한마디로 이렇게 표현했다.

그의 겉모습은 매우 특이합니다. 하지만 뛰어난 감각을 지녔고 정말 좋은 유머 감각을 가지고 있으니, 대학에 다니다 보면 괴벽들이 사라질 것입니다. 그가 훌륭한 사람이라는 것은 의심하지 않아요.

19세에 그는 이미 숙련된 과학 실험 전문가였으며, 방대한 양의 지식을 축적했을 뿐만 아니라 세 편의 수학 논문까지 발표한 상태였다. 그렇지만 아직까지는 어떠한 압박도 없이 자유롭게 일했을 뿐이었다. 그의 내부에는 아직 더 거대한 힘이 잠재되어 있었다. 1850년 가을, 맥스웰은 니콜 프리즘을 먼저 챙기고, 다른 실험 재료도 최대한 많이 트렁크에 담았다. 이제 사회생활과 케임브리지의 훈련을 받아들일 차례였다.

9

사회와 훈련

1850~1854

케임브리지의 세인트 피터 칼리지에 도착한 맥스웰은 담당 교수에게 보고했다(세인트 피터 칼리지는 피터하우스라고 불리기도 한다). 햇볕이 잘 드는 기숙사 방을 배정받은 맥스웰은 광학 실험에 유용할 것이라 생각하여 기뻐했다. 행복한 상태로, 그는 학창 시절 친구인 테이트를 초대해서 차를 마시며 오래도록 밀린 이야기를 나누었다. 다음 날에는 칼리지 내부를 견학했고, 트리니티 칼리지 교회에 있는 아이작 뉴턴과 프랜시스 베이컨의 묘소를 방문하기도 했다. 케임브리지는 어딜 가나 학문의 후광으로 가득한 듯이 보였다. 그러나 초반에 들은 수업들은 커다란 실망을 안겨주었는데, 어느새 '유클리드를 암송'하고 '그리스 연극을 지리멸렬하게 분석'하고 있었던 것이다.* 그리고 피터하우스의 동료 학생들은 맥스웰이 제안하는 천재적인 대화에 반응할 줄 모르는 속물적인 무리처럼 보였다. 한껏 고조되었던 기분은 서서히 바래기 시작했고, 그 이면에는 불편함과 피로감이 고개를 들기 시작했다. 그럼에도 예상치 못한 요인 덕택에 모든 일은 좋은 쪽으로 전환을 맞는다.

처음엔 작지만 엘리트적인 분위기의 피터하우스를 택했던 맥스웰의 아버지는 어느새 생각을 바꾸었다. 자신의 인맥을 열정적으로 관리하는 사람이었던 그는 제임스와 같은 칼리지에 있는 E. J. 루스E. J. Routh라는 학생이 매우 훌륭한 수학도이며, 피터하우스에서 몇 안 되는 선임 연구원 중 한 명이 될 것이라는 정보를 입수했다. 다른 칼리지들은 사정이 나아서 교수직이 더 많았다. 결론적으로 맥스웰은 한 학기를 마친 후에 규모도 더 크고 사교적으로도 열려 있는 트리니티 칼리지로 옮겼다(포브스는 처음부터 트리니티로 갈 것을 강력히 추천했다).

트리니티에서 보내는 삶은 행복했다. 윌리엄 휴얼의 지도 아래 트리니티는 새로운 생각이 자라나기 좋은 풍족한 토양을 갖추었고, 어떤 주제에 관한 토론이라도 환영받는 분위기였다. 맥스웰은 고기가 물을 만난 듯 자유로웠고, 짧은 시간 내에 한 무리의 친구들을 얻었다. 그는 다른 사람들이 토론하고 있으면 언제라도 참여했고, 동료애와 왁자지껄한 대화를 사랑했다. 저녁에 생각을 나눌 사람을 찾아 어슬렁거리고 있다 보면, 같은 마음을 가진 동료들과 마주치곤 했다. 학생들 사이에서 그는 총무와도 같은 역할을 도맡아 하면서, 아픈 사람은 돌보고 우울한 친구는 기분을 북돋아주었다. 친구 중 한 명이 눈에 문제가 생겨서 책을 읽을 수 없게 되자, 맥스웰은 매일 저녁마다 한 시간씩 친구가 다음 날까지 읽어야 하는 책을 큰 소리로 읽어주었다. 그러는 동안 자기 몫의 독서도 꾸준히 계속했고, 시간이 허락할 때마다 온갖 이상한 과학 장비들을 가지고 이런저런 작업을 해보면서 장차 제대로 된 실험에 사용할 아이디어를 얻었다. 심지어 그는 과학 논문도 두 편이나 써 냈는데, 하나는 연속적으로 변하는 굴절률refractive index을 가진 평면 렌즈에 대한 것으로 이를 이용하면 완벽한 영상을 얻을 수 있다는 내용이었다. 이는 흔히 어안fish-eye 렌즈라고 불리는 것으로 발전했는데, 맥스웰은 아침식사로 나온 연어를 자세히 관찰하던 중에 영감을 얻었다고 한다.

이런 모든 일을 수업이며 교수들이 부여한 과제와 병행하는 것은 쉽지 않았기에 맥스웰은 비정상적인 일과 시간을 도입해보기도 했다. 예를 들어 충분한 운동을 위해 한밤중에도 조깅을 하는 식으로 말이다. 한 동료 학생의 기록을 보자.

그는 새벽 2시부터 2시 반까지 위층 복도를 따라서 달리고, 계단을 내려와서 아래층 복도를 달린 다음 다시 계단을 올라가는 식으로 운동을 했습니다. 곧 그의 달리기 코스 주변의 모든 주민이 깨어나서 방문 뒤에 매복해 있다가 그가 지나갈 때 장화나 머리 솔 등을 던져서 맞추려고 했죠.[1]

여기에서 알 수 있듯이 맥스웰의 실험이 항상 성공적이었던 것은 아니었다!

또 그는 시적 재능을 발휘하여 고대 그리스 시 번역부터 친구들을 즐겁게 하기 위해 휘갈긴 짓궂은 잡문까지 수많은 시를 썼다. 그는 응용수학 교수들이 애용하던 가설상의 '강체rigid body'라는 말로 번스의 〈밀밭에서Comin' through the Rye〉를 풍자한 시를 지었다.

물체가 다른 물체를 만나면

공중을 날던 중에 만나면

물체가 다른 물체에 부딪히면

날아갈까? 그럼 어디로?

모든 충격에는 정해진 측정값이 있지

나는 해본 적이 없지만

소년들은 모두들 날 측정했네

아니면, 그러려고 노력이라도 하네

물체가 다른 물체를 만나면

둘 다 자유로운 상태에서 만나면

그다음에는 함께 어디로 갈까

우리에겐 결코 보이진 않네

모든 문제에는 정해진 해법이 있고

높은 분석력이라면 알고 있네

내게 묻는다면, 난 아무것도 모르지

하지만 내가 무슨 걱정인가?

맥스웰은 엘리트 토론 모임인 사도회Apostles에 가입할 것을 권유받
았다. 1820년에 12명의 학생이 비밀 모임으로 창설한 사도회는 한 명
이 탈퇴하면 새로운 일원을 뽑는 방식으로 영구적 단체가 되었다. 창
설 당시의 모임은 대학 측에서 의도적으로 무시하고 있던 종교, 정치,
교육과 같은 주제에 대한 급진적인 생각을 교류했다. 사도회의 영향으

로 그렇게 된 면도 있었겠지만, 맥스웰이 모임에 가입할 당시의 케임브리지 대학은 훨씬 자유로워져 있었다. 그러나 사도회에서는 아직까지도 기존의 사고방식을 초월하는 수많은 생각들이 만들어지고 있었다. 세월이 흐르면서 모임은 인류의 사유와 표출에 거대한 공헌을 한 인물을 여럿 배출하게 되었다. 알프레드 테니슨 경Alfred Lord Tennyson, 루퍼트 브룩Rupert Brooke, 버트런드 러셀Bertrand Russell, 루트비히 비트겐슈타인Ludwig Wittgenstein, 리턴 스트레이치Lytton Strachey, 신학자이자 사회개혁자인 F. D. 모리스F. D. Maurice, 수학자 G. H. 하디G. H. Hardy, E. M. 포스터E. M. Forster, 그리고 존 메이너드 케인스John Maynard Keynes와 같은 사람들이 사도회를 거친 인물들이다.

모임은 전통적으로 토요일 저녁에 개최되었는데, 사전에 공지된 주제에 대해 회원 한 명이 발표문을 읽고 자유로운 토론이 이루어지는 방식이었다. 맥스웰의 활동 내용을 보면 그의 사유가 수학의 영역을 한참 뛰어넘었다는 것을 알 수 있다. 플라톤 식으로 말하면 그는 "사물들의 우주를 두루 둘러보고" 있었다. 맥스웰에게 사도회는 넘치는 아이디어들을 발표하고 상대의 반응을 들을 수 있는 귀중한 기회였고, 그는 이를 최대한 활용했다. 그의 발표문에는 〈자서전은 가능한가?Autobiography Possible?〉, 〈예술적으로 아름다운 것은 모두 자연에 그 원형을 두고 있는가?Has Everything Beautiful in Art Its Original in Nature?〉, 〈도덕성, 언어와 사변Morality; Language and Speculation〉, 〈자연에 진정한 유비란 존재하는가?Are There Any Real Analogies in Nature?〉 등이 있었다.

맥스웰의 철학 연구는 '유추'에 관한 발표문에서 모습을 드러내는데, 그가 이론물리학에서 보여준 혁신적인 사고의 열쇠를 여기에서 찾아볼 수 있다고 주장하는 이들도 있다. 다른 과학자들이 정신적 무풍지대를 겪었던 지점에서도 맥스웰이 발전을 거듭할 수 있었던 이유를 알고 싶다면 이 발표문을 들여다보면 된다. 이 글의 핵심은 인간의 모든 지식은 사물이 아니라 관계에 대한 지식이라는 칸트적 철학이었다. 그의 말을 옮기자면 이렇다.

[사람들이] 이미 알고 있는 두 사물 간의 관계를 보고, 덜 알려진 사물 간에도 유사한 관계가 성립해야 한다고 생각하는 것은 한 가지 것에서 다른 것을 추론하는 셈이다. 한 쌍의 사물이 다른 사물들과 많은 부분에서 차이가 난다고 해도, 한 쌍에서 성립하는 관계는 다른 쌍에서도 성립하리라 추측하는 것이다. 과학의 시점에서 바라보면 이 관계야말로 지식에서 가장 중요한 것이니, 하나의 지식이 먼 길을 거쳐 다른 것에 대한 지식으로 인도한다고 할 수 있다.

인도한다는 것은 물론 길 전체를 보여준다는 뜻은 아니었다. 유추는 단순히 이해에 도움을 줄 뿐이고, 따라서 유추를 동일성과 혼동하는 위험에 대해 경고하는 것도 잊지 않았다. 주어진 대상을 모든 방향에서 탐구할 것을 강조하는 과학철학이 다음에 압축되어 표현되어 있다.

현상적 사물의 흐릿한 윤곽선들은 이론이라는 렌즈로 초점을 맞추지 않는다면 서로 합쳐져서 알아볼 수 없게 되고 만다. 그리하여 상황에 따라 다른 정의로 초점을 맞추어서, 세계라는 장대한 맷돌을 다양한 심도에서 바라보아야 하는 것이다.[2]

사도회의 회원 한 명은 나중에 회상하기를, 맥스웰은 항상 열정적으로 대화에 참여했지만 비유를 통해 말하는 습성과 괴상한 억양 탓에 말을 이해하기 어려웠다고 한다. 신입 회원들이 맥스웰의 '주파수'에 동화되기는 어려웠지만(물론 이는 그에게 어울리는 비유다), 노력할 만한 가치가 있었다. 동료 학생 한 명은 이렇게 지적하고 있다.

맥스웰은 대화가 어떤 주제로 넘어가더라도 해박한 모습을 보였습니다. 그런 사람은 전에 본 적이 없었지요. 그는 정말로 어떤 주제에 대해서든 많은 정보를 즉석에서 제공하면서 동시에 뛰어나게 말할 수 있다고 생각합니다.[3]

4년이 걸리는 케임브리지 학사 학위는 트라이포Tripo라는 이름으로 불리고 있었는데, 이 이름은 구두시험을 볼 때 앉는 세 발 의자에서 유래했다고 알려져 있다. 맥스웰이 살던 시대에 구두시험은 필기시험을 대체하고 있었다. 학위 과정 중간에 몇 번의 구두시험을 보고 나면, 마지막 학년에는 전공에 관계없이 모두가 두려워하는 수학 트라이포를 통과해야 했다. 수학 트라이포는 19세기 영국의 중요한 제도로 발전했고 나라 전체에 걸쳐서 경쟁식 시험 방식을 도입하는 모델이 되었다.

엄동설한의 1월에 치러지는 수학 트라이포의 시험장은 평의원 회관 Senate House이었는데, 벽난로도, 스토브도 없는 그리스 신전 모양의 건물이었다. 긴 외투와 머플러로 몸을 감싼 학생들이 시험장에 도착해 보면 잉크병의 잉크가 꽁꽁 얼어 있을 때도 있었다. 처음 사흘간의 시험에는 누구나 의무적으로 참가해서 매일 5시간 30분 동안 문제를 풀기 위해 머리싸움을 했다. 첫 단계가 끝난 후에는 우등 졸업장을 받고 싶은 학생들만 돌아와서(심지어 고전문헌학 전공자들마저도) 나흘간 이어지는 시험에서 더욱 어려운 문제들을 풀었다. 최고 단계의 우등상을 받은 학생들은 랭글러Wrangler라는 호칭을 부여받았는데, 이들은 평생 사회적으로 인정받았을 뿐만 아니라 분야를 막론하고 빠르게 승진할 수 있었다. 그러니 랭글러 중에서도 1등을 차지하는 일은 올림픽 금메달을 따는 것과도 같았다. 실제로 언론에서는 수학 트라이포를 스포츠 전국 대회처럼 취급했고, 수상 결과에 많은 판돈이 걸리기도 했다. 두 번의 시험이 끝난 다음, 최고의 학생들은 가장 어려운 문제들을 가지고 스미스 상Smith's Prize을 놓고 실력을 겨뤘다.

아이작 뉴턴이 루카스 수학 석좌Lucasian Chair를 맡았던 이후로, 수학에 관한 케임브리지의 역사는 길고도 화려했다. 옥스퍼드의 천재성이 인문계열이었다면, 케임브리지는 수학의 성지였다. 이처럼 고도로 경쟁적인 시험 문화가 만들어지고 대단히 잘 훈련된 학생들이 높은 트라이포 등수를 차지하기 위해 노력하기 시작한 것은 1700년대 중반의 일이다. 케임브리지의 시험 체제는 19세기 영국에서 최고에 속하는 수학자와 과학자뿐만 아니라 저명한 성직자, 의사, 변호사, 공직자, 경제학자 등을 배출했다. 엄청난 압박을 받으며 치르는 트라이포에서 높은 성과를 거둔 사람은 최고로 명석한 두뇌와 어려운 조건에서도 작업할 수 있는 능력, 어떤 분야의 문제라도 해결해내는 힘을 갖춘 사람으로 평가되었다. 반대로 옥스퍼드는 학생 간의 경쟁을 대체로 피했는데, 그런 것이 신사의 품격에 맞지 않는 행위라고 취급했을 수도 있겠다. 따라서 옥스퍼드의 우등상은 등수를 매기지 않았고, 모든 학생에게 수학 교육을 강요하지도 않았다.

트라이포는 주어진 문제를 빠르고 정확하게 푸는 기술을 요구했다. 시험에 나오는 문제는 대체로 현실과는 관련이 없는 정교한 퍼즐로, 수많은 해법과 지름길을 속속들이 알고 있어야 풀 수 있었다. 이런 문제풀이는 맥스웰의 강점이라고는 할 수 없었으므로, 이제부터 배워야할 참이었다. 높은 상을 목표로 하는 학생들은 개인교사에게 지도를 받는 것이 통례였는데, 이런 개인교사들은 수입은 학생의 시험 결과에 따라 결정되곤 했다. 맥스웰은 '랭글러 제조기'라고 불리던 유명한 윌리엄 홉킨스William Hopkins의 반에 들어갔다. 홉킨스의 수업은 강도가 높긴 해도 지루하지는 않았다. 그가 가르쳤던 인류학자 프랜시스 골턴Francis Galton은 그를 이렇게 회상했다.

홉킨스는 케임브리지 은어로 말하는 것은 기본이었고 여러 가지 문제에 얽힌 웃긴 이야기들을 말해주기도 했지만, 전혀 수다쟁이는 아니었습니다. 엄청난 속도로 수업을 진행하면서 수학이 메마른 과목이 아니란 것을 몸소 증명했죠. 그때까지 해본 일 중에서 가장 즐거웠습니다.

홉킨스는 200명 이상의 랭글러를 길러냈지만[4] 맥스웰 같은 학생은 만나본 일이 없었다. 그를 두고 홉킨스는 "내가 일하면서 만난 중에 의심할 여지 없이 가장 특별한 사람"이라고 표현했다. 그의 말에 따르면, "맥스웰은 물리적 대상에 대해 틀린 사고를 하는 것 자체가 불가능했지만, 그의 분석력은 이에 비해 훨씬 부족했다". 맥스웰의 자유분방한 사고를 길들여서 포브스가 말한 케임브리지의 '훈련'을 받도록 하는 것이 홉킨스의 임무였다. 마찬가지로 홉킨스 아래에서 공부했던 P. G. 테이트는 맥스웰을 가르치는 데 교사가 마주했던 어려움과 친구가 수업에 어떻게 반응했는지에 대해 이렇게 썼다.

〔맥스웰이〕 1850년 가을에 케임브리지에 도착했을 때 그가 지닌 지식은 나이에 걸맞지 않게 대단히 방대했지만, 개인교사가 보기에는 소름 끼칠 정도로 엉망으로 정돈된 상태였다. 교사가 그 유명한 윌리엄 홉킨스였는데도 불과하고, 맥스웰은 대부분의 학업을 자기 방식대로 해나갔다. 평의원 회관 건물에 들어가서 높은 등수의 랭글러가 된 학생들 중에서 맥스웰만큼 불완전한 훈련을 받고도 '돈 되는' 결과를 거둔 사람은 없었다고 말해도 무리가 없을 것이다.

그러나 맥스웰은 홉킨스에게 많은 것을 배웠다. 문제를 체계적으로 공략하는 방법의 장점을 알게 되었고, 표준적인 대수 해법이 얼마나 유용한지도 배웠다. 규칙적인 훈련과 점검을 거치면서 대수에서 실수하는 버릇은 나아지게 되었지만, 대수는 평생 그의 약점으로 남았다. 그는 "저는 곧잘 복잡한fancy 공식을 쓰곤 합니다"라고 말하곤 했는데, 이는 곧 틀린 공식을 쓴다는 뜻이었다. 패러데이가 그랬듯이, 그도 그림을 그려서 문제 푸는 것을 좋아했다. 한번은 홉킨스가 칠판 가득 방정식을 풀고 있을 때, 맥스웰은 도식을 하나 그리고 문제를 단 몇 줄만에 풀어버리기도 했다. 트라이포에서 높은 상을 받으려는 여느 학생들처럼 지식을 머릿속에 '쑤셔 넣지'는 않았지만, 그는 항상 자신에게 주어진 의무를 다했던 듯하다. 다음은 동급생 W. N. 로슨W. N. Lawson

의 말이다.

맥스웰은, 자네도 기억하겠지만, 무엇에 대해서든 말하는 걸 정말 좋아했지. 우리는 둘 다 (엄청난 수준 차이가 있긴 했지만) 홉킨스에게 배우고 있었는데, 나는 수업 시간 전날 밤부터 다음 날 오전 내내 홉킨스가 내준 문제와 씨름해도 결과는 형편없거나 아예 풀지 못했어. 그럴 때 맥스웰이 내 방에 들러서 수다를 떨기 시작하면, 나는 녀석이 빨리 가버리기만을 마음속으로 빌었지. 홉킨스의 수업이 시작되기 30분 전이 되어서야 "자, 이제 가서 홉 아저씨 문제를 봐야겠네"라면서 내 방을 나가곤 했는데, 다시 만날 때는 이미 문제를 다 푼 후였네.

트라이포 시험이 있기 몇 달 전에 맥스웰은 폭넓은 논쟁의 대상이 되었던 대학 내의 사건을 지켜볼 기회가 있었다. 예전에 트리니티 칼리지의 학생이자 사도회의 일원이었던 F. D. 모리스는 케임브리지를 떠난 뒤 기독교 사회주의 운동을 창립했는데, 이는 맥스웰의 동급생들 사이에서 큰 지지를 얻었다. 이 운동의 목적은 산업적 노동의 비인간적 효과에 맞서서 조합을 만들고 노동자 학교를 세움으로써 대항하는 것이었다. 모리스의 저작 《신학 에세이Theological Essays》는 영국 국교회 신조에 의문을 제기한다고 보았기 때문에, 결국 런던 킹스 칼리지의 교수직에서 해임되었다. 맥스웰과 친구들 몇몇은 노동자의 교육을 철저하게 지지하던 모리스가 이러한 처우를 받은 것에 경악했다. 맥스웰은 글렌레어의 젊은 농부들에게 가문의 장서를 빌려주기도 했고, 나중에 케임브리지의 선임 연구원으로 지낼 때에도 그들을 후원했다. 그리고 훗날 애버딘과 런던 킹스 칼리지의 교수로 일할 때도 일주일에 한 번 저녁 시간을 투자해서 노동자 학교에서 수업을 진행했다. 패러데이와 마찬가지로, 그는 보통 사람들에게도 과학을 즐길 능력과 지식을 누릴 권리가 있다고 느꼈다.

그는 트라이포와 상관없는 활동도 제쳐놓지 않았기 때문에, 어쩌면 과로했던 것인지도 모른다. 친구의 가족들과 함께 서퍽Suffolk에서 휴가를 보내던 중, 맥스웰은 고열과 함께 혼수상태에 빠졌다. 이 가족은 그를 2주 동안 간호하며 맥스웰의 아버지에게 매일 편지로 상태를 알려주었다. 그들의 친절함에 깊은 감사와 감동을 느꼈지만, 맥스웰은 그들의 삶의 방식에 대해서는 비판적인 기록을 남겼다. 이 가족은 끊임없이 다른 모든 사람들의 바람을 걱정하고 고려하느라 자신의 삶이 없다고 느꼈던 것이다. 맥스웰의 생각에는 각자에게 다른 이들이 지나치게 격려하거나 캐물어볼 수 없는 영역이 있다면 훨씬 나을 것 같았다. 그러면 이 가족이 가진 자산 전체가 엄청나게 늘어날 것으로 여겼던 것이다.

시험의 시간이 다가왔고, 맥스웰은 다른 학생들과 함께 평의원 회관에서 아버지의 충고대로 두 발을 이불로 감싼 채 매일매일 시험에 임했다. 저녁에는 긴장을 풀어야 했으므로, 맥스웰의 방에는 그의 지도하에 자석으로 실험을 해보면서 놀려는 무리들이 시끌벅적하게 몰려들었다. 곧 결과가 발표되었다. E.J. 루스가 1등 랭글러의 자리를 차지했고, 맥스웰은 2등이었다. 최고의 학생들은 스미스 상을 놓고 다시 경쟁했고 루스와 맥스웰이 공동 우승자가 되었다. 루스는 장차 대단한 연구를 해낼 천재적 수학자였다. 그는 역학의 수학 이론을 체계화하는

데 많이 기여했으며, 현대 제어 이론에 적용된 여러 아이디어를 창조했다. 그리고 라플라스, 라그랑주, 해밀턴과 같은 수학계의 거인과 마찬가지로 자신의 이름을 딴 함수를 갖게 되는 드문 영예를 얻었다(루스 함수).[5] 또한 그는 다른 학생들을 트라이포 시험에 대비시키는 일도 맡았고, 심지어 홉킨스를 뛰어넘는 최고의 '랭글러 제조기'가 되었다. 맥스웰은 2년 전에 1등 랭글러의 자리를 차지했던 친구 T. G. 테이트보다 결과가 좋지 않았지만, 테이트가 루스를 상대로 대결하지 않았다는 사실을 감안해야 한다. 트라이포 시험을 통해서 맥스웰은 수학적 능력을 인정받았고, 나중에 트리니티의 선임 연구원이 될 수 있는 좋은 위치에 서게 되었다. 아버지도 결과에 매우 기뻐했고, 삼촌, 이모, 사촌으로부터 축하의 편지가 쏟아지듯이 날아들었다.

맥스웰의 학부 시절은 즐거운 시간일 뿐만 아니라 생산적인 시간이었다. 홉킨스 덕택에 트라이포까지 가는 훈련도 영예롭게 완수했고, 예전에 포브스 아래에서 실험 기술을 연마했던 것처럼 수학에서도 규율과 평정심을 갖추게 되었다. 또한 사회는 교육적 기능을 발휘하여 맥스웰의 괴짜스러운 면모를 많이 완화시켰다. 처음 만나는 사람들에게도 맥스웰은 유별난 사람이 아니라 흥미로운 젊은이라는 인상을 남겼다. 그리고 가장 좋은 일은 평생을 함께할 친구들을 얻었다는 점이었다. 이 중에는 해로Harrow 스쿨의 교장과 트리니티 칼리지의 학장을 지내게 될 H. M. 버틀러H. M. Butler도 있었고, 캔터베리 대학의 학장이자 《에릭, 또는 한걸음씩Eric, or Little by Little》이라는 유명한 교육 소설의 저자로 잘 알려진 F. W. 패러F. W. Farrar를 비롯해서 런던의 노동자 학교를 설립한 R. B. 리치필드R. B. Litchfield 등의 인물이 있었다. 맥스웰이 우정에 어떤 가치를 부여했는지는 로버트 헨리 포머로이Robert Henry Pomeroy라는 친구가 1857년 인도 폭동에서 목숨을 잃었을 때 리치필드에게 보낸 편지에 잘 나타나 있다.

인간의 눈으로 사물의 외부를 관조하는 일로 인한 절망에서 나를 구해주는 유일한 것은 친구들과의 개인적 관계일세. 기계가 되어서 '현상' 말고는 아무것도 보지 못하든지, 아니면 인간이 되어 다른 수많은 이들과의 자연스러운 뒤얽힘 속에서, 삶 속에서나 죽음 속에서나 그들로부터 힘을 받는 것이지.

루이스 캠벨은 맥스웰의 친구들이 그를 어떤 시선으로 바라보았는지 전해주고 있다.

이때쯤에는 그의 존재가 내뿜는 형용하기 어려운 매력이 모두를 사로잡았기 때문에, 친구나 동료가 만나는 크고 작은 모임마다 은밀한 중심점이 되곤 했다.

포브스가 예견했던 것처럼, 케임브리지의 사회가 맥스웰에게 좋은 영향을 미친 것은 사실이지만, 그는 모교에 빚진 것 이상을 돌려주었다. 동료 학생 중 한 명은 캠벨에게 이렇게 말했다.

맥스웰의 천재성과 따뜻한 심성에 대해서는 수많은 사례가 있을 것입니다. 트리니티에서 그를 알았던 사람이라면 그의 친절함이나 어떤 행동에 깊은 감동을 받았던 기억을 가지고 있지요. '좋은 사람'이라는 말이 딱 맞는 맥스웰에 대한 기억 말입니다.[6]

아버지와 의논한 끝에 맥스웰은 트리니티에 학자로 남아서 장학금에 지원해보기로 했다. 이는 장기적인 계획은 아니었는데, 그 당시 트리니티의 선임 연구원Fellow들은 7년 안에 영국 국교회의 서품을 받아야 했고, 또 미혼인 상태를 유지해야 했기 때문이다. 맥스웰은 결혼과 서품 중 어느 것도 원하지 않았지만, 일단은 머리 한구석에서 뒤끓고 있던 과학적 탐구에 대한 생각을 실현해볼 기회였다. 그는 전기를 제대로 이해하고 싶었으나, 이 시기에 가장 집요하게 그의 정신을 짓누르던 질문은 "우리는 어떻게 색을 인지하는가?"였다. 여기에 대한 맥스웰의 답변에서 그의 과감함과 창조성, 결단력을 엿볼 수 있다.

10

가상의 유체

1854~1856

맥스웰이 3세 때였다. 누군가가 "저기 예쁜 파란색 돌을 보렴"이라고 말하자 그는 되물었다. "그게 파란색이란 걸 어떻게 알아요?"[1] 이 질문에 대한 답은 지금까지도 찾지 못했다. 1800년대 초에 토머스 영 Thomas Young은 인간의 눈에는 각각 특정한 색에 민감한 세 종류의 수용체가 있어서, 이 신호들이 뇌에서 조합되어 비로소 하나로 인지되는 색을 형성한다는 흥미로운 생각을 제기했다. 그러나 영은 이를 뒷받침하는 증거를 제시하지 못했기 때문에, 이 이론은 제임스 포브스의 눈에 띄기 전까지 반세기가량 묻혀 있었다. 제임스 포브스는 원그래프처럼 여러 색의 부채꼴로 이루어진 원판을 빠르게 회전시키면 개별적인 색이 아니라 색이 뭉쳐진 혼합 색을 보게 될 것이라고 생각했다. 눈의 세 가지 수용체는 화가가 사용하는 3원색인 빨강, 노랑, 파랑에 반응할 것이라는 것이 그의 추측이었다. 그리하여 포브스는 세 가지 색의 여러 가지 배합을 원판 위에 올려 회전시키며 어떤 색이 결합되어 나타나는지 시험해보았다. 그렇지만 결과는 당황스러웠다. 예를 들어 노랑과 파랑을 혼합하면 물감을 섞을 때처럼 녹색이 아니라, 탁한 분홍색이 나타났다. 그리고 색을 어떻게 혼합해보아도 흰색은 얻을 수 없었다.

여기까지가 포브스가 얻은 결과였다. 이 아이디어를 접한 맥스웰은 스승이 혼동했던 원인을 바로 찾아냈다. 포브스는 회전하는 원판의 경우처럼 눈에 도달하는 빛 속에서 색을 혼합하는 경우와 화가가 물감의 안료를 혼합하는 경우를 구분하지 못했던 것이다. 물감의 안료는 빛으로부터 색을 추출extract하며, 우리가 보는 것은 안료가 추출하고 남긴 빛이다. 따라서 포브스가 화가의 3원색을 사용한 것이 잘못된 선택이었는지도 몰랐다. 대신에 맥스웰은 빨강, 초록, 파랑을 혼합해보았는데, 그 결과는 놀라웠다. 그는 세 가지 색을 똑같은 비율로 사용해서 흰색을 얻었을 뿐 아니라, 빨강, 초록, 파랑의 비율을 변화시키는 것만으로 방대한 양의 다른 색도 만들어낼 수 있다는 사실을 발견했다.

연구에 필요한 견고한 기반을 구축하기 위해서 맥스웰은 에든버러 인쇄소에서 주문 제작한 다양한 색의 종이로 '색 회전판color top'이라고 이름 붙인 특수한 원판을 만들었다. 이것은 직경 6인치 크기의 장치로 테두리에는 퍼센트 눈금이 있었고, 손잡이와 줄을 감아 돌릴 수 있는 축이 달려 있었다. 그는 빨간색, 초록색, 파란색의 종이를 원판 모양대로 자르고 칼집을 내어 각각의 색이 회전판 위에서 원하는 비율만큼 겹쳐질 수 있도록 했다. 그런 다음 회전하는 원판 옆에 색종이를 들고 비교함으로써, 빨간색, 초록색, 파란색을 어떤 비율로 겹쳐야 해당 색을 얻을 수 있는지 알아냈다. 곧이어 그는 더 효과적인 설계를 생각해냈다. 색종이를 손에 들고 비교하는 대신에 일치시키려는 색을 작은 원판으로 잘라 회전판의 가운데에 붙이는 것이었다. 여기에 검은색 부채꼴도 작은 원판에 추가하여, 원한다면 색조뿐만 아니라 명도도 조절할 수 있도록 했다.

맥스웰은 이 가정용 장치를 사용하여 어떤 색이든 빨간색, 초록색, 파란색을 알맞은 비율로 혼합하면 얻을 수 있다는 것을 입증했는데, 오늘날 텔레비전에서 사용되는 원리와 같다. 맥스웰은 친구들과 동료들에게 색 혼합을 직접 시켜본 뒤에, 정상적인 시력을 가진 사람들의 색 인지에는 놀라울 정도로 차이가 없다는 사실을 발견했다. 색맹인 사람을 따로 찾아서 조사한 결과 이들 중 대다수에게는 완벽히 동작하는 적색 수용체가 없다는 것을 발견했고, 이로써 색맹인 사람들이 적색과 녹색을 구분할 때 겪는 어려움을 설명할 수 있었다.

모든 것이 획기적인 연구였지만 크게 화제가 되지는 않았다. 맥스웰은 논문 한 편을 에든버러 왕립 학술원에 발송했고, 색 회전판을 사용한 연구 결과 몇 가지를 케임브리지 철학 학회에서 시연했을 뿐이었다. 그에게 여기까지의 작업은 임시적으로 그린 스케치에 불과했다. 인쇄소 종이의 색은 임의적이었고, "여러 종류의 물감 표본"에 불과했기 때문이다.[2] 더 정밀하고 믿을 만한 결과를 얻기 위해서는 햇빛에서 추출한 순수한 스펙트럼의 색이 필요했다. 맥스웰은 결국 이를 위해 '색 상자color box'를 고안했는데, 이 장치는 프리즘으로 햇빛을 분해하고 특정 색을 슬릿으로 조작해서 선택할 수 있으며 이렇게 선택된 색을 결합하는 기능을 포함하고 있었다. 그는 몇 년에 걸쳐서 장치의 기능을 개선하여 여러 가지 버전을 제작했고, 이는 일생에 걸친 프로젝트가 되었다. 다른 업적을 더 남기지 않았더라면, 맥스웰은 오늘날 색인지 과학의 위대한 창시자로 알려져 있을 것이다.[3]

회전판을 돌리는 동안에도 맥스웰은 조교로서 맡은 임무를 다하고 있었다. 조교 일은 힘들지는 않았으나 그는 이 일을 진지하게 받아들였고, 자청해서 맡은 추가 수업은 나중에 교수 자격을 얻는 데 밑거름이 되었다. 그는 F. D. 모리스가 지도하는 노동자 학교 운동을 강하게 지지했고 일주일에 하루 저녁을 투자하여 근처 노동자 학교에서 강연했는데, 나중에 애버딘과 런던으로 자리를 옮긴 후에도 이때의 습관을 유지하게 된다. 그는 계속해서 새로운 친구들을 얻었고, 만족스러운 사회적 삶을 누렸다. 맥스웰은 사도회와의 관계도 유지하고 있었고, 자연과학에 대해 토론하고 홍보하는 엘리트 모임 레이 클럽Ray Club의 일원으로도 선출되었다. 운동으로는 걷기와 케임브리지 조정 경기 외에도 체육관에서 뜀틀과 높이뛰기 등을 즐겼고, 새로 지어진 수영장에서 단체 수영 모임을 조직하기도 했다. 이것으로는 부족하다는 듯이 칼라일Carlyle, 초서Chaucer, 프랜시스 베이컨, 포프, 골드스미스Goldsmith, 버클리Berkeley와 쿠퍼Cowper 같은 작가들을 탐독하면서 모든 분야에 있어서 지식을 엄청나게 확장시켜나갔다.

이와는 별개로, 그의 사유는 전기와 자기라는 주제로 서서히 기울고 있었다. 몇 년간 가벼운 마음으로 했던 실험들, 즉 잼 병에 구리판 설치하기, 자석을 이용한 놀이, 모형 전신기 모형 제작 등을 통해서 이 주제에 대해 깊은 열정을 가지게 되었는데, 드디어 진지하게 연구를 시작할 때가 온 것이었다. 그러나 어디서부터 시작해야 할지는 분명하지 않았다. 맥스웰은 조언이 필요했고, 집안의 연줄을 통해 정확히 누구에게 조언을 구해야 하는지 알아낼 수 있었다.

그의 사촌 제미마는 글래스고 대학의 수학과 교수 휴 블랙번Hugh Blackburn과 결혼했다. 같은 대학의 자연철학 교수이자 블랙번의 가장 친한 친구가 다름 아닌 윌리엄 톰슨이었는데, 앞에서 보았듯이 패러데이의 역선 개념을 진지하게 수용했던 몇 안 되는 과학자 중 한 명이었다. 맥스웰은 몇 년 전에 그의 아버지와 함께 제미마를 방문했을 때 톰슨을 만난 적이 있었다. 다른 이들과 마찬가지로 톰슨 역시 당돌한 젊은 과학자에게서 강한 인상을 받았고, 그 느낌은 서로가 서로에게 받은 것이었다. 맥스웰은 케임브리지에서 톰슨에게 "당신의 영토인 전기 분야에 침범하려는" 의도를 상쾌하게 공표하는 편지를 보냈다. 톰슨은 스승의 역할을 맡는 것을 대단히 즐거워했다. 그는 폭넓은 관심사를 가진 사람이었고, 그 당시에는 대서양 전신 케이블 프로젝트에 관여하고 있었다.[4] 톰슨이 맥스웰에게 보낸 답장은 남아 있지 않지만, 그가 추천한 도서 목록의 중요한 위치에 패러데이의 저작《전기에 대한 실험적 연구》가 있었으리라는 것은 확신할 수 있다.

톰슨이 추천해준 책을 훑어보던 맥스웰은 전기와 자기에 관한 지식이 만족스러운 수준이 아니라는 것을 금방 알아챘다. 출판된 책은 많았지만, 수준 있는 저자들은 모두 제 나름의 방법과 용어와 관점을 가지고 있었다. 패러데이의 이론을 제외한 모든 이론은 수학적이었고, 원격 작용이라는 관념에 기반을 두고 있었다. 또한 이들은 대부분 패러데이의 역선의 개념을 냉대하고 있었는데, 수학적 개념으로 표현될 수 없다는 이유에서였다. 유일한 예외는 톰슨으로, 그는 전기력선과 금속 막대에서 발생하는 일정한 열 흐름 사이의 유추를 통해 제한적으로 이론을 제시했다.

그러나 맥스웰은 톰슨의 격려와 스스로의 직관으로 패러데이에게 매료되기 시작했다. 그는 진리는 관측된 결과 속에 있다고 믿었으므로, 전기와 자기에 대한 남은 문제를 풀려면 가장 먼저 실험을 통해 발견된 사실들을 탐구해야 한다고 생각했다. 그는 수학적 논의에 달려들기에 앞서 패러데이의 《전기에 대한 실험적 연구》를 전부 읽기로 결심했다. 그는 패러데이의 열린 지성과 진솔함에 단번에 매료되었고, 읽을수록 이 책에 담긴 지적인 힘을 알아보게 되었다. 글렌레어의 임시 실험실에서 수많은 시간을 보낸 맥스웰은 이 위대한 과학자의 실험이 가진 정확성뿐만 아니라 실험에 뒤따르는 추론의 힘과 섬세함의 대단한 가치까지도 이해할 수 있었다. 맥스웰에게 패러데이의 아이디어는 진실의 종소리였다. 패러데이에게서 그는 같은 영혼을 발견했고, 새로운 영감의 원천을 찾아냈다. 그가 패러데이에게서 이미 친근감을 느꼈다는 사실은 나중에 그가 《전기와 자기에 관한 논고Electricity and Magnetism》에 추가한 글에서 분명하게 드러난다.

패러데이가 자신의 연구에서 채택한 방식은 자기 생각의 진리성을 시험하기 위한 수단으로 끊임없이 실험에 의지하며, 또한 생각이 실험의 직접적인 영향하에서 발전하도록 하는 것이었다. …… 패러데이는…… 성공한 실험과 마찬가지로 실패한 실험도 보여주며 발전된 생각과 마찬가지로 투박한 생각도 드러내기 때문에, 그보다 귀납적 추론 능력이 뒤떨어지는 독자가 보더라도 존경심뿐만 아니라 호감을 느끼게 되며, 기회만 있

었다면 자신도 어김없이 발견자가 되었을 것이라 믿게 되는 것이다.[5]

패러데이에 이어서 앙페르의 저작도 독파한 맥스웰은 끈질기게 다른 저자들의 저서들을 읽으면서 루이스 캠벨에게 진척 과정에 대한 편지를 보냈다.

나는 다시금 전기에 대해 공부하고 있으며, 많은 독일 저자들의 견해를 파악하기 위해 연구하는 중이네. 이들에게서 얻어지는 관점을 정리하고 축약하는 데는 오랜 시간이 걸리지만, 내가 언젠가 이 주제를 장악하고 또 이론의 형태를 띤 무언가를 얻을 수 있기를 바라고 있네.

그는 결국 공간에서 작용하는 패러데이의 역선의 개념에 기초한 이론에 도달하게 되지만, 이 작업에는 3단계에 걸쳐서 9년이라는 긴 시간이 소요되었다. 그는 수학적 저자들이 역선을 허황된 공상이나 쓸데없는 공론으로 취급하며 묵살해버리는 것이 상당히 틀린 일이라고 느꼈다. 역선의 개념은 여러 해에 걸친 치밀한 실험과 힘겨운 사고를 거치며 진화했던 것이다. 그의 다음 작업은 분명해졌다. 바로 패러데이의 생각을 수학적 언어로 표현할 방법을 찾는 것이었다. 그는 패러데이에 대한 비판을 물리칠 뿐만 아니라 역선이 다른 이론과 동등함을 보이고 싶었고, 나아가서 더욱 완벽한 이론을 세울 수 있는 토대로 사용될 수 있기를 희망했다.

톰슨은 전기 역선과 열 흐름 사이의 유추를 통해 새로운 이론으로 가는 통로를 개척해놓았다. 맥스웰은 원하던 대로 좀 더 일반적인 유추를 찾아냈다. 침투성 매질을 통과하는 가상적 유체의 일정한 흐름이라는 것이었다. 그는 놀랍게도 이 단순한 방법을 통해 정전기장과 자기장에 대해 알려진 모든 성질을 모델화할 수 있었고, 해당 방정식을 유도하는 데 원격 작용 가설과 패러데이의 역선을 둘 다 이용할 수 있다는 것을 증명했다.

유추에 대한 맥스웰의 애호와 직감력은 에든버러에서 철학을 공부하던 시기에 유래한 것으로, 그가 몇 년 전에 사도회에서 발표했던 〈자연에 진정한 유비란 존재하는가?〉라는 에세이에 잘 드러나 있다. 그는 인간의 모든 지식은 대상에 대한 것이 아니라 대상 간의 관계에 대한 것이라는 이마누엘 칸트의 명제를 해밀턴 교수가 강조했던 사실을 기억하고 있었다. 철학에 덜 능통한 다른 물리학자들은 그가 유추를 사용하는 것을 괴벽으로 취급했으므로, 그가 정말로 무엇을 작업하는지 이해하는 사람은 몇 명 되지 않았다. 이 이론을 문자 그대로 받아들인 사람들은 대체 유체역학과 전자기가 무슨 관계가 있는지 모르겠다고 말하기도 했다. 이런 사람들은 이 모델을 어떤 종류의 물리적 실체를 대표하는 것으로 받아들여서는 안 된다는 분명한 경고를 무시한 셈이었다. 맥스웰은 이 유추가 전기나 자기에 대한 물리적 이론을 제공하는 것이 아님을 끊임없이 강조해야 했다. 그의 목적은 단순히 "패러데이의 생각과 방법을 엄격하게 적용함으로써, 그가 발견했던 다양한 종류의 현상 간의 연결이 수학적으로 명료하게 제시될 수 있다는 것을 증명"하는 것이었다.[6] 유체는 사고의 보조물, 즉 "가상 성질의 집합"으로, 특정 물리적 이론에도 얽매이지 않으면서도 적절한 수학적인 관계들을 발견할 수 있도록 돕는 역할이었다.[7]

맥스웰이 고안한 가상의 유체는 무게와 마찰이 없으며, 비압축적 incompressible이었다. 그중에서도 유추의 핵심은 세 번째 성질에 있었다. 그것은 이 유체에 역제곱 법칙이 내포되어 있다는 것을 의미했다. 임의의 원천점에서 곧장 바깥을 향해 흘러나오는 유체 입자의 속도는 원천으로부터의 거리의 제곱에 반비례했다. 이것은 그가 설명했듯이 단지 기하학적인 성질일 뿐이었다. 원천점에 중심을 둔 임의의 구에서 초당 흘러나오는 유체의 양은 구의 크기와 관계없이 일정하다. 이때 구의 표면적($4\pi r^2$)은 반지름의 제곱에 비례하기 때문에, 유체는 원천점에서 거리의 제곱에 반비례하는 속도로 바깥을 향해 움직여야만 한다. 원천을 싱크로 바꾼다면 동일한 원리가 반대로 적용되며, 속도는 안쪽을 향하게 된다. 또한 맥스웰은 다수의 원천과 싱크가 여러 형태와 위치를 가진다고 해도, 원칙적으로 임의의 지점에서의 유체 흐름의 속도와 방향은 각 원천 위의 각 점으로부터 각 싱크 위의 각 점으로 향하는 흐름의 산술적 합산으로 계산될 수 있다는 것을 증명했다.

전기력과 자기력 역시 비슷한 법칙을 따라 흐른다는 사실이 알려져 있었다. 두 전하나 자극 사이에 작용하는 힘은 둘 사이의 거리의 제곱에 반비례했으므로, 이 사실을 가지고 유추의 기초를 세울 수 있었다. 임의의 점에서 전기력이나 자기력의 강도와 방향은 유체 흐름의 속도와 방향으로 표현되었다. 즉, 흐름이 강할수록 상응하는 전기력이나 자기력도 강했다. 움직이는 유체로 정적인 힘을 표현한다는 점에서 이 유추는 이상한 것이었으나, 맥스웰은 목표하던 바를 얻을 수 있었다. 또한 이 유추는 유체 흐름의 유선으로 패러데이의 전기력선 또는 자기력선을 표현한다는 점에서 매우 우아했다.

패러데이는 역선이 서로 분리된 불연속적인 것으로 생각했지만(그는 언제나 역선의 수에 대해 말하곤 했다), 맥스웰은 이것을 연속적인 양으로 통합하여 흐름flux이라고 불렀다. 전기 또는 자장은 주어진 단면적을 통해 작용하는 힘의 총량이었다. 예를 들어, 지면의 일정 면적에 도달하는 햇빛의 양과 유사하게 생각할 수 있다. 임의의 작은 공간에서 자장은 방향과 농도(또는 밀도)라는 두 가지 성질을 지닌다. 높은 밀도의 자장은 높은 농도를 가진 패러데이의 불연속적 역선에 해당하는 것으로, 자장의 밀도가 높을수록 해당 공간의 전기력 또는 자기력도 더욱 강하다. 맥스웰의 유추에서, 공간상 임의 영역에서 유체가 가지는 흐름의 방향은 해당 영역의 전기 또는 자장의 방향에 상응하며, 그 흐름의 속도는 자장의 밀도에 상응한다. 유체의 운동을 추적하기 위해서, 맥스웰은 유체가 가상의 튜브를 통해 흐른다고 가정했다. 유선은 결코 서로 교차하지 않았고 튜브는 서로 빈틈없이 전체 시스템을 메우고 있었기 때문에, 유선은 실제로 벽이 존재하는 것처럼 행동했다. 유체는 튜브가 좁은 곳에서는 빠르게 지나갔고 넓게 퍼진 곳에서는 천천히 흘러갔다. 전기력선과 자장 역시 이와 유사한 방식으로 튜브 속을 지나갔으며, 유추를 적용하면 튜브가 좁고 다발이 밀집된 곳에서는 힘이 강했고 튜브가 넓고 다발이 희박한 곳에서는 약해졌다.

임의의 튜브 단면적을 통과하는 초당 유체의 양은 단면적의 위치에 관계없이 동일했다. 이 유체 흐름의 비율은 임의의 단면적을 통과하며 작용하는 자장의 양에 상응했으므로, 이 역시 마찬가지로 단면적의 위치에 관계없이 동일했다. 맥스웰은 단위 흐름 튜브unit tube of flow를 초당 통과하는 액체의 단위 부피로 정의했고, 유추를 적용하면 1단위 자장 튜브unit tube of flux는 1단위 자장에 대응했다. 1단위 흐름 튜브는 초당 1밀리리터의 유체가 통과한 것을 말하며, 이에 대응하는 1단위 자장 튜브는 1단위 자장이 임의의 단면적을 완전히 통과하는 것이다. 이제 자장의 양은 해당하는 단위 튜브의 수로 표현될 수 있었고, 흐름의 단위를 적절하게 줄여서 필요한 만큼 정밀하게 보정할 수 있었다. 수리물리학자들은 (조지 에어리 경의 표현을 따르자면) "모호하고 가변적인"패러데이의 역선을 수학적으로 엄밀한 맥스웰의 단위 튜브 자장으로 해석할 수 있게 되었다.[8] 이 점을 강조하려는 의도였는지, 맥스웰은 '단위 역선'이라는 개념과 '단위 튜브 자장'을 동의어로 사용했다.

맥스웰의 유체가 움직이는 원동력은 압력차였다. 각각의 튜브에서 유체는 상대적으로 압력이 높은 원천에서 압력이 낮은 싱크로 흘러가고, 튜브를 따라 흐르는 과정에서 압력은 감소한다. 전기에 관한 유추에서, 원천은 양전하를 띠고 상대적으로 높은 전위에 있는 물체이며, 싱크는 음전하를 띠고 낮은 전위에 있는 물체가 된다. 유체 모델 상의 압력차는 전위에 대응되며(이제부터 이를 전압이라고 부를 것이다), 튜브를 따라 흐르는 유체 흐름의 비율은 전기력선에 대응된다. 임의의 작은 영역에서 유체 흐름의 비율은 그 지점의 압력의 기울기gradient(단위 길이당 압력의 강하)에 비례했고, 이와 유사하게 전기력선[9]의 농도와 밀도는 전위의 기울기(단위 길이당 전위의 강하)에 비례했다. 맥스웰은 이 전위 기울기를 전기장의 세기 또는 단순하게 전기력이라 불렀다.

정전기장에 대한 맥스웰의 유체 모델에서, 전류가 자유롭게 흐를 수 있는 금속과 같은 물질은 그 표면이 원천이나 싱크로 작용하는 경우를 제외하면 아무런 역할도 하지 않는다. 전기력선은 전류가 흐르지 않는 물질인 절연체에서 나타난다. 패러데이가 발견했던 바대로 절연 물질은 고유한 유도 능력을 가지고 있기 때문에, 전기력선을 전달하는 능력 역시 물질에 따라 달랐다. 예를 들어, 유리는 나무보다 전기력선을 더 잘 통과시키는데, 맥스웰은 이러한 성질을 모델에 포함시키기 위해 물질마다 유체 흐름에 저항하는 적절한 양을 부여했다. 저항이 적을수록 주어진 흐름의 속도를 생성하기 위해 필요한 압력 기울기 역시 작아진다. 유추를 적용하면, 물질의 유도 능력이 클수록 해당 자장의 밀도를 만들기에 필요한 전위 기울기는 더 작아지는 것이다. 이것은 단순한 방정식으로 요약될 수 있었다. 임의의 점에서 전기력선의 밀도는 그 점의 전위 기울기에 해당 물질의 전기 유도 능력을 곱한 것과 같다. 이렇게 전기장을 위한 유추는 완성됐다.

맥스웰은 괄목할 만한 성과를 거두었다. 유체의 압력을 전위로 보는 유추를 사용해서 그는 대부분의 수리물리학자들이 "모호하고 변동적"이라고 취급했던 패러데이적 전기력선의 개념을 수리천문학에서 유래한 추상적이고 정밀한 개념인 전위와 연결시켰다. 피에르 시몽 라플라스가 중력 퍼텐셜gravitational potential의 개념을 천체역학에서 아주 성공적으로 사용했던 선례가 있었기 때문에, 같은 기술을 전기에 사용하는 것은 아주 자연스러워 보였다. 이것으로 맥스웰은 패러데이의 생각에 입문하고자 수학자들이 이용할 수 있는 통로를 제공한 셈이었다.

자기장에 대한 유추는 조금 더 복잡했다. 맥스웰은 친숙한 막대자석과 같이 철심 영구 자석을 감싸고 있는 자기장처럼 특수한 경우를 고려하는 것으로부터 시작했다. 이것은 정전기장의 경우와 똑같이 모델화될 수 있었다. 원천과 싱크는 자석 끝부분의 N극과 S극이 되었고,

한 지점의 압력 기울기는 그 지점의 자기장의 세기 또는 힘이 되었으며, 매질의 저항(이 경우에는 그 역수)은 자기 유도 능력이, 흐름의 속도와 방향은 자기력선 밀도가 되었다. 액체의 흐름은 패러데이의 자기력선(또는 자장 튜브)에 대응했고, 그 패턴은 자석 위의 종이에서 철가루의 패턴과 정확하게 같았다. 여기까지는 아주 좋았으나 이 모델에는 정작 필요한 부분이 결여되어 있었는데, 외르스테드의 나침반 바늘이 전류 근처에서 움직이는 이유를 설명할 수 없었던 것이다.

외르스테드가 발견한 이상한 힘은 전류에 대해 수직으로 작용하는 것으로, 자연에서 마주친 어떤 힘과도 달랐다. 이 문제를 풀기 위해서 맥스웰은 패러데이와 오랜 시간 친분을 유지했던 앙페르에게서 영감을 얻었다. 이미 살펴본 대로, 앙페르는 조그만 전류 고리가 자석처럼 작용한다는 것을 알아냈다. 맥스웰은 여기에서 한발 더 나아가 커다란 전류 고리 또는 전기회로의 자기 효과는 자기 껍질magnetic shell의 그것과 똑같다는 사실을 보여주었다. 이 자기 껍질은 전류에 의해 경계 지어진 가상적인 표면으로 그 전체가 이상한 종류의 자석으로 작용했는데, 표면의 한쪽 전체가 N극, 다른 쪽은 S극이고 극의 세기는 전류에 비례했다. 맥스웰이 설명했듯이, 자기 껍질은 각각 하나의 자석으로 작용하는 수많은 작은 전류 고리들이 모여서 형성된 그물로 생각할 수 있었기 때문에 의미가 있었다. 이 그물 안에서는 모든 내부 전류가 소멸되었는데, 각 내부 고리의 모든 부분은 인접 고리와 공유되었기 때문에 동일한 크기의 반대 전류가 흐르며 서로 상쇄했던 것이다. 따라서 모든 작은 고리가 결합된 효과는 그물 전체의 가장자리를 따라 흐르는 커다란 전류 고리와 정확하게 같아진다.

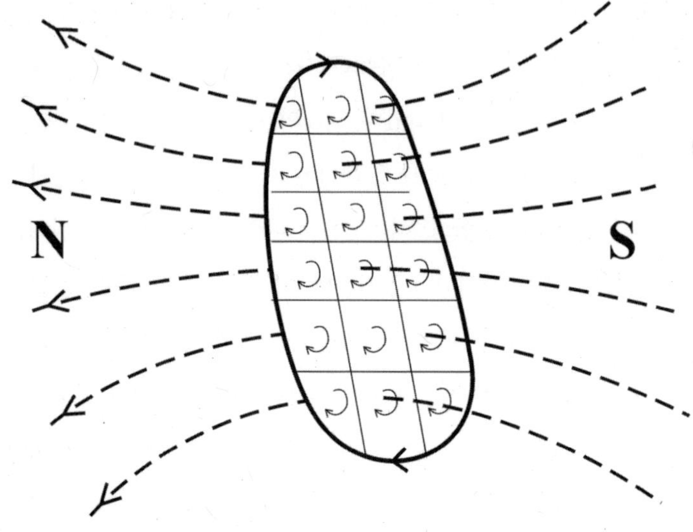

| 그림 10.1 **자기 껍질과 전류 고리의 동일성** |

따라서 전류가 흐르는 임의의 전기 회로가 보이는 자기적인 효과는 가상의 자기 껍질을 통해 실현될 수 있었다. 그러면 역선은 껍질의 N극 면에서 시작해서 S극 면으로 회로 주위를 원형으로 돌면서 자석 위 종이에 뿌려진 철가루와 똑같은 패턴을 형성하게 될 것이다. 역선이 (맥스웰의 표현을 빌리자면) 회로를 "끌어안게" 되는 것이다. 회로가 형성되면 개개의 역선(또는 자장 튜브)은 자기 자신과 연결되어 연속적인 고리를 형성한다.

맥스웰의 유체 유추에서 자기 껍질은 일종의 펌프로 작용하면서 유체를 'N극' 면으로부터 'S극' 면으로 밀어 넣게 되는데, 이때 각 유선은 스스로와 연결된다. 그러나 자기 껍질에는 정해진 모양이 없었고,

실제로는 어떤 모양이라도 가능했다. 유일한 제한 조건은 전류가 흐르는 회로에 속해야 한다는 것이었다. 임의의 유체 흐름에서 유선의 임의의 점을 포함하기만 하면 껍질을 구성할 수 있었다. 그것은 펌프 작용이 개개의 유선을 따라 돌면서 일어난다는 것을 의미했고, 펌프 작용은 도는 동안 유체의 압력이 연속적으로 감소되게 했으며, 그를 통해 유체가 움직이도록 만들었다.

여기에서 유체 유추는 난관에 부딪혔다. 스스로 연결되는 고리를 돌면서 연속적으로 감소하는 압력이란 불가능했다. 맥스웰은 역학적인 설명을 시도하지 않았으나, 유체 압력의 대응물, 즉 자위차magnetic potential에 무슨 일이 일어나는지는 설명했다. 자위차는 실제로 고리를 돌면서 연속적으로 감소했으며, 시작점에 도착할 때는 출발할 때보다 낮았다. 만일 유체의 흐름에 거슬러서 고리를 반대 방향으로 돈다면, 시작점에 도착할 때 출발할 때보다 높을 것이고, 이 과정을 반복할수록 자위차는 점점 더 높아질 것이었다. 그래서 특정 지점의 자위차는 단일한 값을 가지는 것이 아니라, 전류 고리를 돌아간 횟수에 의해 정해졌다. 전류 고리를 돌아 회로를 만들며 생기는 자위차의 차이는 단위 자극이 고리를 돌아 움직이게 하는 데 필요한 역학적인 일의 양과 같았다. 이것은 전자기적 에너지가 역학적 에너지와 쌍방으로 변환될 수 있음을 나타내는 것으로, 패러데이가 전기 모터와 발전기를 발명하면서 보였던 것이기도 했다.

유체 압력의 유추가 가지는 한계를 피해 간 맥스웰은 유체 모델을 사용해서 전기의 경우와 같은 식의 단순한 방정식을 만들었다. 임의의 점에서 자기력선의 밀도는 그 지점에서 자기력에 매질의 자기 유도 능력을 곱한 것과 같다. 유체 모델에서 얻은 발견은 완전히 새로운 것은 아니었고, 모두 원격 작용의 가정을 이용해서도 유도될 수 있었다. 그러나 맥스웰은 그것을 전혀 새로운 시각에서 표현함으로써 정전기와 자기에 대한 공식이 패러데이의 역선 개념으로도 똑같이 설명될 수 있다는 것을 입증했다.

맥스웰은 유체 유추의 적용 범위를 확장하여 저항성 매질을 통과하는 정상 전류 흐름의 모델화에까지 이르렀으나, 이 이상은 나아갈 수 없었다. 그는 지금까지 정전기, 자기장, 정상 전류를 다루었지만, 변화하는 장과 전류의 상호작용을 해결해야 하는 대단히 어려운 과제에 직면해 있었다. 가파른 절벽에 가로막힌 것처럼 보였지만, 아직도 할 수 있는 일은 남아 있었다. 패러데이는 자기장 속에 위치한 도선은 정적인 경우에도 전기적 긴장 상태라 불렀던 일종의 변형 상태에 있을 것이라고 추측했던 적이 있었다. 이것이 견고한 연구용 가설이라고 여긴 맥스웰은 〈패러데이의 역선에 관하여〉의 1부를 끝맺으면서 이 문제를 2부에서 조사하겠다는 의도를 내비쳤다.

이어지는 연구에서는 기호의 자유로운 사용과 함께 일반적 수학 연산을 당연한 것으로 여겨야 한다고 제안합니다. 나는 탄성 고체의 법칙과 점성 유체의 운동에 대한 세밀한 연구를 통해, 전기적 긴장 상태를 보편적 추론에서 적용될 수 있는 역학적 개념으로 형성하는 방식을 찾으려 합니다.

1부에서 그는 패러데이의 아이디어를 말로 된 묘사와 간단한 방정식만으로 표현하려던 본래의 계획에 충실했다. 그러나 그에게는 더 강력한 도구가 필요했기에, 벡터 수학으로 눈을 돌렸다. 벡터는 크기와 방향을 모두 가진 양적인 것이었다. 이 분야의 주요 저자는 독일의 위대한 수학자 카를 프리드리히 가우스Carl Friedrich Gauss, 영국인 조지 그린George Green과 스코틀랜드인 윌리엄 톰슨이었다. 이들의 업적을 적절히 이용해서 맥스웰은 전기와 자기장을 연결하는 일련의 방정식을 유도해냈다. 이것으로 그때까지 알려진 것은 모두 표현할 수 있었다. 그렇지만 훗날 맥스웰이 발견하게 될 부분, 즉 전기와 자기 간의 연결에 필수적인 한 부분이 아직 빠져 있었다. 그는 또한 전기적 긴장 상태에 대한 수학적 표현도 발견했으나, 아직 물리적 역할을 부여하지는 못하고 있었다. 이 모든 것은 매우 복잡해 보이는 수학을 통해 표현되었다.

나중의 저작을 통해 맥스웰 자신이 뛰어넘었지만, 〈패러데이의 역선에 관하여〉[10]는 과학사에서 만나볼 수 있는 창조적 사고의 가장 훌륭한 예 중 하나다. 프랜시스 에버리트Francis Everitt는 그의 책 《제임스 클러크 맥스웰: 물리학자 그리고 자연철학자James Clerk Maxwell: Physicist and Natural Philosopher》에서 패러데이는 점증적 사색가로, 톰슨은 영감적 사색가로, 맥스웰은 건축적 사색가로 특정한 바 있다. 맥스웰은 패러데이의 생각을 수학적 언어로 표현하는 방식을 발견했을 뿐만 아니라 후대에 다가올 위대한 연구의 초석을 세웠다.

그러나 당장 할 수 있는 일은 모두 해냈다. 맥스웰은 1855년 크리스마스 휴가에 케임브리지 철학 학회에서 논문을 2부에 걸쳐서 발표했고, 전기와 자기에 대한 생각을 그가 "의식에 무관하게 진행되는 마음의 영역"이라고 부른 것에 다시금 맡겨두었다.[11] 그는 무의식적 생각에서 영감이 생성된다는 사실을 굳게 믿고 있었으며, 평소 습관대로 이 생각을 한 편의 시로 표현했다.

우리가 품은 어떤 힘과 어떤 사유는 떠오르기 전에는 보이지 않네
의식의 운동이라는 물결을 타고, 비밀스럽게 감춰진 자아로부터 다가오네
그러나 의지와 감각의 고요 속에서, 오가는 생각들의 움직임 속에서
우리는 저 아래 숨겨진 심연 속의 돌과 소용돌이를 뒤쫓을 수 있네.[12]

이 말대로, 맥스웰이 전자기학에 대한 다음 논문을 발표하기까지는 6년이라는 세월이 걸렸고, 이것은 그가 전자기학과 분자운동론이라는 두 개의 거대한 주제를 연구하는 방식에서 습관으로 굳어진다. 몇 달간 집중적으로 사고하며 한 편의 논문을 쓰고 나면, 다음 논문을 시작하기 전에 이 주제를 몇 년이고 무의식에 맡겨두곤 했다(물론 그러면서 다른 주제에 대해 계속 훌륭한 논문을 썼다). 차차 보게 되겠지만, 이어지는 다사다난한 6년이 지난 후에 그가 만들어낸 것은 전혀 새로운 유추였다. 그것은 정적일 뿐만 아니라 변화하는 장을 표현하는 것이었고, 그렇게 해서 전기와 자기 사이의 연결에서 결핍됐던 부분이 밝혀지게 되었다. 당사자들은 아마 몰랐겠지만, 이때 케임브리지 철학 학회에 참석했던 청중들은 우리의 삶을 바꾸고 20세기의 물리학 발전의 초석이 되었던 맥스웰의 전자기학 이론이 발전하는 세 단계 중에서 첫 번째 단계를 직접 체험한 증인이 되었던 것이다.

그렇지만 살면서 일만 할 수는 없는 법이었다. 어느 여름날, 맥스웰은 레이크 지방Lake District에 있는 삼촌인 로버트의 초대를 받아 오래도록 기억에 남을 휴가를 즐겼다. 로버트 던다스 케이Robert Dundas Cay는 어머니 프랜시스의 동생이었는데, 슬하에 다섯 명의 자녀를 두고 있었다. 맥스웰은 케이 가문의 사촌과 모두 친하게 지냈지만 그중에서도 리지와 특히 가까웠고, 둘은 사랑에 빠지고 말았다. 그녀는 아직 14세였기 때문에 리지가 16세가 되면 결혼하기로 했는데, 당시에 이런 결혼은 특이하지 않았다. 휴가를 마친 맥스웰은 칼라일Carlisle 기차역에서 글렌레어까지 50마일이나 되는 길을 기쁜 마음으로 걸어왔지만, 행복은 계속되지 못했다. 근친혼을 두려워한 가족들이 두 사람이 결혼을 포기하게 만들었던 것이다. 이 경험은 두 사람에게 깊은 상처가 되었지만, 결국 각자 다른 사람과 결혼해서 주어진 삶을 살게 된다.

1855년, 맥스웰은 트리니티 칼리지의 선임 연구원으로 선출되었다. 그는 교수직을 찾아야 했는데, 영국에서 대학의 선임 연구원은 선출된 지 7년 내에 영국 국교회의 서품을 받아야 했기 때문이다. 급할 것은 없었으나 기회는 예상보다 빨리 찾아왔다. 1856년 1월, 제임스 포브스로부터 애버딘의 매리셜Marischal 대학 자연철학 석좌가 비었으니 지원해보라는 편지를 받았던 것이다. 맥스웰은 이 문제에 대해 아버지와 오랜 시간 의논하며 심사숙고했다. 5년 동안 행복한 시간을 보냈던 학문 세계의 중심을 떠나서 먼 북부 변경으로 떠나는 것은 커다란 충격이 될지도 몰랐다. 다른 한편으로는 케임브리지 대학 생활의 편협한 경향 역시 경험했으므로, 울타리 밖으로 나가서 "세상의 마찰"(이는 친구 캠벨에게 사용한 표현이다)을 느껴보는 것도 좋은 경험이었다.[13] 어찌 되었든 그는 몇 년 내로 직업을 찾아야 했다. 그리고 지금과 같은 기회가 매번 있는 것이 아님은 확실했다. 이런 이유 말고도, 스코틀랜드는 학기가 짧았기 때문에 글렌레어에서 병상에 누워 있던 아버지와 좀 더 오랜 시간을 보낼 수 있을 것이라는 장점이 있었다. 결국 그는 이 자리에 지원하기로 결심했다. 처음에는 어떻게 접근해야 할지 갈피를 잡지 못하던 맥스웰은 곧 추천서를 "부풀려" 달라고 부탁할 필요가 있음을 알아챘다. 이는 큰 문제가 아니었지만, 자신보다 인맥이 적은 지인이 같은 자리에 지원했으니 맥스웰에게 추천서를 써달라고 부탁했을 때는 놀랄 수밖에 없었다.[14] 그가 추천서를 써준 사람은 옛 친구인 P. G. 테이트였다. 그는 벨파스트 대학의 수학 교수였지만, 스코틀랜드로 돌아가기를 원했던 것이다.

존 클러크 맥스웰의 마음은 아들을 더 자주 볼 수 있다는 기대로 들떠 있었다. 한동안 악화되기만 하던 건강은 잠시 호전되는 것처럼 보였지만, 부활절 휴일을 지나며 나빠지기 시작했고 밤새워 아들의 간호를 받고 난 어느 이른 아침 평화롭게 세상을 떠났다. 아버지의 죽음으로 맥스웰은 가장 가까운 동반자를 잃었으나(살아생전에 아버지와 아들은 매 순간 생각을 공유했으며 떨어져 있을 때에도 거의 매일 편지를 주고받았다), 그가 느끼는 슬픔에는 자부심이 섞여 있었다. 그는 수많은 사람들이 아버지에게 느꼈던 사랑과 존경을 보았고, 그토록 현명하고 사랑에 넘치는 부모를 둔 것이 얼마나 큰 행운인지도 알고 있었다. 맥스웰은 친척들과 지인들에게 부고를 돌렸고, 장례식을 치렀다. 그리고 영주로서의 아버지의 역할을 물려받아서, 전심을 다해 이 의무를 행했다.

무관심한 사람이 보기에 맥스웰은 아버지의 죽음 후에도 별로 변한 것 같지 않았다. 그는 영지를 관리했고, 친구들과 편지를 주고받았으며, 과학 연구도 전과 다름없이 계속했다. 그러나 그의 내면이 폐허라는 사실을 가까운 사람들은 알고 있었다. 고통은 표면에 드러나지 않았다. 루이스 캠벨은 훗날 이 당시 맥스웰의 조용한 겉모습 아래에 감춰져 있던 깊은 감정을 떠올렸다. 큰 기쁨이나 슬픔을 맞이한 시간에는 항상 그랬듯이, 맥스웰은 이번에도 자신의 감정을 시로 표현했다. 세상을 떠난 부모에 대한 아들의 사랑을 이보다 더 간결하게 담아내기는 어려울 것이다.

먼 거리를 뛰어넘었네, 뒤늦게 내가 이끌었던 삶을 남겨놓고

이야기로만 읽었던 시간들과 노력들을 기억해본다

아직도 내 마음은 가슴속에서 뜨겁고, 여전히 나를 사랑하는 정령들의

부드러운 힘을 느낀다, 이 성스러운 시간을 기다렸던 그들이리라.

그렇다, 나와 마주치는 형상들을 본다, 하지만 그들은 머릿속을 맴도는 유령일 뿐

이제 필멸의 몸을 취하여 대지 위를 걸으니, 고통은 아직 그들을 떠나지 않았다.

오! 인간의 허약함의 표시들이여, 이제 영원히 혼자가 되었구나,

찬란한 천사의 이마에 어린 영광보다도 더 멀리 있는 사랑하는 사람이여

오! 옛적의 친숙한 목소리들이여! 오! 참을성 있게 기다리는 눈길이여!

꿈의 나라에서 그들과 함께 살리라, 세상이 잠시 졸고 있는 동안만이라도.[15]

케임브리지로 다시 돌아온 맥스웰은 교수직 지원에 성공했다는 사실을 알게 된다. 여름 학기를 끝내고 그는 논문과 색 회전판, 자석, 프리즘과 실험 기구를 꾸렸고, 케임브리지를 떠나 글렌레어로 향하는 여행길에 올랐다. 아버지가 반기지 않는 집에 돌아오는 것은 처음이었다. 그는 여름 대부분을 영지의 업무로 바쁘게 보냈고, 재정이 허락되면 저택을 증축하고자 했던 아버지의 계획을 검토했다. 때때로 친척들이나 케임브리지의 친구들과 즐거운 시간을 보내기도 했지만, 이 시기는 그의 인생에서 가장 외로운 시간이었다. 7개월간 그가 글렌레어를 떠난 것은 한 번뿐으로, 벨파스트에 잠시 들러서 사촌 윌리엄 다이스 케이William Dyce Cay가 윌리엄 톰슨의 동생 제임스 밑에서 공학을 공부할 수 있도록 주선해주기 위해서였다. 다른 일에도 불구하고 과학 연구도 틈틈이 진행했는데, 예를 들어 자신의 발명품인 색 상자가 애버딘까지의 여행길을 잘 견딜 수 있도록 튼튼하게 보강하는 일도 포함되었다. 길을 떠날 시간은 점점 다가왔고, 맥스웰은 '북부의 자연철학자들에게 보내는 장엄한 선언문'[16]이라는 제목으로 취임 강연문의 초안을 집필하고 있었다. 1856년 11월, 맥스웰은 그래닛시티Granite City를 향해 떠났다.

11

농담이 통하지 않는 곳

1856~1860

겨우 몇 달 사이에 25세의 맥스웰은 두 개나 되는 막중한 임무를 맡게 되었다. 그는 모두에 최선을 다하기로 마음먹었다. 차분하게 글렌레어의 영주 역할을 시작한 그였지만, 북쪽으로 여행하면서 흥분과 우려가 혼합된 감정이 몰려왔다. 애버딘에서는 무엇이 그를 기다리고 있을까? 젊은 나이에 교수로 임명되는 것은 드문 일이 아니었지만(톰슨은 글래스고의 석좌를 22세에 얻었고, 테이트는 벨파스트의 석좌를 23세에 얻었다), 매리셜 대학의 교수진은 상당히 나이가 많았다. 맥스웰의 동교 교수 중에서 제일 젊은 사람은 40세였고, 교수진의 평균 연령은 55세였다. 이러니 새로 부임한 교수가 어린아이처럼 보였을 텐데도, 동료들은 맥스웰을 따뜻하게 맞아주었다. 저녁 식사에 초대받는 일이 너무 많아서 정작 숙소에서 식사하는 일은 거의 없을 지경이었다. 이들은 젊은 사람과 이야기를 나눌 수 있게 되어서 매우 기뻤던 듯한데, 어디에서도 맥스웰이 기대했던 허물없는 수다는 찾아볼 수 없었다. 애버딘은 케임브리지에서 아주 멀게 느껴졌다. 루이스 캠벨에게 보내는 편지에서 그는 이렇게 썼다.

> 어떤 종류의 농담도 여기에선 통하지 않네. 벌써 두 달째 농담은 한 번도 하지 못했고, 농담이 떠오르려 하면 혀를 깨물고 참아야 할 지경이지.[1]

교육이란 어쨌든 진지한 일이므로, 맥스웰은 다소 재미없는 동료들과 함께 이 일에 본격적으로 착수했다. 스코틀랜드의 다른 대학들과 같이, 매리셜 대학 역시 폭넓고 접근성 높은 교육을 제공하는 것을 목표로 하고 있었다. 매리셜의 4년제 석사 과정은 고대 그리스어, 라틴어, 수학, 자연철학, 자연사, 도덕철학과 논리학을 포함하는 매우 폭넓은 학제였다. 다른 교수들과 마찬가지로, 맥스웰도 강의뿐만 아니라 강의 요강에서 시험에 이르는 업무를 전부 홀로 책임져야 했다. 농담이 들어가지 않도록 주의하면서, 그는 취임 연설에서 자신의 의도를 표현했다.

> 제 의무는 여러분에게 필요한 기초 지식을 전달하고, 여러분의 생각이 자유롭게 배열되도록 도와주는 것이며, 스스로의 정신에 자리를 잡는 것이 가장 최선의 결과입니다. 혹여 과학을 공부한다는 환상 속에 다른 사람의 사고방식을 따라서는 안 됩니다. 신중하고 부지런하게 자연의 법칙을 연구한다면, 최소한 모호하고 엉성한 사고방식의 위험에서 벗어나서 건강하고 생명력 넘치는 사고를 얻을 수 있습니다. 그런다면 신구新舊를 막론하고 여러 가지 전형적인 형태로 우리의 마음을 사로잡는 오류들을

알아볼 수 있을 것입니다.[2]

그리고 학생들은 스스로 생각하는 능력을 얻기 위해 실험을 통해 스스로 보는 법을 배워야 했다.

제 생각에, 인간의 지성이 실험이라는 노동 없이 스스로의 자원만을 가지고 물리학의 체계를 짜낼 수 있다고 믿을 만한 이유는 단 하나도 없습니다. 도리어 그렇게 하려고 하면 반드시 부자연스럽고 자기 모순적인 쓰레기 더미만 얻을 뿐입니다.

맥스웰은 조심스럽게 강의 시간표를 짰고, 추가적으로 기계공 협회 Mecahnics' Institution에서 매주 저녁 강의를 하는 데 동의했다. 곧 이러한 그의 계획은 성공했다.

1857년 2월, 맥스웰은 논문 〈패러데이의 역선에 관하여〉의 사본 한 부를 패러데이에게 보내기로 결심했다. 물론 조바심을 냈던 것은 사실이다. 《전기에 대한 실험적 연구》를 읽은 맥스웰은 패러데이에게 강한 호감을 느꼈으나, 그가 과연 응답해줄지는 의문스러웠기 때문이다. 그는 전기 연구에 있어서는 초심자였고(이 논문에서 그는 전기가 "내가 이제껏 단 하나의 실험도 했다고 하기 어려운 과학 분야"임을 밝혔다), 그런데도 패러데이가 평생에 걸쳐서 연구했던 영토로 겁 없이 들어섰던 것이다.[3] 그러나 걱정할 필요는 없었다. 패러데이의 답장은 감사하는 마음으로 넘쳤고, 우아하고, 매력적이었다. 희한하게도 둘은 갑자기 이렇게 이어졌다.

패러데이가 이 젊은 동료 과학자에게 존경과 신뢰의 마음을 느낀 것은 맥스웰의 의견을 구하면서 자신의 논문을 보냈다는 점에서 드러난다. 그 논문은 일반적으로 터무니없다고 여겨지던 중력선을 잠정적으로 제안하는 것이었다. 패러데이는 자신의 쓴 것 중에서 어쩌면 가장 사변적일지도 모르는 이 논문을 보냄으로써 비판받을 것임을 알았지만, 이 역시 기우였다. 다른 일로 바빴던 맥스웰은 시간을 충분히 두고 답장을 작성했고, 패러데이마저도 놀라워했을 만한 생각을 제시했다. 바로 역선이 인력이 아니라 척력을 발휘한다면 이 아이디어가 옳을지도 모른다는 것이었다. 이런 경우 중력선은 우주의 모든 물질에서 발산되는 것이며, 태양과 지구처럼 상대적으로 근접한 두 물체는 서로의 (역선의) 그림자에 들어 있는 것처럼 서로를 향해 밀려나가게 된다. 이 때문에 서로를 당기는 것처럼 보이는 것이다. 이 외에도, 인력처럼 보이는 이 힘은 역제곱 법칙을 따르기 때문에 뉴턴의 중력 법칙과 아무런 차이가 없었다. 패러데이는 이 지적에 놀라워했고 고맙게 받아들였지만, 자신의 가설을 제시해서 맥스웰이 억지로 자기 견해를 알리게 했던 점에 대해서는 사과했다.

제가 잘못 생각했습니다. 그 누구에게도 무르익지 않은 생각을 원치 않을 때에 표현하도록 해서는 안 되기 때문입니다. 저 역시 아직 결론에 도달할 준비가 되어 있지 않아서 제 소견을 말하는 것을 거절한 적이 자주 있었습니다.[4]

이에 따른 직업윤리에 관한 질문은 제쳐두자. 어쨌든 둘 사이에는 이미 나이나 지위의 차이로 인한 어떤 거리낌도 없었다.

맥스웰은 다시 색에 관한 연구를 시작했으나, 애버딘에서 보낸 처음 몇 달 동안 남는 시간은 대부분 토성의 고리에 할애했다. 신기한 형태의 납작한 고리를 가진 토성은 이 당시 밤하늘에서 가장 신비로운 대상이었고, 케임브리지의 세인트 존스 칼리지는 명망 있는 애덤스 상Adams Prize의 주제로 토성을 선정했다. 이것은 존 카우치 애덤스John Couch Adams의 명왕성 발견을 기념하는 상으로, 2년에 한 번씩 수여되고 있었다.

주제는 다음과 같은 질문들로 이루어졌다. 고리가 (1) 고체 (2) 액체 (3) 많은 물질 조각들로 이루어져 있다면, 고리는 어떤 조건하에서 안정적인 형태를 유지할 것인가?(혹은 그런 조건은 존재하지 않는가?) 이것은 끔찍할 정도로 어려운 문제였고, 이미 위대한 피에르 시몽 라플라스를 포함한 여러 천체수학자들을 패배시켰다. 출제자들이 기대보다는 희망만으로 내건 주제처럼 보였다.

다른 이들처럼 맥스웰도 토성의 고리에 강한 호기심을 품고 있었다. 트라이포 시험에서 스미스 상을 걸고 씨름하던 문제 중 하나가 현실로 들어와서, 거대한 형상으로 그에게 다가오는 듯한 느낌이 들었다. 그러나 맥스웰의 끈질김과 훌륭한 기교는 결국 승리했다. 그는 고체로 된 고리는 필연적으로 파괴될 것이며, 액체로 된 고리 역시 파도가 점점 더 증폭됨에 따라 흩어질 것임을 증명해냈다. 그러므로 그는 고리가 연속체처럼 보이지만 사실은 저마다 궤도를 돌고 있는 수많은 개별 물체로 이루어졌음을 보여준 셈이다. 이것은 보이저와 카시니 탐사선이 토성을 지나며 촬영한 이미지를 통해 지금 알고 있는 구조와 정확히 일치하는 것이다. 그는 엄청난 양의 계산 결과를 정리해서 쓴, 전체 무게가 12온스나 되는 논문을 소포로 부친 다음, 최선의 결과를 빌면서 기다렸다. 그러나 맥스웰이 유일한 제출자였음이 드러났다. 문제가 너무도 어려웠던 까닭에 아무도 제출해볼 만큼 성과를 얻지 못했던 것이다. 그는 애덤스 상을 수여받았고, 일류 과학자들 사이에서 제임스 클러크 맥스웰이라는 이름이 회자되기 시작했다. 왕립 천문학자인 조지 에어리 경은 맥스웰의 논문에 대해서 "수학이 물리학에 적용된 사례 중에서 단연 괄목할 만한 것"이라고 말했다.[*] 이는 승리라고밖에는 표현할 말이 없다. 맥스웰이 사용한 모든 수학적 방법은 이미 몇 년 전부터 알려져 있었다. 새로운 점은 맥스웰의 작업에 과감함, 상상력, 천재성, 끈기가 한곳에 집결되었다는 것뿐이었다.

맥스웰의 농담은 현재로서는 편지 말고는 표현할 곳이 없었다. 그와 편지를 주고받던 사람 중에는 글래스고 대학의 자연철학 교수로 자리를 공고히 한 톰슨도 있었다. 톰슨은 대서양 전신 케이블 프로젝트의 기술 고문도 맡고 있었는데, 케이블 설치 작업이 어려워지자 맥스웰의 놀림을 받아야 했다. 글래스고로 가는 기차 안에서 맥스웰은 〈대서양 전신 회사의 노래〉를 지었는데, 기차가 선로를 지나며 내는 철컹철컹하는 소리에서 영감을 받은 것처럼 보인다. 그중에 한 구절은 다음과 같다.

바다 밑에서, 바다 밑에서,

아무런 신호도 내게 오지 않네

바다 밑에서, 바다 밑에서,

뭔가 잘못된 게 틀림없는데,

끊어진 거지, 싹둑, 싹둑, 싹둑

왜 그렇게 된 건지 원인이 발견되지 않네

하지만 무언가가 전신 케이블을 끊어버렸지

한번에, 싹둑, 싹둑, 싹둑

아니면 사람들이 너무 세게 잡아당기고 있었나.[5]

친구의 불행을 고소하게 여기는 마음은 조금도 없었다. 맥스웰은 이 프로젝트를 대단히 높게 평가했을 뿐만 아니라, 케이블 설치를 영웅적인 작업이라고 생각했다. 그저 그들을 빗대서 재밌는 농담을 만들고픈 마음을 억누를 수 없었을 뿐이다.

맥스웰이 애버딘에서 찾으리라 기대했던 것 중에 사랑은 없었겠지만, 기대하지 않았던 바로 그 일이 일어났다. 캐서린Katherine은 대학의 학장인 대니얼 듀어Daniel Dewar 목사의 딸이었다. 한 번의 저녁 초대는 여러 번으로 이어졌고, 듀어 가족은 맥스웰을 가족처럼 대해서 급기야는 같이 휴가를 떠나자고 권했다. 그렇게 떠난 휴양지에서 그는 그녀에게 프러포즈했고, 캐서린은 승낙했다. 두 사람은 평범하지 않은 조합이었다. 캐서린 듀어는 맥스웰보다 7살 연상으로 남편과 친구들이 즐겼던 지식인의 삶에 그다지 동참했던 것 같지 않고, 맥스웰의 농담에 공감해주었는지조차 의문스럽다. 많은 작가들은 그녀를 혹평하며 복잡한 성격과 더불어 때로는 질투심까지 가졌다고 묘사했는데, 이러한 인상 중 일부는 그녀를 잘 알지 못하는 사람들에게서 나왔거나 순수하지 못한 의도에서 비롯되었다. 곧 보게 되겠지만 긍정적인 측면과 부정적인 측면이 모두 있었다. 확실한 것은 두 사람 모두 외로웠고, 인생의 반려자를 찾았다는 것에 기쁨과 안도를 느꼈다는 사실이다. 맥스웰은 여기에 대한 자신의 감정을 언제나처럼 시로 표현했다.

내 말을 믿어주오, 봄이 아주 가까우니
싹에는 물이 오르고
한 해의 모든 찬란함이
이 싹 안에 살고 있다오.

새싹이 피면서 밝혀주는 비밀은
삶은 흐르고 있다는 것
아직 열리지 않은 싹이 감춘 것은
끝이 다가올 때에야 비로소 알게 될 것을.

오랜 시간을 눈 속에서 웅크리고 있었다오
계절을 의심하면서 기다렸다오
겨울의 추위가 내 피를 얼려놓았으니
반란을 일으킬 때가 온 것이라오.

이제 더 기다리지도 의심하지도 않소
내 모든 두려움은 사라졌고
여름이 오고 있다오, 내 사랑, 늦었지만
안개와 서리는 우리를 영영 떠났다오.[6]

편지에서 나타나는 표현이 평소보다도 훨씬 풍부한 것으로 보면, 이 시기는 맥스웰에게도 대단히 즐거운 시간이었던 것으로 보인다. 최근에 그는 성공회 교구 목사가 된 루이스 캠벨의 결혼식에서 들러리 역할을 맡았고, 친구가 자신의 결혼식에서도 같은 역을 해주길 바랐다. 다음 편지는 맥스웰이 캠벨에게 약혼 이야기를 털어놓고 대략의 결혼식 날짜를 알리면서 캠벨 부부를 글렌레어로 초대하는 내용이다.

오늘 우리는 개기일식을 거행했고, 이어지는 계산은 회합(지구에서 볼 때 행성이 태양과 같은 방향에 있게 되는 것—옮긴이)에 대한 것이었네. 대략의 근삿값을 추정해보니 6월 초 정도가 될 것 같네. ……5월 초에는 집에서 여러모로 바쁠 것 같네. 5월 말에는 케임브리지와 런던, 브라이턴에 가는 일을 도모할 생각이네. 그리고 다음에는 합동 전술을 구사하며 애버딘에 집중할 계획이지. 그 후에는 선수를 쳐서, 병력을 해피 밸리로 이동시켜 점령할 것이네. 그곳에서 자네가 브라이턴에서 지원군을 보내는 신호만을 기다릴 생각이라네.

글렌레어에서 한 달 동안 "햇빛과 바람과 시냇물"로 가득한 신혼여행을 즐긴 맥스웰은 직장으로 돌아왔다. 맥스웰이 전기와 자기를 내팽개쳤다는 인상을 받을 수도 있지만 이 주제는 그의 마음을 결코 떠나지 않았고, 그의 표현을 빌자면 전자기에 대한 생각은 항상 머리 한편에서 "발효하고 무르익는 중"이었다. 그 무렵, 맥스웰은 상당히 다른 분야에서 천재적이라고 할 만한 성과를 거두었다. 독일 물리학자 루돌프 클라우지우스Rudolf Clausius가 기체 확산에 대해 기술한 논문을 집어 들자, 그의 사고는 질주하기 시작했다. 논문에서는 향수병을 열었을 때 향기가 방을 가로지르기까지 걸리는 시간을 예로 들어 설명하고 있었다. 클라우지우스는 스위스의 물리학자이자 수학자인 다니엘 베르누이Daniel Bernoulli가 최초로 제안한 기체 운동론의 추종자였는데, 이 이론에 따르면 온도나 압력과 같은 성질은 기체 분자의 움직임에 의해 정해지는 것이었다. 기압도 이와 같은 방식으로 설명될 수 있었는데, 그러기 위해서 공기 분자는 초당 수백 미터씩 움직여야 했다. 그렇다면 왜 향수의 냄새가 방을 가로지르는 데 몇 초나 되는 시간이 걸리는 것일까? 클라우지우스가 여기에 대해 내놓은 설명은 설득력이 있었지만, 동시에 도저히 믿을 수 없는 것이기도 했다. 분자들은 끊임없이 서로 충돌하면서 방향을 바꾸고 있기 때문에, 방을 가로질렀을 때쯤에는 실제로는 몇 킬로미터나 되는 거리를 이동했다는 것이다. 분자 운동의 놀라운 속도가 처음으로 밝혀지는 순간이었다. 맥스웰은 문제를 이렇게 표현했다.

1분에 17마일을 가는데, 1초에 170억 번씩 방향을 바꾼다면, 한 시간 뒤에는 어디에 가 있을까?[7]

아직 분자의 존재조차 확실하지 않았는데도 운동론은 계속해서 설득력을 얻고 있었고, 또한 많은 사람이 이로 전향했다. 그런데 난제가 하나 있었다. 온도는 분자의 속도에 의해 정해지는, 즉 분자가 빠를수록 기체는 더 뜨거워지는 것으로 여겨졌는데, 그렇다면 정해진 온도에서 모든 분자는 같은 속도로 움직일까? 그럴 가능성은 적어 보였다.

그렇지 않다면 분자의 속도는 어떻게 분포되어 있으며, 대체 어떻게 하면 그 분포를 알아낼 수 있을까? 맥스웰은 마술과도 같은 트릭을 이용해서 단 몇 문단 만에 문제를 풀어냈고, 그 분포는 한쪽이 튀어나온 종의 모양으로 나타난다는 것을 증명했다. 이것이 물리학 최초의 통계적 법칙인 분자 속도의 맥스웰 분포다.[8] 이로써 과학적 지식의 새롭고 거대한 영역으로 이어지는 통로가 열리게 된다. 맥스웰 분포는 특히 열역학의 정확한 이해와 통계역학, 양자역학에서 확률 분포를 사용하게 된 데 공헌했다.

새로운 법칙을 발표한 논문에서 맥스웰은 기체의 점성, 즉 내부 마찰은 압력과 무관할 것이라는 중요하고도 놀라운 예상을 내놓았다. 높은 압력하에서 운동하는 분자가 다른 분자에 둘러싸여 속도가 느려지는 효과는 그 분자들이 만들어내는 차폐 효과에 의해 상쇄된다는 것이 그 이유였다. 이 예상을 실험적으로 점검하는 것은 사활이 걸린 문제였다. 틀렸다는 결과가 나온다면 운동론 전체가 무너질 테지만, 옳다는 것이 밝혀지면 강력한 지원군이 될 터였다. 뒤에서 곧 다루겠지만, 맥스웰은 집에서 캐서린의 도움으로 이 실험을 해낸다. 논문의 몇 군데에서는 실수를 하기도 했다. 어떤 계산에서 킬로그램을 파운드로, 시간을 분으로 환산하는 것을 잊은 나머지 8,000분의 1가량 오차를 내고 만 것이다! 이런 옥의 티에도 불구하고, 그의 논문 〈기체 동역학론의 실례Illustrations of the Dynamical Theory of Gases〉는 감탄을 자아냈으며 맥스웰을 일류 과학자의 반열에 들게 해주었다. 그러나 물리학에 통계학을 도입한 공로의 진가를 처음으로 인식했던 루트비히 볼츠만Ludwig Boltzmann은 아직 비엔나에서 학교를 다니는 소년이었고, 5년이 더 지나서야 예의 논문을 만나게 된다. 그는 맥스웰의 운동론 연구에 감명받은 나머지, 연구자로서 삶의 대부분을 운동론을 발전시키는 데 바치게 된다. 그리고 볼츠만과 맥스웰은 평생에 걸친 테니스 경기와도 같은 관계로 발전했다. 상대방의 연구에서 영감을 받으면 이어서 한층 확장된 이론으로 받아치는 식으로 말이다. 당사자들은 그렇게 생각한 적이 없었겠지만 둘은 서로에게 훌륭한 파트너였고, 그렇기에 그들의 이름이 맥스웰-볼츠만 분자 에너지 분포에 나란히 등장한다는 사실은 기분 좋은 일이다.

맥스웰의 강의는 어땠을까? 교육에 대해 굳건하고 진보적인 사상을 가지고 있었던 것에 비해 슬프게도 그는 강의를 그다지 잘하는 편은 아니었다. 그런데도 학생들은 그를 좋아했다. 학생들은 대학 도서관에서 책을 한 번에 두 권밖에는 대여할 수 없었는데, 교수의 권한으로 여러 권의 책을 친구들을 위해 빌릴 수 있던 맥스웰은 학생들을 위해 이 권리를 사용하곤 했다. 누군가가 이의를 제기하자, 학생들은 실제로 자신의 친구들이라고 대답하기도 했다. 그는 신중하게 강의를 준비했고 대개 강의의 초반부는 잘 흘러갔으나, 뒤로 갈수록 루이스 캠벨이 "위험을 알고 주의하는데도, 번번이 의지를 꺾고 그의 마음을 조종하던 간접성과 모순의 정신"이라고 부른 것으로 빠져들었다. 맥스웰은 이해를 도우려는 의도로 온갖 비유와 예를 쏟아냈지만, 강의를 듣는 대부분의 이들은 혼란스러워할 뿐이었다. 여기에 설상가상으로 칠판 상에서 계산 실수를 너무 자주 저질러서, 이것들을 찾아내고 수정하는 데 많은 시간이 걸리곤 했다. 그러나 많은 학생들은 애정을 담아 그를 추억했다.

하지만 〔다른 교수들보다〕 훨씬 기억에 남았던 것은 나중에 세계적으로 유명해진 특이한 과학자인 클러크 맥스웰 교수였다. 고귀한 영혼을 가진 기독교 신사였던 그는 섬세하고 순수한 성격으로 학생들의 마음을 사로잡았는데, 교육자로서의 실력이 현격히 떨어진다는 사실도 그의 매력을 떨어뜨리지는 못했다.[9]

그리고 어떤 이들에게는 정말로 큰 영감을 주기도 했다. 훗날 희망봉의 왕립 천문대Royal Observatory의 소장이 된 데이비드 질David Gill은 이렇게 회상하고 있다.

클러크 맥스웰 교수는 수업이 끝난 후에도 강의실에 몇 시간이고 머물면서, 서너 명이 하는 질문에 답해주거나 자신이 제안한 주제에 대해 우리와 토론하곤 했다. 그리고 세차운동 팽이나 색 상자와 같이 당시에 자신이 고안하고 실험에 쓰고 있던 장치의 모형을 보여주기도 했는데, 이런 시간들은 순수한 기쁨의 순간이었다.[10]

질은 캐서린에 대해서는 좋은 기억이 없었다. 가끔 맥스웰의 "끔찍한 부인"이 나타나서 "일찍 저녁을 먹어야 하니 집으로 돌아오라"고 말하는 것으로 오후의 기쁜 시간들이 끝나버리기도 했으니 말이다. 맥스웰은 기계공 협회에서 저녁 강연을 하는 날에는 저녁을 일찍 먹었을 것이다. 노동자들을 상대로 말할 때면 "간접성과 모순의 정신"을 피할 수 있었던 것으로 보이는데, 그가 애버딘을 떠난 이후에도 그의 강연은 오래도록 사람들의 기억에 남아 있었다. 한 농부는 교수가 친구를

매트 위에 세워놓고 "전기를 잔뜩 집어넣어서" 머리카락이 전부 서게 만들었던 일을 기억했다.[11]

교육에 대해 확고하고 건전한 신념을 가지고 있었고 글쓰기에도 능했던 맥스웰이 정작 강의실에서는 그토록 고역을 겪었다는 것은 다소 모순으로 보인다. 캠벨이 관찰한 바대로, 맥스웰은 거침없는 영감의 급류와 학생들의 평범한 지식 수준 사이의 연결 고리를 찾는 데 어려움을 겪었다. 전광석화 같은 그의 정신은 대다수 학생들의 수준을 훨씬 뛰어넘는 연결점, 비유, 문맥, 유추를 계속해서 찾아냈는데, 아주 작은 뉘앙스라도 잡아내는 아버지와의 대화에 익숙해진 맥스웰은 이런 생각을 가슴에 담아두기가 힘들었던 것이다. 공식적인 행사에서 글을 쓸 때처럼 한 단어 한 단어를 느리고 명료하게 사용해야 하는 경우에는 이런 문제가 발생하지 않았다. 그러니 다른 모든 일도 그랬지만, 맥스웰이 학생들을 가르치는 데 있어서도 최선을 다했다고 볼 수 있다.

애버딘에는 매리셜 대학뿐만이 아니라 킹스 칼리지도 있었다. 이 당시에 스코틀랜드 전체에 대학이 세 개밖에 없었다는 사실을 고려하면 대단히 많은 숫자였다. 규모의 경제를 늘리기 위해서라면 두 대학이 연합하는 편이 낫지 않을까? 그렇게 생각하는 이들 덕에 이 사안을 결정할 왕립 위원회가 구성되었다. 최초에는 '연합'에 대해 진행되었지만(세부적 기능은 내버려둔 채 운영을 공동으로 하자는 안이었다), 위원회는 두 학교를 완전히 통일하고 교수의 수를 절반으로 감소시키는 '통합'을 결정했다. 새롭게 태어난 애버딘 대학에서 자연철학 교수는 한 명밖에 필요 없었고, 맥스웰이 아닌 킹스 칼리지의 교수가 이 자리에 임명되었다. 아직 근속 기간이 짧아서 연금 신청권이 없는 맥스웰을 해고하는 편이 더 저렴한 선택이기 때문이었다. 다른 한 가지 이유는 맥스웰의 경쟁 상대가 인맥이 풍부하고 달변의 협상가인 '재주꾼' 톰슨이었다는 점이다. 이 무렵에 맥스웰이 하는 연구의 중요성을 알아본 사람은 몇 명 되지 않았고, 그들 중 누구도 애버딘에 적을 두고 있지 않았기도 했다.

이때, 맥스웰은 옛 스승 제임스 포브스가 세인트앤드루스 대학의 총장직을 맡게 되어 에든버러의 자연철학 석좌가 공석이 되었다는 소식을 들었다. 이는 대단히 좋은 자리였으므로 물론 지원했다. 그런데 벨파스트에서 스코틀랜드로 돌아오고 싶어 하던 맥스웰의 오랜 친구 P. G. 테이트도 같은 자리에 지원하게 되었다. 둘은 한 번 더 경쟁 관계에 놓였고, 이번에는 테이트의 승리였다. 선정 위원회의 결정은 오늘날 우리가 느끼는 것만큼 이상하지는 않다. 테이트는 일류 물리학자였을 뿐만 아니라 존재감을 과시하는 훌륭한 교수였던 것이다. 그는 맥스웰이 수학적 조언을 필요로 할 때마다 제일 먼저 연락하는 인물이기도 했다. 고향 스코틀랜드에서 두 번이나 퇴짜를 맞은 맥스웰은 다른 자리를 알아보다가 런던의 킹스 칼리지가 자연철학 교수를 찾고 있음을 알게 되었다. 이 자리에 지원한 맥스웰은 교수로 임명되었다.

새 직장에서 일을 시작하기 전에 할 일이 산더미였다. 운동론에 관한 거대한 논문의 출판 준비를 진행하는 동안, 탄성 구球에 대한 또 다른 논문도 집필했고, 색 인지 실험에 대한 보고서를 런던의 왕립 학술원에 보냈다. 마지막 연구로 그는 왕립 학술원의 럼퍼드 메달을 수여받았다. 집에서는 영지 관리에 관련된 일이 있었고, 사람들은 그가 영주로서 지방 행사에 참가하기를 기대하고 있었다. 아버지의 선례를 따

라 맥스웰은 이런 일에 정성을 다해 임했다. 한 예로 근처 코르소크
Corsock 마을에 새 교회를 건립하는 기금을 모으는 데 동참하기도 했
다. 여름이 지나기 전에 맥스웰은 말 품평회를 보러 갔다가 캐서린에
게 선물할 멋진 조랑말을 샀다. 그러나 집으로 돌아온 지 얼마 되지 않
아 그는 병이 나서 고열에 시달렸다. 천연두였다. 품평회에서 옮은 이
질병으로 맥스웰은 죽음의 고비를 넘긴다. 후에 그는 캐서린의 헌신적
인 간호가 그의 목숨을 건졌노라고 확언했다. 몇 주 동안 병상에서 보
낸 후 천천히 기력과 생명력을 회복하기 시작한 맥스웰은 새 조랑말
찰리를 길들일 수 있었다. 다사다난했던 한 해를 보내고, 1860년 10월
에 그와 캐서린은 런던으로 향하는 먼 여행길에 올랐다.

12

빛의 속도

1860~1863

런던 스트랜드 가에 있는 킹스 칼리지는 1829년에 설립되었다. 당시에 새로 만들어진 무종파 런던 대학(지금은 유니버시티 칼리지University College라고 불린다)은 엄격하게 영국 국교에 속하던 옥스퍼드와 케임브리지와 같은 대학에 대한 세속적 대안으로 설립되었는데, 킹스 칼리지는 다시 이에 대항해서 만들어진 성공회 소속의 대학이었다. 학교의 교육적 목표는 젊은이들이 빠르게 변화하는 세상에서 삶과 일을 갖도록 준비시키는 것이었다. 케임브리지나 애버딘의 전통적 과목과는 다르게, 킹스 칼리지의 교육은 오늘날의 대학에 훨씬 가까웠다. 킹스 칼리지에서는 화학, 물리학, 식물학, 경제학과 같이 현대적인 학문뿐만 아니라 목표가 뚜렷한 법학, 의학, 공학도 공부할 수 있었다.

29세의 나이에 맥스웰은 두 번째 취임 강연을 했다. 자신이 애버딘의 취임 강연에서 했던 말이 옳다는 사실을 경험을 통해서도 깨달았다. 그가 할 일은 사람들이 스스로 생각하게 하는 일이었다. 그는 이 생각을 더욱 발전시켰다.

나는 이 수업에서 여러분이 단순히 결과물만 배우거나, 나중에 만나게 될 연습 문제에 적용할 수 있는 공식만 배우지 않고, 이 공식들이 의거하는 원리를 배우기를 바랍니다. 원리가 없는 공식은 정신 속에 든 쓰레기에 지나지 않습니다.

인간의 마음에는 최대한 사유를 기피하려는 경향이 있음을 알고 있습니다. 하지만 정신적 노동은 사유가 아닙니다. 정신적 노동을 통해 무언가를 적용하는 습관을 얻어본 적이 있는 사람이라면, 공식을 배우는 편이 원칙을 장악하기보다 쉽다는 사실을 알게 될 것입니다.[1]

맥스웰은 학생들보다는 자기 자신을 겨냥한 것으로 보이는 내용으로 취임 강연을 끝맺었는데, 장차 벌어질 일을 생각하면 예언적이었다고 하지 않을 수 없다.

마지막으로 전기와 자기의 과학이 있습니다. 이 분야는 인력, 열광熱光, 화학 작용 등을 다루는데, 어떤 상태에서 물질이 이러한 현상을 보이는지에 대해서는 아직 부분적이고 임시적인 지식밖에 없습니다. 엄청난 양의 사실이 수집되었고 여기에 몇몇 실험적 법칙으로 표현되는 모종의 질서가 부여되었지만, 이 법칙이 보편적 원칙으로부터 연역적으로 도출되려면 어떤 형식이 필요한지는 아직 불분명합니다. 위대한 발견들로 인해 우리 세대가 개선할 것이 남아 있지 않다고 불평해서는 안 됩니다. 그런 발견은 과학에 더 넓은 경계선을 부여했을 뿐입니다. 우리가 할 일은 이미 정복한 영토에 질서를 부여하고, 계속해서 다음 단계의 작업을 해나가는 것입니다.

4년 후면 그는 이 연설의 내용을 현실로 만들어 과학적 지식에 광대한 새 영역을 추가할 것이었다.

맥스웰 부부는 이제 막 개발된 켄싱턴 구에 집을 얻었다. 근처의 하이드 공원과 켄싱턴 공원은 산책과 승마를 하기에 좋은 곳이었다. 날씨가 좋은 날이면 맥스웰은 말이 끄는 마차를 타는 대신에 4마일을 활기차게 걸어서 일터로 출근했다. 출근길은 공원을 통과해서 피카딜리가를 따라가다가, 앨버말 가의 왕립 과학 연구소 근처를 지나갔다. 지금 패러데이는 은퇴해서 햄프턴 코트에 살고 있었지만, 아직도 정기적으로 왕립 과학 연구소를 방문하곤 했다. 공식적인 기록은 남아 있지 않지만, 그와 맥스웰이 때때로 만나서 환담을 나눴다고 확신할 수 있다. 사적인 대화에서 패러데이는 맥스웰에게 (이제는 유명해진) 금요일 저녁 토론회에서 강연을 해달라고 부탁했을 것이다. 맥스웰은 당연히 이를 수락했고, 강연 주제로 색 인지를 택했다.

우리 눈에는 세 가지 수용체가 있어서 각각 개별적인 신호를 뇌에 보내고, 눈으로 '보는' 색은 이 신호들이 결합되어 만들어진다는 3색 원리를 사람들에게 보여줄 수 있는 완벽한 기회였다. 그러나 맥스웰의 색 회전판은 뒤쪽에 앉은 사람들이 자세히 보기에는 터무니없이 작았고, 색 상자는 한 번에 한 사람밖에 이용할 수 없었다. 다른 것이 필요했다. 컬러 사진이라면 어떨까? 이 무렵 흑백사진 기술이 잘 알려져 있었는데, 새로운 동료 중에 한 사람인 토머스 서턴Thomas Sutton은 이 분야의 전문가였다. 그들은 간단한 계획을 고안해냈다. 같은 피사체를 한 번은 녹색 필터로, 한 번은 적색 필터로, 다른 한 번은 청색 필터로 찍어서 세 장의 보통 사진을 얻은 뒤에, 이를 동일한 필터를 통해서 스크린에 투영하여 하나의 상으로 중첩되게 하는 것이었다. 실험은 훌륭하게 성공했다. 왕립 과학 연구소의 청중들은 스크린에 총천연색으로 비춰진 스코틀랜드 전통 무늬 리본을 바라보며 홀린 듯이 앉아 있었다. 맥스웰이 세계 최초로 컬러 사진을 제작한 순간이었다.[2]

"의식과는 독립적으로 이루어지는 마음의 영역"에서 형성되던 전기와 자기에 대한 생각이 목소리를 낼 시간이 왔다. 6년 전 첫 번째 논문에서 그는 무질량의 가상 유체의 흐름을 유추로 삼았고, 이를 바탕으로 정전기장과 자기장의 알려진 공식이 "힘은 물체들 간의 상호적 원격 작용에서 기인한다"라는 전통적인 가정에 따르지 않을 뿐만 아니라, 공간상의 역선이라는 패러데이의 개념에서도 동일하게 유도될 수 있다는 것을 증명했다. 앞에서 본 것처럼 맥스웰은 일찍부터 패러데이 저작의 진솔함과 힘에 감탄했는데, 그 후 수년에 걸친 사유의 무의식적 "발효" 작용을 거치면서 패러데이가 옳다는 확신은 점점 강해졌다. 역장field of force은 실제로 공간 안에 존재했다.

그가 취임 강연에서 한 말은 결과적으로 자기 자신을 겨냥한 것이 되고 말았다. "현존하는 자기와 전기에 대한 모든 실험적 법칙을 설명할 수 있는 이론을 보편적인 원칙으로부터 연역적으로 도출할 것." 그가 설명해야 할 법칙은 요약하자면 이런 것이었다.

1. 같은 전하는 서로 밀고, 반대 전하는 서로 잡아당기며, 그 힘은 둘 사이의 거리의 제곱에 반비례한다.

2. 같은 극은 서로 밀고, 반대 극은 서로 잡아당기며, 그 힘은 둘 사이의 제곱에 반비례한다. 극은 항상 N극/S극의 쌍으로만 존재한다. 모든 자성은 (영구 철심 자석의 경우에도) 전류로 인한 것이다. (법칙 3은 임의의 전류 고리가 한쪽에 N극, 다른 쪽에 S극을 가진 자석으로 작용한다는 것을 암시한다.)

3. 도선의 전류는 주위에 원형의 자기장을 만들어내는데, 그 방향은 전류의 방향에 따라 결정된다.

4. 변화하는 자기장(또는 자기력선)이 전류가 흐르는 회로를 통과하면 회로 내에 전류를 발생시키며, 그 방향은 자기력선이 증가하는지, 감소하는지 여부에 따라 결정된다.[3]

아직까지 완벽하게 만족스러운 이론은 존재하지 않았지만, 빌헬름 베버가 보여준 시도는 대범하고 독창적이었다. 원격 작용에 기반을 둔 고도로 수학적인 이론에서 전하 사이에 작용하는 힘은 둘 사이의 거리뿐만 아니라 상대 속도와 가속도에 의해서도 결정되었다. 맥스웰은 베버의 연구를 존중했지만, 그의 직관은 이런 가정과 원격 작용의 개념에 대해 반발할 수밖에 없었다. 그 대신 진정한 이론은 패러데이가 제시한 길에서 찾아야 하며, 적절한 유추를 통해서만 진정한 이론에 도달할 수 있다고 여기게 되었다.

그는 변화하는 장뿐 아니라 정적인 장도 표현할 수 있는 역학적인 유추를 찾고 있었다. 이는 어려운 주문이었지만, 맥스웰의 사유는 유망한 아이디어를 발견하기에 이르렀다. 자기장 안에서 모종의 회전rotational 사건이 일어나고 있다고 가정할 만한 이유가 몇 가지 있었다. 일단 이렇게 가정하면 자기력이 전류 주위에서 원형으로 작용하는 이유를 설명하기가 용이했다. 또 다른 이유로는 편광된 빛이 강력한 자기장을 통과하면 빛의 편광면이 회전한다는 것을 패러데이가 입증했다는 사실이었다. 전형적인 회전 현상은 액체 속의 소용돌이였는데, 액체 안의 소용돌이에는 회전축을 따라서는 수축하고 옆 방향으로는 팽창하는 자연적인 경향이 있었다. 액체로 가득 채워진 공간을 생각해보자. 그리고 이 공간의 어떤 부분에서 소용돌이가 서로 인접한 채 평행한 축을 중심으로 회전하고 있다고 해보자. 이때 소용돌이의 길이 방향으로는 응력이 존재하고, 이는 이웃하는 소용돌이에 옆 방향으로 압력을 가할 것이다. 이 성질은 길이 방향으로는 응력이, 서로 간에는 척력이 작용하는 패러데이의 자기력선과 정확히 유추 관계를 형성했다.

사고가 발전됨에 따라, 맥스웰은 액체 소용돌이 모델을 견고하고, 미세하며, 밀집해 있고, 회전 가능한 구형의 격자로 대체했다. 회전이 시작되면 각 구형 격자는 적도 방향으로는 팽창하고 극 방향으로는 납작해지려는 경향을 보이기 때문에, 축이 한 방향으로 정렬된 채 회전하는 수많은 격자가 결합된 효과는 소용돌이의 효과와 정확히 같았다. 즉, 종으로 작용하는 응력과 횡으로 작용하는 압력은 패러데이의 자기력선의 성질과 일치했던 것이다. 단순함을 위해서 (맥스웰이 했던 것보다는 조금 이르지만) 소용돌이 모델에서 격자cell 모델로 넘어가고자 한다.

두 가지 요소가 더 필요했다. 격자를 회전하게 해주고 이웃하는 격자의 모서리가 서로 쓸데없이 마찰하는 것을 방지해야 했다. 맥스웰은 이 문제를 단 하나의 생각으로 해결했다. 이웃하고 있는 격자가 서로 쓸데없이 마찰하는 것을 막기 위해서, 그 사이에 볼베어링 같은 입자들, 또는 같은 방향으로 회전하는 두 기어 사이에 엔지니어들이 배치하는 '공회전 바퀴' 같은 입자를 넣는 것이다. 그러자 중요한 영감이 떠올랐다. 바로 이 작은 입자를 전기 입자라고 가정해보는 것이었다. 기전력electromotive force이 존재하는 경우, 이들은 격자 사이의 길을 따라 움직이며 전류를 이루게 될 것이고 이 움직임은 격자를 회전시키는 원동력이 된다.

자전하는 격자가 회전축 방향으로 수축하는 것은 자기력선을 표현했다. 격자가 빨리 회전할수록 수축은 더 커지고 힘은 더 강해진다. 그리고 힘의 북-남 방향은 맥스웰이 도입한 관습에 따르면, 격자와 같은 방향으로 회전하는 오른나사의 진행 방향이다. 자전하는 격자의 '적도' 부분에서 일어나는 팽창은 자기력선 사이에서 횡 방향으로 작용하는 척력을 나타냈다. 맥스웰은 발전하고 있었지만, 아직도 패러데이의 발견 중 하나를 더해야 했다. 물질은 서로 다른 자기적 특성을 가지고 있었다. 철과 니켈과 같은 물질은 높은 자기 유도 능력을 가지며(자기력선을 매우 잘 전달하며), 반면에 나무 같은 물질은 진공보다도 낮은 자기 유도 능력을 지닌다(이들은 반자성 물질이다). 맥스웰은 이 문제를 언제나처럼 확고한 손놀림으로 풀어냈다. 가상의 격자는 모든 공간을 채우고 있었으며 보통의 물질이 점유하고 있는 공간에도 공존했는데, 다만 각 격자의 밀도는 그 공간에 있는 보통 물질의 유도 능력에 비례하도록 설정되어 있었다. 격자가 빽빽하게 밀집되어 있을수록 그 물질은 자기력선을 더 쉽게 통과시키는 셈이었다. 같은 의미에서 격자의 밀도가 높을수록 주어진 회전 속도에 대해 종적인 수축과 횡적인 팽창의 힘이 더 커지게 된다. 맥스웰의 유추에서는 이 힘이 자기력선의 농도 또는 밀도로 나타난다. 그러나 격자가 모든 곳에 존재한다면, 어떻게 그들은 보통의 물질과 공존할 수 있는 것일까? 맥스웰은 이런 쓸데없는 질문으로 주저하지 않았다. 그는 격자의 질량 밀도는 물질에 실제로는 아무 영향도 미치지 않을 만큼 아주 낮아서 알려진 장치로는 감지할 수 없을 정도라고 가정했다. 약간이라도 질량이 있고 충분히 빨리 회전하는 한, 축 방향으로 수축할 것이고 필요한 힘을 만들어내게 될 것이다. 결국 이것은 사고에 도움을 주는 개념적 모델일 뿐이었다.

격자의 성질을 이런 방식으로 변하게 하는 것은 밀도뿐만은 아니었다. 일부가 절연체로 채워진 공간에서는 격자(또는 격자의 국지적인 그룹)이 전기 입자를 붙잡아두게 된다. 그러나 구리 도선과 같은 전도율이 높은 전도체에서 입자는 자유롭게 움직일 수 있다. 이 '끈끈함'이 바로 물질의 전기적 저항을 나타낸다. 이상적인 전도체는 이 성질을 전혀 가지고 있지 않고, 이상적인 절연체는 완벽한 *끈끈함*을 가진 반면, 현실 세계의 물질은 그 중간 영역에 속해 있는 것이다. 작은 전기 입자는 격자와 회전 접촉을 하고 있으므로, 미끄러지는 효과는 없었다. 균일하고 변하지 않는 선형 자기장 안에서 입자는 전체가 움직이지는 않고, 단지 격자를 따라 자전할 뿐이다. 그러나 일련의 입자가 회전 없이 움직여서 전류를 형성한다면 그들과 접촉하는 격자를 회전시킬 것이다. 이것이 바로 전류가 흐르는 도선 주위에 원형 자기장이 생성되기 위해 필요한 조건으로, 앞에서 말한 3번 법칙에 해당한다. 입자가 회전하고 움직이기까지 한다면, 이 움직임에 의한 원형 장 위에 회전에 의한 선형 장이 중첩될 것이다. 자기력은 이미 2번 법칙에서 설명했다. 이 모델은 케임브리지 시절의 맥스웰의 유체 모델보다는 작동 방식이 더 복잡하고 역제곱 법칙을 내재적으로 포함하고 있다는 차이점이 있었지만, 본질적으로는 기하학의 문제였다.[4]

이제 맥스웰의 모델이 4번 법칙을 정복할 차례다. 이는 패러데이의 유도 법칙으로, "변화하는 장이 전류가 흐르는 회로를 통과하면 회로 안에 전류를 만들어낸다"는 내용이었다. 맥스웰은 등가 효과를 보여주기로 했다. 즉, 변화하는 자기장으로 연결된 두 개의 회로 중 하나에 전류를 흐르게 하면, 두 번째 개별적 회로에 전류 펄스를 유도함을 입증하기로 한 것이다. 이는 패러데이가 1831년의 철심 고리 실험에서 발견한 바로 그 효과였다. 맥스웰은 자신의 모델이 이 효과를 어떻게 모의로 시연할 수 있는지 자세하게 설명했다. 그는 격자를 그림으로 그려서 설명했는데, "순전히 미적인 이유에서" 육각형 단면의 격자로 그렸다. 그림 12.1 a~d에서 목적에 맞게 조금 변경하여 제시해두었다.

이 도식은 작은 영역의 공간 단면을 보여주고 있다. AB 상에 있는 공회전 바퀴 입자는 전지와 스위치를 갖춘 회로의 도선을 이루고 있으며, 초기 상태에서 스위치는 열려 있다. PQ 상에 있는 공회전 바퀴는 다른 도선 위에 있으며, 이 도선은 전지나 스위치가 없는 분리된 회로의 한 부분이다. AB와 PQ를 따라 놓여 있는 공회전 바퀴는 전도체 안에 있기 때문에 자유롭게 움직일 수 있다. 그러나 이웃하는 다른 공회전 바퀴는 비전도성 물질 안에 있기 때문에 고정된 위치에서만 회전할 수 있다. AB와 PQ는 불가능할 만큼 얇은 도선이며 서로 불가능할 만큼 가깝게 놓여 있지만, 이것은 도식을 간략하게 하기 위한 조치다. 맥스웰이 제시한 논리는 보통의 크기를 가지고 보통의 간격으로 떨어져 있으며 수많은 공회전 바퀴의 열과 격자를 가진 도선에도 똑같이 적용될 것이다. 그의 주장은 다음과 같이 진행된다.

처음에 모든 자기장의 값은 0이고 스위치는 열려 있다. 따라서 모든 격자와 공회전 바퀴도 정지해 있다(그림 12.1 a). 스위치를 닫아 전지가 회로에 연결되면 AB 상의 공회전 바퀴는 회전하지 않고 왼쪽에서 오른쪽으로 움직이며 전류를 구성한다. 이로 인해 AB선 양쪽에 놓인 격자의 열은 서로 반대 방향으로 회전하게 되고, 이로써 도선 주위에는 원형의 자기장이 생성된다. PQ 상의 공회전 바퀴는 지금 AB 쪽 위에 있는 회전하는 격자와 다른 쪽의 정지한 격자 사이에 들어 있기 때문에 회전하기 (시계 방향으로) 시작하고, 이들은 AB 상의 공회전 바퀴와는 반대 방향으로, 즉 오른쪽에서 왼쪽으로 움직이기 시작한다(그림 12.1 b).

그러나 PQ 도선을 포함하는 회로는 약간의 저항을 가지므로(모든 회로에는 저항이 있으므로) 해당 위치의 공회전 바퀴는 초기의 급격한 변화 이후에 속도가 줄어들며, PQ 위쪽의 격자를 반시계 방향으로 회전하게 만든다. 결국 회전은 계속되지만, 공회전 바퀴의 횡 방향 움직임은 멈춘다. 이때, PQ 위쪽의 격자는 PQ 아래쪽 열에 있는 것과 동일한 속도로 회전하려 할 것이다.(그림 12.1 c)

스위치를 다시 열어서 전지 연결을 끊으면, AB 위의 공회전 바퀴는 움직임을 멈추고 AB 양쪽 열에 있는 격자도 회전을 멈추게 된다. PQ 상의 공회전 바퀴는 AB 쪽의 정지한 격자와 반대쪽의 회전하는 격자 사이에 끼어 있기 때문에 왼쪽에서 오른쪽으로 움직이기 시작하고, 전

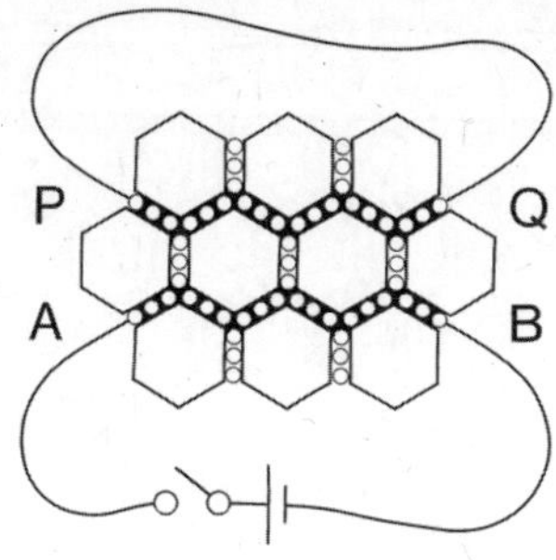

| 그림 12.1 a 스위치 열림 |

- 모든 격자와 공회전 바퀴는 정지해 있다.
- 전류 없음.
- 자기장 없음.

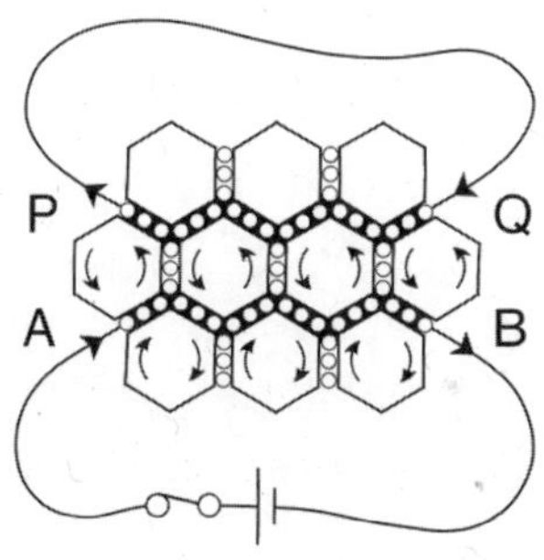

| 그림 12.1 b 스위치 처음 닫힘 |

- AB 전류는 왼쪽에서 오른쪽으로 흐른다.
- PQ 전류는 오른쪽에서 왼쪽으로 흐른다.
- AB 아래의 격자는 시계 방향으로 회전하며, 관찰자로부터 멀어지는 방향으로 자기장을 만든다.
- AB 와 PQ 사이의 격자는 반시계 방향으로 회전하며, 관찰자 방향으로 자기장을 만든다(3차원에서는 원형의 장이 AB를 둘러싼다).
- AB 위쪽의 격자는 아직 정지해 있다.

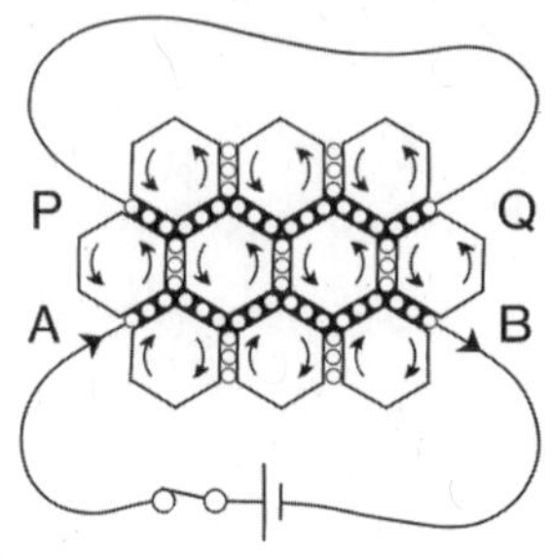

| 그림 12.1 c **스위치가 닫힌 직후** |

- PQ 전류는 점점 느려지다가, 정지한다.
- AB 위쪽의 격자는 반시계 방향으로 회전하기 시작하고, 전류가 멈추는 시점에는 PQ
  아래 열에 있는 격자와 같은 속도로 회전하고 있다.

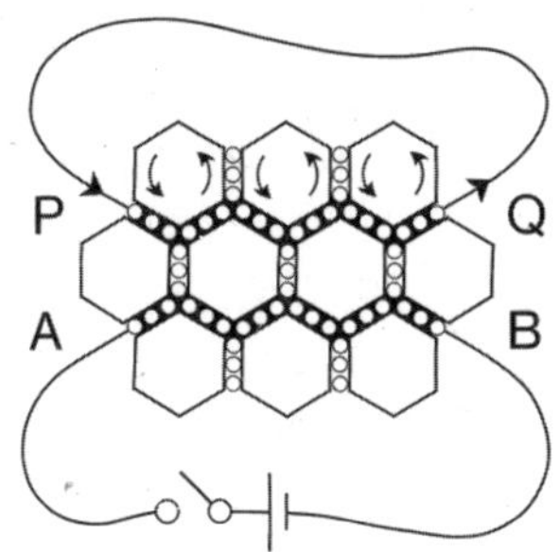

| 그림 12.1 d **스위치 다시 열림** |

- AB 전류가 멈춘다.
- AB 위쪽과 아래쪽의 열의 격자가 회전을 멈춘다.
- PQ 전류가 왼쪽에서 오른쪽으로 흐른다.
- 전류가 점점 느려지고, 정지한다. 이제 상황은 그림 12.1 a와 같아질 것이다.

류는 본래의 AB 전류와 같은 방향으로 흐르기 시작한다(그림12.1 d). 다시 한 번 PQ를 포함하고 있는 회로의 저항은 공회전 바퀴를 감속시킨다. 이번에는 횡 방향 움직임이 멈추면 더 이상 회전하지 않을 것이므로, 다시 그림 12.1 a에 표시된 상태로 되돌아온다.

따라서 AB 상에 지속적인 전류가 흐르면 PQ에 반대 방향의 전류 펄스를 유도하고, 전류를 끄면 역시 또 다른 펄스를 PQ에 유도하게 되는데, 두 번째 경우에는 본래의 전류와 같은 방향이다. 더 일반적으로는 AB 회로 안의 전류가 어떤 변화를 일으키더라도 그들을 연결하고 있는 변화하는 자기장을 통해서 떨어져 있는 PQ 회로 안에 전류를 유도한다. 이와 마찬가지로, 도선 고리를 통과하는 자기력선 양이 변화하면 고리에 전류를 유도한다, 이것으로 4번 법칙이 설명되었다. 만일 AB 회로 안의 전지를 교류 발전기로 대치한다면, AB의 교류는 PQ에 교류를 유도하게 될 것이다. 이것이 바로 오늘날 우리가 사용하는 전력 시스템에서 변압기가 작동하는 방식이다.

드디어 패러데이의 전기적 긴장 상태에 대한 물리적인 해석이 제시되었다. 패러데이는 이 상태가 도선에 생기는 일종의 변형 상태이며, 도선이 자기장 안에 있으면 언제나 존재하지만 오직 장이 변할 때만 그 모습을 드러낸다고 생각했다. 예를 들어, 철심 고리 실험에서 1차 코일의 전류가 꺼져서 주위의 자기장이 붕괴되었기 때문에 2차 코일에 잠시 전류가 나타났다는 것이다. 맥스웰은 효과는 같지만 다른 해석을 내놓았다. 그의 모델에 등장하는 격자는 관성을 가졌고 회전할 때 각 운동량의 저장고로 작용했다. 이 운동량의 모든 변화는 힘을 동반한다. 달리는 버스에 탄 사람이 갑자기 정차할 때 몸이 앞으로 밀리는 힘을 받는 것과 유사한데, 이 경우에는 기전력의 형태를 가지고 전기가 통할 수 있는 길을 따라 전류를 흐르게 하는 것이다. 그의 모델에서는 전기 입자를 나타내는 조그만 공회전 바퀴의 대열을 흐르게 만들 것이다. 패러데이의 전기적 긴장 상태는 맥스웰이 장 위의 모든 점에서 정의된 값을 가지는 "전자기 운동량"이라 불렀던 것의 징후였다.[5]

　가장 이해하기 힘든 법칙은 1번 법칙일 것이다. 전하 사이의 힘, 통상 '정전기력'이라고 부르는 힘을 모델 안에 통합시킬 방법은 지금은 맥스웰에게 보이지 않았다. 완벽한 이론을 세우지 못한 것은 실망스러웠지만, 그는 수학적 엄격함으로 결과를 정리하여 1862년 봄에 논문 〈물리적 역선에 관하여On Physical Lines of Force〉를 2부로 나누어 발표했다.[6] 그는 예전에 논문 〈패러데이의 역선에 관하여〉를 발표했을 때처럼, 이번에도 이 모델을 문자 그대로 받아들이지 말아달라는 주의를 잊지 않았다.

　저는 이것이 자연에 존재하는 연결 관계라고 주장하지는 않습니다. 또는 기꺼이 찬성하는 전기적 가설로서 제시하는 것도 아닙니다. 그러나 이것은 역학적 사유의 대상이 될 수 있고 쉽게 탐구해볼 수 있는 연결 관계이며, 알려진 전자기적인 현상 사이의 실제 역학적 연결 관계를 밝혀내는 데 기여할 것입니다. 그래서 감히 주장하려 합니다. 이 가정이 본질적으로 조건적이며 임시적임을 이해하는 사람이라면, 이것이 현상의 진정한 해석을 찾는 데 방해보다는 도움이 된다는 사실을 알게 될 것입니다.[7]

　우선 이것으로 일단락되었다고 여겼으나, 글렌레어에서 여름휴가를 보내는 동안 또 하나의 새로운 생각이 형성되기 시작했다. 에너지 손실 없이 몸체를 건너 내부의 힘을 전달하기 위해서는 격자에 상당한 탄성이 존재해야 했다. 혹시 이것으로 전하들 사이의 힘을 설명할 수 있을까? 절연체에서는 전기 입자를 대신하는 조그만 '공회전 바퀴'가 자유롭게 움직일 수 없었다. 그들은 원 상태 그대로 모격자parent cell에 붙잡혀 있었다. 그러나 기전력이 절연체 안의 입자를 움직이려 하면, 근접한 탄성적 격자는 입자가 짧은 거리를 움직이도록 허용하며 뒤틀릴 것이다. 그리고 이렇게 뒤틀린 격자는 본래 모양으로 돌아오려는 복원력이 작용한다. 뒤틀림이 클수록 힘도 클 것이고, 입자는 이 힘이 기전력과 균형을 이룰 때까지 움직일 것이다. 이때, 작은 전기 입자의 짧은 움직임은 절연 물질 안에서의 일반적 전기적 변위displacement of electricity를 나타냈다. 모든 물질이 분자로 구성되었다면, 각 분자 내부에서 전기적 변위가 일어날 것이다. 다른 말로 하면 분자는 전기적으로 분극될 것인데, 이는 패러데이의 예측과 정확히 일치했다(패러데이는 원자의 존재를 믿지는 않았지만, 물질의 작은 입자가 이런 방식으로 분극되었다고 믿었다). 그렇지만 맥스웰은 완전히 새로운 영역으로 들어가려하고 있었다. 격자와 공회전 바퀴의 집합은 공간이 보통의 물질로 점유되어 있는지 여부에 상관없이 모든 공간에 퍼져 있었다. 그래서 이 모델에 의하면 분극될 분자가 존재하지 않는 진공에서도 전기적 변위는 일어나야만 했다!

패러데이는 물질마다 전기력선을 통과시키는 능력, 즉 전기 유도 능력이 다르다는 것을 발견한 바 있었다. 맥스웰은 각 격자의 탄성도를 정할 때, 같은 공간을 점유하는 보통 물질의 전기 유도 능력에 해당하는 탄성을 격자에 부여함으로써 이 부분을 모델에 포함시켰다. 이 물질이 기전력이 가해진 절연체였다면, 모델의 작은 전기 입자가 움직인 거리는 힘의 크기뿐만 아니라 그 물질의 유도 능력에 의해서도 결정될 것이다. 해당 물질의 유도 능력이 높다면, 격자는 약한 탄성을 갖게 되어 입자는 상대적으로 먼 거리를 움직일 수 있을 것이었다. 그러나 유도 능력이 매우 낮다면, 격자는 딱딱해서 입자가 간신히 움직일 수 있는 정도가 될 것이다. 입자에 의해 움직인 거리는 물질의 전기적 변위를 나타냈고, 변위는 전기적 유도나 전기력선을 구축했다. 이것은 패러데이의 발견과 정확하게 맞아떨어졌다. 즉, 주어진 기전력에 대한 어떤 물질 내의 전기력선은 그 유도 능력에 비례했다.

1번 법칙의 정전기력은 역제곱 법칙과 함께 설명되었다. 그것은 자기력과 마찬가지로 모델에 내재된 것이었고, 기본적으로는 기하학적 문제였다.[8] 힘에 대한 이 설명은 힘이 절연체 안에 있는 모종의 변형이 발현된 것이라는 패러데이의 생각과 맞아떨어졌다. 이 모델에서 변형은 각자의 본래 모습을 되찾으려는 뒤틀린 격자 안에 있었다. 패러데이와 마찬가지로 맥스웰에게도 이 설명은 대부분의 사람들이 선호하는 수수께끼 같은 원격 작용보다 물리적으로 더 만족스러운 것이었다. 예를 들어, 서로 반대로 대전된 물체 사이의 정전기적 인력은 직선으로 서로 잡아당기는 물체가 낳은 신비로운 결과가 아니었다. 이는 주변을 감싸고 있는 절연성 물질(그저 빈 공간일 수도 있다) 안의 변형이 두 물체 모두에 작용하여 서로를 향해 밀어내기 때문에 일어나는 것이다.

맥스웰은 우리가 경험하는 전기적·자기적 힘이 자석이나 도선과 같은 물질뿐만 아니라, 물질을 둘러싸고 있는 공간 속에 존재하는 에너지의 형태로도 자리할 수 있다는 것을 보여주었다. 자기적 에너지는 달리는 기차나 연습용 자전거의 플라이휠처럼 운동하는 질량의 에너지, 즉 역학적 에너지와 혈연관계에 있었던 반면, 전기에너지는 감겨진 스프링 속의 위치에너지와 유사했다. 이 두 형태의 에너지는 서로 뗄 수 없이 연결되어 있었다. 둘 중 한쪽에서 일어나는 변화는 항상 다른 쪽의 변화를 동반했다. 그는 이것이 알려진 모든 전기적, 자기적 현상을 지배하는 법칙과 합치하는지 입증했다. 이것은 대단한 성취였지만, 그는 여기에서 멈추지 않았다. 이 모델은 두 가지 새로운 현상을 예측했는데, 아무도 예상할 수 없을 정도로 엄청난 것이었다.

맥스웰은 완전한 절연체인 물질 속에 짧은 전류가 존재할 수 있다는 특이한 주장을 내세웠다. 이것은 전기적 변위 개념에서 나온 단순한 결론이었다. 변위가 작용하는 동안 일어나는 작은 전기 입자의 움직임은 사실상 짧은 전류였기 때문이다. 맥스웰은 이 현상을 '변위 전류 displacement current'라고 불렀다. 더 나아가, 격자와 입자는 보통 물질이 공간을 점유하는지 여부에 상관없이 공간 전체를 채우고 있었다. 따라서 이 모델에 따르면 기전력은 진공에 대해서도 다른 절연 물질에서 작용했던 것과 똑같은 방식으로 작용해야 한다. 즉, 입자는 모격자의 뒤틀림에 해당하는 짧은 거리를 움직여야 했는데, 이는 다른 말로 하면 변위 전류가 빈 공간에서도 일어나야 한다는 뜻이었다! 그는 전기와 자기를 통합하는 최후의 연결 고리를 찾아냈다. 알려진 전기와 자기의 법칙에는 대칭성과 완전성이 결여되어 있었으나, 변위 전류와 함께 모든 것이 간결하고 아름다워졌고, 이론으로서 완결성을 갖추게 되었다. 그러나 이러한 사실은 맥스웰에게도 분명하지 않았다. 그는 또 다른 것을 보고 있었기 때문이다.

탄성과 관성 모두를 가진 매질이라면 파동을 전파할 수 있어야 했는데, 맥스웰의 매질도 두 가지를 모두 가지고 있었다. 그는 전기와 자기의 끊임없는 요동이 격자의 집합을 통해 어떻게 퍼져나갈지 고민했다. 앞에서 본 대로, 기전력이 절연성 매질에 최초로 가해지면 빈 공간이라도 짧은 순간 전류가 존재했다. 전기 입자는 스프링 반발력 때문에 정지할 때까지 모격자로부터 짧은 거리를 이동하기 때문이었다. 이 움직임은 한쪽의 격자를 통과하여 이웃한 입자의 대열로 전파되고, 다시 다음 층의 격자를 통해 그 너머의 입자에 전달된다. 이 과정은 순간적이지 않은데, 내부 탄성력은 각 격자를 통해 전파되기 때문에 격자 질량의 관성을 넘어설 때까지 시간이 걸리기 때문이다. 따라서 격자의 흔들림에 동반되는 입자의 경련은 매번 파동으로 퍼져나가게 된다. 입자의 경련은 전기장의 요동으로 나타나게 되고, 비틀리는 격자의 움직임은 자기장의 요동을 나타낸다. 이 둘은 서로 분리될 수 없는 것으로, 모든 공간으로 에너지의 파동을 함께 내보낼 것이다. 맥스웰은 바로 전자기파를 예측한 것이다. 아직 논의의 여지는 있었지만, 패러데이가 1845년의 '광선 진동' 강연에서 시사했던 "추측의 그림자"(전기와 자기 력선의 진동이 파동으로 전파될 것이라는 내용이었다)에 대한 견고한 이론적인 발판이 세워졌다.

수리과학자들은 파동 운동을 연구하면서 파동에 두 가지 종류가 있음을 발견했다. 음파처럼 운동이 파동의 진행 방향에 평행한 경우에는 종파(또는 압력파), 바다의 파도나 밧줄의 물결처럼 운동이 파동의 진행 방향에 수직인 경우는 횡파라고 불렀다. 놀랍게도 맥스웰의 전자기파는 이중 횡파였다. 전기와 자기장은 서로 수직을 이루었고, 파동의 진행 방향은 이 둘에 다시 수직을 이루었다.

빛의 파동은 횡파로 알려져 있었는데, 이 사실은 다음 질문으로 이어질 수밖에 없었다. 혹시 빛은 전자기적 에너지의 한 형태인가? 빛의 속도는 이미 실험적으로 측정되어 있었다. 맥스웰은 빈 공간(또는 공기 중)에서 빛의 속도가 전하의 전자기적 전하 단위와 정전기적 전하 단위의 비와 같다고 계산해낸 바 있었다.[9] 이는 대단히 어려운 실험에 의해서만 측정될 수 있는 근본적인 물리량이었기에, 빌헬름 베버와 그의 동료 루돌프 콜라우슈Rudolf Kohlrausch의 실험 외에는 측정된 적이 없었다. 맥스웰은 그들의 실험 결과를 다른 단위계로 변환해야 했지만, 그것은 간단한 일이었다. 그러나 글렌레어의 집으로 돌아올 때 참고 서적을 전혀 가져오지 않았기 때문에 맥스웰은 기대감의 열기에 들뜬 채로 여름 휴가를 보냈다. 10월에 다시 킹스 칼리지로 돌아와서 베버와 콜라우슈의 결과를 찾아서 계산을 해본 뒤에야 측정값과 비교해볼 수 있었다. 그가 예측한 빛의 속도는 진공에서(또는 공기 중에서) 초당 31만 740킬로미터였다. 아르망 히폴리트 루이스 피조Armand-Hippolyte-Louis Fizeau가 측정한 빛의 속도는 초당 31만 4,850킬로미터로, 결과는 일치했다. 두 실험의 오차 허용 범위를 감안하면 1퍼센트가량의 오차는 수용할 수 있었다. 빛은 전자기적인 것이 틀림없었다.

그는 논문 〈물리적 역선에 관하여〉가 1, 2부 이상으로 이어지리라고는 예상하지 못했다. 그러나 정전기력, 변위 전류, 파동을 다루는 3부, 편광된 빛의 편광면이 자기장에 의해 회전되는 현상(패러데이가 1845년에 발견했던 효과다)을 다루는 4부의 집필에 착수했다. 맥스웰은 1862년

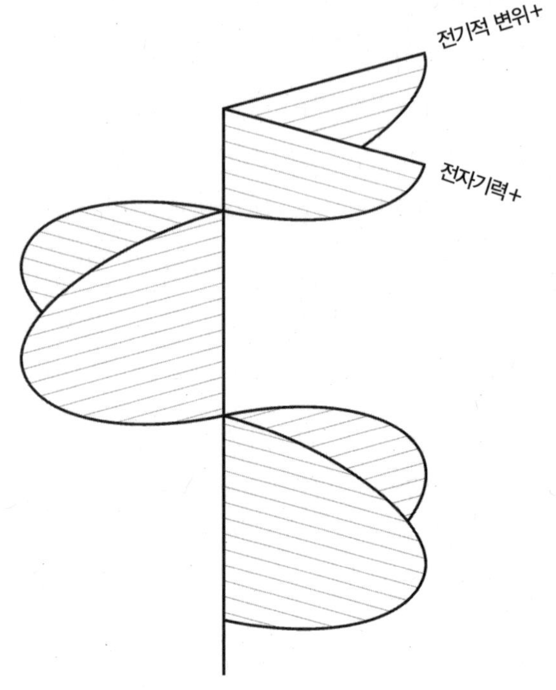

| 그림 12.2 **맥스웰의 전자기파 도식** |

초에 출판된 3부에서 다음과 같이 공언했다.

빛이 전기적·자기적 현상을 일으키는 것과 동일한 매질의 횡적인 요동
으로 이루어진다는 추론을 피할 수 없다.[10]

맥스웰은 전기, 자기, 빛을 통합하는 쾌거를 이루었다. 그러나 그의
발언은 아직 미세한 물결에 불과했다. 대부분의 물리학자들이 빛의 전
파가 가능하려면 일종의 에테르가 필요하다고 믿던 시대였으므로, 에

테르의 원리를 전기와 자기에까지 확장시킨 맥스웰의 이론을 쉽게 받아들였으리라고 생각할 수도 있다. 그러나 그의 모델은 너무 괴상하게 비추어졌고 다루기 어려웠기 때문에 아무도 이것이 현실 세계를 표현할 수 있다고는 생각하지 못했다. 친구인 세실 먼로Cecil Monro의 반응이 대표적이다.

> 관측된 빛의 속도와 매질에서 횡적 진동이 갖는 속도의 계산값이 일치하는 것은 분명 눈부신 결과로 보이네. 하지만 전류가 일어날 때마다 작은 입자의 대열이 두 열의 바퀴 사이로 밀리며 통과한다는 것을 사람들이 믿게 만들기 위해서는 이와 같은 결과가 몇 개는 더 있어야 한다고 생각되네.[11]

장애물은 당시의 과학적 사고 뿌리 깊은 곳에 자리 잡고 있었다. 뉴턴의 시계 장치 우주에 빠져 있던 이 시대의 사람들은 일체의 물리적 현상은 모종의 역학적 작용의 결과로 나타난다고 생각했다(물론 적절한 곳에서 원격으로 작용하는 중력과 결합되어야 했지만). 그렇기 때문에 진정한 역학적 원리를 발견하는 것만이 명료한 이해에 다다르는 길이라고 여겼던 것이다. 그의 경고에도 불구하고, 사람들은 맥스웰의 모델이 자연의 실제 메커니즘을 표현하려는 시도가 아니며, 유추를 통해 중요한 수학적 관계에 도달하기 위한 한시적 보조 수단임을 이해하지 못했다. 맥스웰도 이 모델이 "어딘지 좀 어색하다"고 시인했지만, 동시대의 많은 사람들에게 이것은 진정한 메커니즘을 찾으려는 (독창적이기는 해도) 결점투성이의 시도로 비춰졌고, 진정한 메커니즘은 아직 발견되지 않았다고 생각했다.

맥스웰조차도 이 성취의 진정한 의미를 알지 못했을 것이다. 뉴턴 역학의 친숙한 도구와 재료만을 사용해서, 상상조차 해본 적 없는 과학적 지식의 새로운 영역에 다리를 놓는 데 성공한 것이다. 이 다리는 이상하고 볼품없는 건축물이었지만 목적에 충실했고, 사실은 다리가 만들어진 것 자체가 기적이라고 할 수 있었다. 맥스웰 이외에는 그 누구도 다리의 필요성을 알지 못했다. 그렇다면 동시대인들과 맥스웰을 구분 지은 것은 대체 무엇이었을까? 두 가지 특징이 우선 눈에 띈다.

첫 번째 특징은 역설적으로 보일지도 모르지만, 맥스웰이 어떤 의미에서는 대부분의 동시대인들보다도 충실한 뉴턴의 추종자였다는 점이다. 앞에서 본 것처럼, 전기와 자기에 대한 최초의 수학적 법칙은 중력의 법칙을 모델로 한 것이었다. 뉴턴에 따르면, 두 물체 사이에 작용하는 중력은 두 질량의 곱을 거리의 제곱으로 나눈 것에 비례했다. 여기에서 질량을 전하량으로(또는 극의 세기로) 대체하기만 하면 전기와 자기의 기본 법칙을 얻을 수 있었던 것이다. 그러나 쿨롱, 앙페르, 푸아송을 비롯한 이들의 연구는 이 힘들이 질량, 극, 전하 사이의 원격적이고 순간적인 작용으로부터 생긴다는 가정을 기반으로 하고 있었다. 정작 뉴턴은 이런 가정을 내리는 것을 조심스러워했는데도 말이다. 실제로 뉴턴은 원격 작용을 "철학적 대상에 대해 제대로 된 사고력을 지닌 사람이라면 그 누구도 빠질 수 없는 부조리"라고 묘사한 바 있었다.[12] 그러나 이 경고의 말은 잊혔고, 1880년대 초중반을 통틀어서 원격 작용에 공개적으로 도전했던 유능한 물리학자는 오로지 패러데이와 맥스웰뿐이었다.

동료들과 맥스웰을 구분 지은 두 번째 특징은 빈 공간에서의 변위 전류와 전자기파를 예측한 사실이 전형적으로 보여주고 있다. 어떤 실험 결과도 이에 대한 힌트를 주지 않았고, 논리적으로 생각해도 다다를 수 없는 결론이었다. 설명을 찾아내는 데는 많은 시간이 들었으니, 맥스웰의 이러한 특징을 천재성이라고밖에는 표현할 수 없다.

패러데이는 이 무렵 노령으로 침잠하고 있었기 때문에 맥스웰의 최신 논문을 읽지는 못했지만, 의견을 표시할 수 있었다면 맥스웰에게 전적으로 호의적이지는 않았을 것이다. 그는 역선을 유체의 일정한 흐름이라는 유추로 표현했던 맥스웰의 첫 번째 논문을 좋아했으나, 그가 전혀 좋아하지 않았던 면도 포함되어 있었다. 패러데이에게 전기력선과 자기력선은 근본적이며 지지대 없이 존재하는 자족적인 것이었으나, 맥스웰의 모델에서는 작은 격자와 그보다 더 작은 입자의 운동이 내는 효과에 불과했으므로, 어떤 의미로는 지위가 강등된 셈이었다. 자연의 실제 메커니즘을 표현하려는 목적이 아니라는 맥스웰의 경고에도 불구하고, 자연이 원자의 집합으로 동작한다고 가정하는 것처럼 보였다. 패러데이는 원자를 공상적이라고 여겼으며, 원자에 대해서 "우리가 알지도 못하며, 이해할 수도 없고, 철학적 필요성도 없는 것을 가정할 이유는 무엇인가?"라고 말하기도 했다.[13] 맥스웰의 모델에 영감을 제공한 것은 패러데이였지만, 정작 패러데이는 이 모델 안에서 물리적 실재에 대해 가지고 있던 자신의 견해를 알아보지 못했을 것이다. 그는 특히 이 모델이 매질에 의존하고 있다는 점에서 반대했을 것으로 보인다. 패러데이가 보기에 역선은 매질을 필요로 하지 않고 스스로의 진동을 통해 전파되는 것이었기 때문이다. 그러나 패러데이의 손길이 미치지 못하는 실재의 영역이 있었으니, 바로 수학적 관계들이었다. 맥스웰이 블록 방식으로 짜 맞춘 모델은 오로지 수학적 관계를 발견하려는 목적으로 인한 것이었다. 이 목적은 달성되었고, 맥스웰은 이론을 일체의 작위적인 물리적 가설로부터 자유롭게 만들 방편을 찾고 있었다.

그는 전자기학에 관련된 생각을 "의식과는 독립적으로 진행되는 마음의 영역"에 맡긴 뒤, 다른 주제에 긴급하게 필요한 실험으로 관심을 돌렸다. 그는 기체 분자 운동론에 관한 첫 논문에서 기체의 점성은 압력에 무관해야 한다는 점을 보였는데, 이 예측이 아직도 검증되지 않았기 때문이다. 이것은 기체 운동론의 성패를 결정짓는 시험대가 될 터였다. 예측이 틀렸다는 것이 밝혀지면 이 이론은 사라질 테지만, 실험 결과가 옳다고 밝혀지면 큰 힘을 얻게 될 것이었다. 아직 누구도 비슷한 일을 시도해본 적은 없었기 때문에 킹스 칼리지의 실험 장비는 이 목적에 부합하지 않아서, 그는 집에서 실험을 해보기로 결심했다. 일반적으로 맥스웰은 이론적 천재라고 묘사되고 이는 옳은 지적이지만, 그는 실험실 안의 노동도 즐겼다. 글렌레어의 임시 실험실에서 보낸 수많은 시간이 실험 기술을 견고하게 만들어주었다. 기체 운동 문제는 어떤 실험가에게든 거대한 도전이었겠지만, 정면으로 맞부딪칠 때가 왔으므로 맥스웰은 손수 옷소매를 걷어붙였다.

켄싱턴의 다락방에서 아내 캐서린을 조수로 삼아 과학사에서 가장 화려한 가정 실험 중 하나를 실행에 옮겼다. 맥스웰은 거대한 유리 상자 안에 사람 키보다 높은 삼각대로 비틀림 진자를 고정했다. 유리 상자에는 펌프가 연결되어 있어서 내부의 공기압을 올리거나 내릴 수 있었는데, 공기의 점성은 진자의 움직임을 느리게 만들었다. 처음에는 압력 봉인에 결함이 생겼고, 그다음에는 유리 상자가 쾅 하는 소리와 함께 폭발했다. 그러나 맥스웰은 굴하지 않고 결국 믿을 만한 측정값을 얻어냈고, 점성은 압력과 독립적이라는 맥스웰의 예측은 완벽하게 증명되었다. 이 결과는 기체 운동론의 발전에 이정표를 제시하는 것이었다.

그의 시대에는 다른 요청도 많았고, 그중 어떤 것은 기술적 진보의 밑거름이 되었다. 패러데이가 광학 렌즈나 등대와 같은 중요한 국가 프로젝트를 위해 일해달라는 요청에 응했던 것과 같은 맥락에서, 맥스웰도 전신 산업에 도움을 제공했다. 이 시대 최대의 기술적 도전은 대서양에 제대로 작동하는 해저 전신 케이블을 설치하는 일이었는데, 이 과정에서 나타난 골치 아픈 문제는 각별한 관심을 기울여야 했다. 첫 번째 대서양 해저 케이블은 1858년에 설치되었으나, 몇 주 만에 동작하지 않았다. 회수된 부분을 조사한 결과 케이블의 품질이 너무 나쁘다는 사실이 드러났다. 그래서 윌리엄 톰슨이 투입되어 케이블 생산 공정과 공급에 품질 검사를 도입하는 임무를 지휘했는데, 가장 절박하게 필요한 것은 공급되는 케이블이 기준에 맞는지 검사할 수 있는 전기 저항의 물리적 표준이었다.

윌리엄 톰슨은 이 목적을 위해 정교한 실험을 제안했고, 맥스웰은 영국과학진흥협회에서 파견된 팀을 이끌고 킹스 칼리지에서 이 연구를 수행했다. 그의 동료는 에든버러 아카데미 동창이자 스코틀랜드 동향인 플리밍 젠킨Fleeming Jenkin과 밸푸어 스튜어트Balfour Stewart였다. 톰슨의 아이디어는 구리 도선 코일을 지구의 자기장 안에서 빠른 속도로 회전시켜서 그 안에 전류와 함께 자기장이 형성되도록 하는 것이었다. 자기장은 코일이 회전함에 따라 계속 변화하지만, 코일이 어느 방향으로 감겼는가에 따라 동쪽이나 서쪽 중 한쪽을 향해 주로 작용할 것이다. 이때 코일의 중앙에 자석 바늘을 섬세하게 매달아두면 처음에는 앞뒤로 흔들리다가 결국에는 지구 자기장에 특정한 각도로 멈춰 설 것이다. 톰슨이 제안한 실험 설계의 놀라운 점은 바늘의 휘어진 각도가 오직 코일의 저항에만(코일의 크기나 회전 속도처럼 이미 알려진 값을 제외하면) 의존한다는 것이었다. 적당한 공식을 적용하자 이 각도로부터 코일 저항의 절대 측정값을 도출할 수 있었는데, 이를 이용하여 휴대성도 높고 재생산하기도 쉬운 '표준' 모델의 저항을 설정할 수 있었다. 이제 이 모델의 복제품으로 긴 케이블을 비롯한 온갖 물체의 저항을 측정할 수 있게 되었다.

이렇게 우아한 설계를 현실에 적용하기는 쉽지 않았다. 측정할 때마다 약 9분 동안 수동으로 코일을 회전시켜야 했는데, 이때 일정한 회전 속도를 유지하기 위해 젠킨은 특수한 관리 장치를 만들었다. 기계적인 결함이 발생하거나 인근 템스 강을 지나는 강철선이 지구 자기장을 교란하는 바람에 수없이 중단되었지만, 수개월간 참을성 있는 작업은 마침내 보상을 받아서 세계 최초의 전기 저항 표준이 탄생했다. 곧이어 대서양 횡단 전신 통신도 완성되었다. 대서양 전신 회사는 윌리엄 톰슨의 지휘 아래 1866년에 첫 번째 음성 케이블을 설치했고, 곧많은 케이블이 이를 뒤따랐다.

맥스웰의 연구의 특징, 아니 그의 삶의 특징은 모든 일을 일정한 속도로 처리하는 것처럼 보였다는 것이다. 그는 절대 서두르는 법이 없었다. 어떻게 그럴 수 있었는지는 모르지만, 그와 캐서린은 오후 시간에는 대부분 공원에 말을 타러 나갔고 집에 찾아오는 온갖 손님들을 대상으로 색 인지에 대한 데이터를 수집하는 일도 계속했다. 맥스웰 부부는 커다란 색 상자를 2층 방 창문에 설치했는데, 길 건너편 주민은 처음에는 관처럼 생긴 이 물건을 보고 깜짝 놀라기도 했다. 또한 맥스웰은 시간을 내어 최신 학술지의 내용도 파악했으며, 학생들에게 유용한 정보가 있으면 전달해주곤 했다. 예를 들어, 강철 형교桁橋와 같은 구조물에 윌리엄 랭킨William Rankine이 제안한 힘 분석을 들 수 있다. 이 분야에서 맥스웰은 소위 상호 도식reciprocal diagram이란 것을 도입함으로써 극적으로 개선했다. 실제 구조물에서 점으로 수렴하는 선을 맥스웰의 새로운 도식에서는 다면체로 표현했는데, 이를 통해 수고스럽게 산술 계산을 하지 않아도 힘의 작용을 시각적으로 파악할 수 있게 되었다. 그러니 그의 후임자 중 한 명인 킹스 칼리지의 찰스 쿨슨 Charles Coulson 교수가 맥스웰에 대해 다음과 같이 평가를 내린 것은 일반적인 견해와 일치한다고 볼 수 있겠다. "맥스웰이 손을 댔던 대상 중에 다시 알아볼 수 없을 정도로 큰 변화를 겪지 않은 것은 찾아보기 어렵다."[14]

13

희대의 역작

1863~1865

자기 방식대로 내적 숙고의 시간을 거친 뒤에, 맥스웰은 의식적으로 전자기에 대해 사고하기 시작했다. 그 결과로 태어난 연구는 시간이 아무리 흘러도 세계에서 가장 위대한 과학적 성취 중 하나로 남아 있을 것이다. 그는 이 논문에 〈전자기장의 동역학 이론A Dynamical Theory of the Electromagnetic Field〉이라는 이름을 붙였다. 겸손의 대명사인 맥스웰도 이번만큼은 자화자찬의 욕구를 억누르지 못했다. 사촌 찰스 호프 케이Charles Hope Cay에게 보내는 긴 편지의 말미에 이런 말을 썼다.

또한 나는 논문 한 편을 제출해둔 상태인데, 이것은 빛의 전자기론을 담고 있는 것이네. 다른 견해를 갖게 될 수도 있지만, 내가 지금 생각하기로 이 논문은 희대의 역작이 될 것이네.[1]

그는 논문의 첫 부분에서 지금까지는 패러데이만의 것이었지만, 이제 맥스웰의 것이기도 한 개념을 세상에 소개했으니, 바로 장이었다.

여기에서 제안하려는 이론을 전자기장 이론이라고 부르는 이유는 전기적/자기적 물체 주변의 공간과 연관이 있기 때문입니다. 또한 그것이 동역학론이라고 불릴 수 있는 이유는 이 〔주변〕 공간에서 일어나고 있는 물질의 운동으로부터 우리가 관찰해온 전자기적 현상이 일어난다고 가정하고자 하기 때문입니다.[2]

가장 창의적인 과학적 이론가들조차도 한 주제에 대해 위대한 연구를 끝내고 나면 다음 주제로 넘어가게 마련이다. 그런데 맥스웰은 한 번 다뤘던 주제로 돌아와서, 완벽하게 새로운 접근법을 적용하여 새로운 차원에 도달했다는 점에서 특별하다고 할 수 있다. 전자기학에 관한 첫 번째 논문에서 그는 패러데이의 역선 개념에 수학적 표현을 부여하기 위해 '비압축성 유체'라는 유추를 이용했다. 이어진 두 번째 논문에서는 회전하는 격자와 공회전 바퀴로 이루어진 완전히 색다른 가상의 모델을 구축했다. 이 가상의 모델이 "다소 불편하다"는 점은 그 자신도 인정했지만, 이로부터 괄목할 만한 결과를 얻어낼 수 있었다. 이를 통해 그는 그때까지 알려진 모든 전자기적 효과를 설명할 수 있었을 뿐만 아니라 두 가지의 놀라운 현상을 추가로 예측했다. 바로 변위 전류와 빛의 속도로 이동하는 전자기파였다. 혜안을 지닌 동시대 학자들마저도 맥스웰이 밟을 다음 단계가 다소 괴상한 모델을 개선하는 것이리라고 예상했으나, 그는 그 모델은 한쪽으로 밀어놓고 동역학적 원리만 이용해서 전체 이론을 처음부터 다시 세웠다.

이것은 접근 방식에 있어서 근본적인 변화가 일어났음을 의미했다. 그는 이제 가상의 모델을 구축하기보다는 동역학 법칙을 통해 잘 알려져 있고 정립된 수학적 관계로부터 새로운 과학적 진리를 직접적으로 도출하려 애썼다. 역학 법칙은 뉴턴이 발견한 운동 법칙에 "닫힌 체계 내에서는 에너지가 보존된다"라는 원리가 추가된 것이었다. 공간 안의 에너지라는 개념은 맥스웰이 이 논문에서 보여준 새로운 접근 방식에 있어 핵심적인 것으로, 동역학dynamic과 장이라는 단어를 논문의 제목에 넣어서 이 사실을 강조했다. 이는 힘의 개념에 초점을 맞춘 이전 논문 〈물리적 역선에 관하여〉와 차별점을 두기 위해서이기도 했다.

이번에도 맥스웰은 자신의 방법론과 힘이 다른 매질의 개입 없이 원격으로 작용할 수 있다고 가정하는 이론가들의 방법론을 명확하게 구분 짓는 것으로 논문을 시작했다. 전기 현상과 자기 현상을 설명하는 데 있어서 원격 작용의 개념이 가장 자연스러운 설명으로 보일 수 있다는 사실은 맥스웰도 인정했다. 그는 베버와 같은 학자들의 연구에 진심 어린 존경심을 표현하면서도, 겉보기에는 자연스러워 보이는 설명 너머의 더 근본적인 것을 찾고 있다는 점을 명시했다. 그는 베버의 이론이 야기하는 "역학적 어려움" 때문에 "궁극적 이론이라고 보기 어렵다"고 밝혔다.[3] 겸손한 방식이기는 하지만, 지금 소개하려는 자신의 이론이 "궁극적 이론"이라고 가식 없이 주장하는 듯이 보였다.

당시 사람들의 생각에 따르면 동역학의 수학적 법칙은 물질에 속하는 것으로, 그중에서도 특히 지렛대, 도르래, 기어, 스프링 등을 가진 기계의 영역에 속했다. 맥스웰은 이 법칙을 물체가 아니라 전자기적 상태를 가진 공간, 물체가 들어 있는 공간이며 물체를 둘러싸고 있는 공간, 즉 장에 적용하려 했다. 그는 이미 회전하는 격자 모델에서 이를 시도하여 성공을 거두었으나, 그러기 위해서는 모든 공간을 채우고 있는 가상의 기계를 구축해야 했다. 이 모델은 변위 전류와 전자기파라는 놀라운 예측에 이르는 발판을 제공했지만, 맥스웰은 이 발판을 걷어차버리고 어떤 특별한 물리적 가설에도 기대지 않는 이론을 세우려 했다.

그의 견해에 따르면, 공간 속에서 전자기적 에너지를 저장하고 전자기력을 운반하는 어떤 것이 있어야만 했다. 그리고 이 매질이 어떤 형태를 띠고 있든, 역학적 체계와 마찬가지로 역학 법칙을 따르고 있다고 가정하는 편이 타당했다. 그러나 이 매질을 수학적으로 포착하려면 어떻게 해야 할까? 톰슨과 테이트에게서 이에 필요한 수단을 얻을 수 있었다. 두 친구는 최초의 정통 물리학 교과서이기도 한 대작 《자연철학 논고》를 공동 집필하는 첫 단계에 있었고,[4] 그 준비의 일환으로 영국에서는 간과되던 위대한 프랑스 수학자들의 저서를 연구하고 있었다. 그 가운데에서도 명망 높은 조셉 루이 라그랑주는 이탈리아에서 태어난 프랑스 수학자로, 전체 역학적 체계의 운동을 분석하는 형식화된 방식을 개발했는데 모든 체계는 그 크기나 복잡성과 무관하게 정해진 개수의 독립적인 운동 양식만을 가졌다. 라그랑주는 각각의 운동 양식이 전체 시스템의 운동·위치에너지와 어떤 연관성을 가지는지 보여주는 미분방정식을 제시했다. 군대의 행진 대열처럼 질서정연하게 정렬된 이 방정식을 이용하면 어떤 시작 조건에서도 체계의 운동을 계산할 수 있었다.[5]

라그랑주의 방법론에서 특이한 점은 역학적 체계를 "블랙박스"로 취급한다는 것이었다. 체계 내부의 상세한 메커니즘을 알 필요 없이, 체계의 보편적 특징과 입력값만 알고 있으면 출력값을 계산할 수 있었다. 언제나처럼 맥스웰은 문제의 요점을 묘사하는 특징적 비유를 찾아냈다.

평범한 종탑의 경우, 종에 연결된 밧줄은 바닥에 난 구멍을 통해서 종치기가 있는 방까지 연결되어 있다. 그런데 각각의 밧줄이 한 개의 종만 움직이는 것이 아니라 여러 기계 장치에 영향을 미치며, 각각의 기계 장치 역시 하나가 아닌 여러 개의 밧줄의 영향을 받는다고 생각해보라. 나아가 이 기계 장치가 전혀 소음을 내지 않고 작동하며, 따라서 아래에서 밧줄을 당기는 사람에게는 그 존재가 전혀 알려져 있지 않다고 생각해보라. 그들은 머리 위에 있는 구멍밖에는 보지 못한다고 말이다.[6]

종탑 속의 기계 장치와도 같이 자연의 상세한 메커니즘은 감춰져 있어도 상관없었다. 그 메커니즘이 역학 법칙에 종속되어 있는 한, 아무 모델 없이도 전자기장의 법칙을 도출해낼 수 있을 것이었다.

자연의 감춰진 메커니즘은 장, 즉 공간 속 에너지의 자리 안에 체현되어 있었다. 장은 맥스웰의 라그랑주 공식화에 의해 통일되고 연결된 체계로 구성되었다. 그렇지만 이 체계는 이제까지 사람들이 보거나 사고한 어떤 것과도 달랐다. 장은 환영이 아니었다. 실제 에너지를 가지고 있었으며, 역학적인 일을 하도록 조작될 수 있었고, 전자기적 인력과 척력이라는 역학적 힘을 가할 수 있었다. 그러나 아직도 그 구성 요소들은 대부분 추상적이었다. 장의 구성 요소들은 수학적 기호로 표현되면 방정식에 따라 행동했지만, 정작 물리적 존재는 감각적 지각 너머에 있었다.

맥스웰은 장이 가지고 있는 에너지를 두 종류로 구분했다. 전기에너지는 스프링에 축적된 에너지처럼 위치에너지인 반면, 자기에너지는 플라이휠의 에너지와 같은 운동에너지 또는 '실제actual' 에너지였다. 이 에너지를 수용하기 위해 맥스웰은 비어 있든, 물체가 점유하든 간에 모든 공간이 어떤 매질로 차 있다고 가정했다. 이 매질은 운동을 수용할 수 있었고, 이 운동을 장의 특정한 점에서 임의의 다른 점으로 전달할 수도 있었다. 위치에너지를 담기 위해 이 매질에는 일종의 전기적 탄성이 있었다. 운동에너지를 담기 위해서는 관성을 가지고 있었고, 결과적으로 움직일 때마다 맥스웰이 "전자기 운동량"이라고 부른 것을 얻었다.

이 탄성적 매질은 전기적 힘을 받으면 왜곡을 일으켰으며(맥스웰은 이를 변위displacement라고 불렀다), 따라서 위치에너지를 저장하고 스프링 복원력을 작용했다. 이러한 왜곡 또는 변위가 나란히 일어나는 선이 바로 전기력선이었다. (맥스웰은 이 논문에서 전기력선이나 자기력선의 개수를 언급하는데, 이는 전기나 자기 흐름의 단위에 상응하는 단위 역선의 개수다.) 공간의 한 부분이 크게 왜곡될수록 해당 공간의 전기력선 밀도도 따라서 높아졌다. 이때 복원력은 전하를 띤 물체 사이의 인력이나 척력으로, 즉 지각 가능한 힘의 형태로 보통 물질의 세계에서 나타났다. 변위 상의 변화가 생기면 짧은 전류가 발생했는데, 이것이 예전 논문에서 묘사한 변위 전류였다. 또한 매질의 운동량은 자기력선을 표현했는데, 공간의 한 부분에서 운동량이 커지면 해당 공간의 자기력선 밀도도 따라서 높아졌다. 이 매질에는 아직 두 가지 성질이 더 필요했다. 매질이 보통 물질과 같은 공간을 점유하는 경우에(이것은 진공의 경우를 제외하면 항상 성립하는데) 매질의 탄성과 관성은 해당 물질이 전기력선과 자기력선을 전도하는 능력에 따라 달라졌다.

매질의 탄성과 운동량으로 표현되는 역선의 두 체계는 맥스웰의 변위 전류를 통해 서로 연결되어 있었다. 전기적 힘에 일어나는 변화에는 매질의 탄성 왜곡이 뒤따랐다. 왜곡 과정에서 매질 안에 일어나는 일정한 운동은 곧 운동량을 의미했고, 이것은 자기적 힘을 나타냈다. 따라서 전기적 힘에 일어나는 모든 변화는 자기적 힘을 생성했다. 나아가 반대의 경우도 성립했다. 자기적 힘에 일어나는 모든 변화는 전기적 힘을 생성했다. 이런 쌍방의 상호작용이야말로 전기와 자기를 잇는 최후의 연결 고리였고, 동시에 전자기파를 만들어내는 요인이기도 했다.

또한 맥스웰은 실험의 두 가지 근본적 결과물을 설명했다. "고리 형태의 전류는 자석처럼 작용한다"는 앙페르의 발견과 "회로를 지나는 자기력선의 숫자에 변화가 있으면 기전력이 발생한다"는 패러데이의 발견이 그것이었다.

이 매질이 보통의 물질 세계와 만나는 지점을 맥스웰은 '구동점 driven point'이라고 불렀다. 이것은 전기 모터나 발전기의 경우처럼 진짜 역학적 힘이 방출되고 역학적 일이 행해지는 지점이었다. 예를 들어, 전기가 흐르는 회로라면 무엇이든 구동점이 될 수도, 피구동점이 될 수도, 동시에 둘 다가 될 수도 있었다. 모든 회로는 그 자체로 그것을 통과하는 자기력선에 의해 매질과 맞물려 있었다. 이 자기력선은 장이 가진 전자기 운동량이었고, 회로와 장의 나머지 부분의 기어가 맞물려 있는 방식을 결정짓는 것은 회로를 통과하거나 연결되어 있는 자기력선의 수였다. 기어의 변환율은 회로의 크기, 모양과 위치에 의해 정해졌다.

동역학 법칙의 라그랑주 형식화와 자신이 고안한 매질을 함께 사용한 결과, 맥스웰은 장의 모든 부분과 모든 다른 부분의 상호작용을 계산할 수 있게 되었다.

이 과정에 대한 대략적인 개념을 이해하기 위해서 맥스웰이 제안한 종치기의 비유를 이용해보자. 여러 사람이 한 줄로 서서 연습용 자전거의 페달을 밟고 있는 모습을 상상해보라. 정상적인 플라이휠이 달린 자전거는 없지만, 모두가 밟고 있는 체인은 벽 속으로 이어져서 〔종치기의 예에서처럼〕 보이지 않는 기계 장치에 연결되어 있다(그리고 기계 장치를 통해 다른 모든 체인과도 연결되어 있다). 페달을 밟는 이마다 다른 감각을 느끼고 있다. 어떤 사람에게는 페달이 무겁게 느껴지고, 어떤 사람에게는 가볍게 느껴진다. 사람들은 각자 기계 장치의 관성에서 각기 다른 부분을 페달의 무게라는 형태로 경험하고 있으며, 극히 작은 부분일지라도 다른 모든 사람의 페달에서 오는 효과를 느끼고 있다. 즉, 각자의 페달은 부분적으로는 자기 자신의 노력으로, 부분적으로는 다른 모든 사람들의 노력으로 돌아가고 있는 것이다. 이 중 한 사람이 갑자기 페달을 더 세게 밟기 시작한다면, 다른 모든 사람들도 어느 정도 그 효과를 느끼게 될 것이다. 변화가 매질을 통해 전달되므로 시간차가 발생하겠지만, 이는 사람들이 느끼지 못할 정도로 짧을 것이다.

이 이미지를 맥스웰의 이론적 추론으로 옮겨보면, 각자가 밟는 페달은 공간 속 어딘가에 있는 전기회로가 된다. 페달의 회전수는 회로 안을 흐르는 전류의 양과 회로를 통과하는 자기력선의 숫자 모두를 표현한다. 보이지 않는 기계 장치는 만물에 스며들어 있는, 운동량을 보유한 맥스웰의 매질이다. 그리고 기계 장치에 연결된 체인은 회로와 매질 사이의 자기적 결합이다. 우리가 이용한 연습용 자전거의 비유는 부분적으로만 들어맞는데, 전기적 효과가 어떤 방식으로 매질의 탄성을 통해 전달되는지 설명하지 못하고 있기 때문이다. 그러나 맥스웰은 모든 부분을 통합해서 어떻게 전기적 효과와 자기적 효과가 결합되는지 입증했다. 놀랍게도, 매질의 탄성과 관성의 연관성만 가지고도 다음 두 가지를 모두 결정하는 방정식을 써내는 데 충분했다. 첫 번째는 공간상 임의의 점에서 장이 순간적으로 지니는 상태이며, 두 번째는 전류가 흐르는 임의의 회로나 전하를 띤 임의의 물체에 가해지는 물리적 힘이었다.

맥스웰의 매질은 전기적 탄성을 가지고 있었고, 또한 자기력선에 상응하는 전자기 운동량도 가지고 있었다. 맥스웰은 이 두 가지의 성질만 가지고 교란이 매질 속을 진행하는 속도를 계산해냈는데, 또한 이는 전하의 전자기와 정전기의 단위 비율로도 동등하게 표현될 수 있다는 것을 증명했다. 그는 회전하는 격자 모델에서 이 비율이 곧 광속과 동일함을 밝힌 바 있다. 맥스웰은 어떤 모델의 도움도 받지 않고, 광속이 오로지 전기와 자기의 근본 성질들로만 결정된다는 사실을 증명한 것이다. 이뿐만이 아니었다. 그는 그림 12.2에서 볼 수 있는 것처럼, 빛을 포함한 모든 전자기파는 전기파와 자기파로 이루어져 있으며, 항상 같은 위상에서, 그리고 진행 방향에 직각인 동시에 서로에 직각으로 진동하고 있다는 사실을 보여준 것이다.

라그랑주 형식화를 통해 중요한 방정식에 도달한 맥스웰은 역학적 모델의 필요성을 소거하는 데 그치지 않고 더 멀리 나아갔다. 그가 쓴 〈전자기장의 동역학 이론〉에는 혁신적인 아이디어의 씨앗이 묻혀 있었다. 물리 세계에서 일어나는 자연의 작용 중에 어떤 것은 역학적 모델을 필요로 하지 않을 뿐만 아니라, 역학적으로 설명하는 것 자체가 불가능했다. 한 예로, 전류가 흐르는 회로는 에너지를 '가지고' 있었다. 이것은 진짜 에너지로, 전기 모터를 돌리거나 기계적 일을 하는 데 사용할 수 있지만, 과연 에너지가 있는 곳은 어디인가? 에너지는 전선 속이 아니라 장 속에, 즉 주위의 공간에 분포되어 있었다. 이것은 운동 에너지였지만, 정작 움직임의 증거는 찾을 수 없었다. 회로를 통과하는 자기력선들이 구성하는 전자기 운동량의 역할은 우리에게 친숙한 역학적 운동량과 유사했는데, 후자는 물체의 질량과 속도의 곱으로 정해지는 것이었다. 그러나 전자기에 있어서 운동량은 물체를 필요로 하지 않으며, 공간 속에 두루 분포되어 있었다. 그러니 19세기의 과학자들이 이런 급진적인 사유를 왜 그리도 받아들이기 어려워했는지 알 수 있다. 그들은 서로 충돌하는 당구공처럼 만질 수 있고 측정할 수 있는 대상만 가지고 사유하도록 훈련받았던 것이다.

맥스웰은 실재reality에 대해 가지고 있는 개념을 통째로 바꾸려 하고 있었다. 그는 물리 세계의 근본 요소들이 감각기관에 지각되지 않는다는 사실을 알아챈 첫 번째 인물이었다. 우리가 유일하게 알 수 있는 것은 이러한 근본 요소들과 느끼고 만질 수 있는 대상 사이에 성립하는 수학적 관계뿐이며, 그 이상은 영원히 알 수 없을지도 모른다. 이 근본 요소들이 무엇인지 영영 이해하지 못할 수도 있다. 다만 기호를 할당하고 방정식에 포함시키는 등의 방식으로 대상을 추상적으로 묘사하는 것에 만족해야 한다. 프리먼 다이슨Freeman Dyson의 적절한 표현을 빌리자면, 맥스웰은 20세기의 물리학이 거둘 위대한 승리의 원형을 세우고 있었던 셈이다. 맥스웰의 전자기 운동량을 정말로 상상하는 것이 불가능하듯이, 전자와 같은 대상도 수학적으로 엄격하게 정의될 수는 있을지언정 시각적으로 이해될 수는 없다.

맥스웰은 불가능해 보이던 일을 성취했다. 즉, 동역학 법칙으로부터 직접적으로 전자기장 이론을 연역해낸 것이다. 그러기 위해서 만물에 스며든 매질의 존재(이는 패러데이가 부인한 이후로 신용을 잃은 개념인 에테르와 다를 바 없었다)를 가정했다는 사실을 비판할 사람들이 있을지도 모른다. 오늘날 에테르라는 관념은 전혀 터무니없는 것으로 보인다. 감각기관에 지각되지 않을 정도로 희박하면서, 동시에 횡파를 광속으로 전달할 정도로 탄성을 지닌 고체나 액체에 가까운 물질이 어떻게 가능하단 말인가? 부분적으로 유효하기는 해도, 그러한 비판은 문제의 본질을 놓치는 셈이다.

맥스웰의 이론은 사실을 기반으로 하고 있었고, 또한 패러데이와 다른 과학자들이 정립한 전기 및 자기 법칙과 유사한 방식으로 증명되었던 역학 법칙을 그 근간에 두고 있었다. 그리고 이러한 요소를 토대로 그가 예측한 변위 전류와 전자기파 역시 훗날 실험에 의해 사실로 밝혀졌다. 윌리엄 톰슨, 올리버 로지Oliver Lodge, 조지 프랜시스 피츠제럴드George Francis Fitzgerald를 비롯한 19세기의 과학자들은 에테르의 물질적 존재를 굳게 믿었을 뿐만 아니라 각자 메커니즘을 정의해서 내놓았던 반면에, 맥스웰은 자신이 상정한 매질에 성질만 부여했다. 맥스웰은 예감하지 못했지만, 이 성질은 장차 아인슈타인이 이루어낼 대발견(공간과 시간의 근본 성질을 다룬 특수상대성이론)의 서곡이 될 것이었다. 맥스웰은 회전하는 격자 모델을 과감히 폐기하고 다음 단계에 다다르려는 노력을 아끼지 않았다. 장의 개념은 공간과 시간에 따라 관련된 양이 복잡다단하게 변화한다는 점과 추상적 기호로 표현된다는 점에서 20세기 위대한 발견의 초석이 되었다. 입자물리학의 최신 이론인 소위 표준 모델Standard Model 역시 예외는 아니다.

맥스웰은 이 발견의 결과를 총 일곱 부분으로 된 논문으로 발표했는데, 여기에는 빛의 전자기이론에 대한 12쪽도 포함되어 있었다.[7] 1864년 10월에 맥스웰이 왕립 학술원에서 이 논문을 발표했을 때, 청중은 혼란에 빠져들었다. 괴상한 모델에 기반하는 이론도 난감했는데, 이번 이론에는 아예 아무 모델도 없었으니 이해할 수 있을 리가 만무했다. 맥스웰과 청중의 입장 모두 이해할 만하다. 논문은 길고 복잡해서 한 번의 연설로 축약하기 어려웠고, 그 자리에서 간파하는 것은 불가능에 가까웠다. 논문은 다양한 양이 어떻게 상호작용하며, 공간과 시간에 따라 어떻게 변화하는지 묘사하고 있었다. 그중 장 세기field intensity나 자장 밀도와 같은 대부분의 양은 벡터로 표현되는 것으로, 3차원 공간에서 규모magnitude와 방향을 모두 가지고 있었다. 이 당시 벡터 수학을 이해할 수 있던 사람이 몇 명 없었다는 사실을 제쳐두더라도, 처음 접하는 이들을 더욱 어렵게 했던 것은 벡터 방정식이 3차원의 각 차원마다 하나씩, 즉 세 배의 형태로 주어진다는 사실이었다. 맥스웰의 이론은 여덟 개의 방정식으로 이루어져 있었으나, 그중에서 여섯 개는 벡터 트리플이었기 때문에 결과적으로는 20개 정도의 방정식을 모아놓은 것처럼 보였다. 그러니 사람들이 이것을 불가해하다고 느낀 것은 당연한 일이었다. 오늘날 이 이론은 네 개의 유명한 '맥스웰 방정식'으로 축약되어 설명되지만, 맥스웰은 자신의 이론을 이런 방식으로 간추린 적이 없다. 그보다는 확장 가능성이 높은 배열을 선호했고, 여기에 대해 "우리가 던지는 질문의 단계에서는, 유용한 생각을 표현하는 양을 제거함으로써 얻는 것보다 잃는 것이 더 많다"[8]는 의견을 피력했다. 대부분 그랬듯이, 여기에서도 맥스웰은 옳았다. 그는 완벽하게 생소한 영역으로 통하는 교두보를 건설하는 셈이었기에, 훗날 이론의 발전에 도움이 될 수 있는 모든 가능성을 보존해둔 것은 현명한 일이었다. 나중에 올리버 헤비사이드가 어떤 길을 통해 지금 만인이 사용하고 있는 네 개의 방정식에 도달했는지는 뒤에서 다룰 것이다.

그러나 수학적 난해함보다 훨씬 심오한 장벽이 있었다. 일류 수학자였던 윌리엄 톰슨은 아무런 어려움 없이 논문의 수학적인 면을 이해할 수 있었는데도 맥스웰이 "신비주의에 빠져버렸다"[9]고 말했고, 이는 많은 이들의 견해를 대신 표현한 말이었다. 톰슨과 왕립 학술원의 다른 임원들은 모든 자연현상을 역학적으로만 설명하는 뉴턴의 세계관에 뿌리 깊게 갇혀 있었기 때문에, 맥스웰이 새롭고 다른 세계로 가는 길을 열어주었다는 사실을 인식하지 못했다. 이것은 역사적인 순간이었다. 과학사학자 토머스 쿤Thomas Kuhn이 패러다임 전환paradigm shift이라는 이름을 붙였던 과학사에서 아주 드물게 일어나는 사건, 즉 과학자들의 사고와 작업을 조율하는 일련의 공유된 사상과 방법론에 근본적인 변혁을 가져다주는 사건의 전조를 맥스웰은 〈전자기장의 동역학 이론〉에서 보여주었던 것이다. 그러나 대부분 경우에 그렇듯, 이 변화도 수십 년의 시간이 흐른 후 젊고 유연한 정신을 가진 과학자들이 나타나서 세대 교체를 이룰 때까지 좀처럼 수용되지 못했다. 나중에 보게 되겠지만, 이 과정도 충돌과 예상치 못한 난관을 겪으며 진행되었다.

이 이론은 10년 이상 지속되었던 엄청난 창의적 노력의 결과물이었으며, 그 영감은 처음부터 끝까지 마이클 패러데이의 연구에서 비롯된 것이었다. 패러데이가 《전기에 대한 실험적 연구》에 세심하게 기록해놓은 발견과 생각이 있었기 때문에 맥스웰은 패러데이가 보았던 방식대로 세계를 볼 수 있었고, 패러데이의 비전과 강력한 뉴턴의 수학을 결합함으로써 물리적 실재에 대한 새로운 개념을 제시할 수 있었다. 수학의 강력한 힘을 통해 성취했다고 해도, 기적에 가까운 맥스웰의 직관이 없이 수학만으로는 결코 불가능했을 결과였다. 이는 이론에 완벽함을 부여한 변위 전류라는 개념을 보면 알 수 있다. 그러니 이 이론은 맥스웰과 패러데이 모두의 것이다.

맥스웰이 내놓은 '희대의 역작'이 세상에 영향을 미치는 데는 시간이 걸렸다. 그가 이룬 성과의 진정한 의미는 맥스웰 자신을 포함해 아직 아무도 알아보지 못했으나, 이 무렵 그는 과학계에서 유명한 인물이었다. 색 인지와 기체 운동론에 관한 연구, 영국과학진흥협회의 요청으로 전기 표준에 기여한 값진 노력으로 인정받고 존경받았던 것이다. 그의 명성이 킹스 칼리지의 인지도를 한층 끌어올리는 데 기여했기 때문에, 대학 측은 감사의 표시로 강사 한 명을 배정해서 업무 부담을 줄여주었다. 강의실에서 그가 어떤 모습을 보여주었는지 입증하는 자료는 거의 남아 있지 않지만, 애버딘에서 그를 괴롭혔던 문제는 계속되었으리라 생각된다. 어쩌면 강의 실력이 조금 나아졌을 수도 있겠고, 애버딘의 데이비드 질처럼 "그가 큰 소리로 사유할 때 튀어나오던 정신의 불꽃 중 몇 개라도 잡을 수 있었던" 몇몇 학생들이 있어서 "대단한 영감의 원천"[10]으로 칭송받았을 수도 있겠다.

배정된 강사의 도움에도 불구하고 맥스웰은 여전히 할 일이 많았다. 운동론과 열 이론에 관한 새로운 생각이 막 피어오르고 있었고, 이것을 차분히 정리할 시간이 필요했다. 전자기론 연구도 아직 완성과는 거리가 멀었다. 그는 대규모 저작을 집필할 때가 왔다고 느꼈다. 한편으로는 주제를 정돈하는 것이 절실했기 때문이었고, 분야에 새로 입문하는 이를 도울 뿐만 아니라 스스로의 사유에도 견고한 기반을 구축하기 위해서였다. 또 다른 소망은 영지 관리와 고향의 지역 행사에 더 많은 시간을 투자하고, 아버지가 생전에 설계하고 계획한 글렌레어 저택의 증축 사업을 시작하는 것이었다. 런던에 있는 5년 동안 맥스웰은 대학 업무, 가내 실험, 전자기 연구, 영국과학진흥협회를 위한 업무 등 다양한 일에 매진할 수 있었다. 또한 가까운 곳에 있는 왕립 학술원과 왕립 과학 연구소까지 걸어가서, 동료 과학자들과 허물없이 만나고 토론하는 것 또한 큰 즐거움이었다. 그러나 마음속 깊은 곳에서 맥스웰은 여전히 시골 소년이었고, 캐서린과 함께 갤러웨이에서 안정된 삶을 꾸리기 위해 은퇴하기로 결정했다. 교수 자리를 유능한 강사 W. 그릴스 애덤스W. Grylls Adams에게 간단히 넘겨줄 수 있다는 사실을 알자, 결정은 더욱 쉬워졌다. 애덤스의 형은 해왕성을 발견함으로써 맥스웰이 1857년에 수상했던 애덤스 상의 명칭을 제공했던 존 카우치 애덤스웠다. 동생도 화려한 경력을 거쳐 훗날 시드니 왕립 천문대의 소장이 된다. 맥스웰은 겨울에 런던으로 돌아와서 평소처럼 노동자 학교에서 저녁 강의를 맡기로 했다.

1865년 봄, 맥스웰과 캐서린은 다시 한 번 거대한 색 상자를 조심스럽게 짐칸에 챙기고, 켄싱턴의 집을 떠나 글렌레어로 돌아왔다.

14

전원의 삶

1865~1871

맥스웰이 캐서린에게 청혼했을 때, 시를 써달라는 그녀의 요청에 그는 기꺼이 응했다.

나와 함께 가겠나요,

상쾌한 봄의 물결 사이로,

이 넓은 세상 속에서

나의 위안이 되어주고

나와 함께 가서 배우겠나요

학자의 일상이 어떤 모습인지

아름답기 그지없는 산자락,

우리들만의 번사이드에서.[1]

이 글은 뛰어난 문학작품은 아니지만, 대중의 비평을 염두에 두고 쓴 시도 아니다. 캐서린에게 바치는 이 시는 그토록 많은 것을 의미했던 고향집을 함께 나누자는 초대장이었다. 한때 자갈투성이였던 그곳은 맥스웰의 부모님이 힘든 노동을 통해 안락하고 비옥한 농장으로 개간한 땅이었으며, 그가 소년 시절에 아버지가 준 지팡이를 들고 산과 들로 쏘다니며, 그곳에 살고 있는 생물 하나하나에 마음을 주었던 곳이기도 했다. "아름답기 그지없는 산자락, 우리들만의 번사이드"는 글렌레어 영지 안을 굽이쳐 흐르는 어 강변의 구릉을 가리키는 표현이었다.

아버지의 전통을 이어받은 맥스웰은 영지를 개선하는 데 꾸준히 노력을 기울였다. 아버지 존 클러크 맥스웰은 처음부터 검소한 집에 덧붙여 더 높고 거대한 건물을 지어서 완성하려고 했으나, 비용 문제로 야망을 포기해야 했다. 당시 어린 맥스웰은 아버지와 몇 시간씩이고 가능성을 논하면서 설계도를 그리곤 했다. 그리고 이제야 그 계획이 결실을 거둘 기회가 온 것이다. 그는 설계를 검토하고, 비용을 감당할 수 있도록 세부적인 사항을 변경하거나 생략했으며, 건축업자가 다음 봄에 공사를 시작할 수 있도록 조치했다. 인생은 잘 흘러가고 있는 듯 보였으나, 어느 날 말을 타고 나간 맥스웰은 나무에 부딪혀 머리에 찰과상을 입는다. 처음에는 대단치 않은 상처처럼 보였으나 감염이 일어났고, 곧 생명이 위독해졌다. 이번에도 캐서린의 헌신적인 간호가 목숨을 구했다. 한 달가량 병상에 누워 있던 그는 다시 기력을 회복했고, 얼마 지나지 않아 둘은 다시 승마를 즐길 수 있었다.

맥스웰은 나이가 든 후에도 낯을 가리는 편이었으나, 그를 한 번이라도 본 사람들에게는 강력한 인상을 남겼다. 그를 1866년에 만난 사람의 말을 들어보자.

그는 중키에 굳건하고 강인한 체격을 가졌으며, 걸음걸이는 어딘가 튀는 듯한 탄력이 있다. 우아한 의복보다는 편안한 옷차림이다. 표정은 총명함과 유머로 빛날 때도 있지만, 전체적으로는 사색의 깊은 그림자에 잠겨 있다. 검은 눈은 달아오르는 듯하며, 머리칼과 수염도 완벽하게 검은색으로, 그의 지적인 창백함이 주는 인상과 대비된다. …… 무관심한 사람에게는 지방 출신의 신사나, 더 정확히 말하자면 북부의 영주로 비춰졌을 것이다. 그러나 예리한 눈을 가진 자라면 이 사람이 학자라는 사실, 그것도 평범한 수준의 지성을 뛰어넘는 학자라는 사실을 알아챌 것이다.[2]

이러한 첫인상이 사실이었음은 여실히 드러났다. 다시 맥스웰을 만났을 때 이 사람은 이렇게 쓰고 있다.

그는 유머 감각이 뛰어났고 재치 있거나 익살스러운 대화를 즐길 줄 알았으나, 반면 노골적으로 박장대소하는 일은 매우 드물었다. 그의 즐거움이 외적으로 드러나거나 뚜렷하게 보이는 부분은 기이하게 빛나는 그의 눈이었다. 그의 마음에는 폭발적인 면을 전혀 찾아볼 수 없었고, 웃음은 결코 떠들썩하지 않았으며, 심지어 짜증내거나 화를 내는 법도 없었다. 그의 성격은 잔잔하고 고요했으며, 즐길 때는 천재적이면서도 온화하고, 다른 이들이라면 곤혹스러워하거나 짜증을 냈을 법한 상황에서도 끝없는 인내심을 보여주었으니, 실로 자연의 시끌벅적함과 대비되는 견고한 고요함을 가졌다고 할 수 있었다.

맥스웰이 자기 인격에 대한 분석을 직접 들었다면 매우 당황했을 것이다. 평정심 아래에는 내적 충돌이 숨겨져 있는 경우도 있으며(맥스웰은 그도 여느 인간과 마찬가지로 악한 면을 가질 수 있다고 말한 바가 있다), 그의 마음속 생각은 겉으로 드러나는 일이 드물었던 것이다. 맥스웰에게는 사람들 앞에서 내적 성찰을 피해야 한다는 굳은 신념이 있었다. 케임브리지 사도회에서 발표한 에세이 〈자서전은 가능한가?〉에서 그는 이렇게 썼다.

자기 자신에 대한 이론을 구축하기 시작하는 사람은 대부분, 언젠가 자신을 이론에 불과한 것으로 만들어버리곤 한다.
…… 고백이라는 위 세척기는 심각한 독을 제거하는 경우만 사용되어야 한다. 일반적인 경우에는 온화한 치료 방법이 건강에 더 도움이 된다.[3]

종교 역시 대단히 개인적인 사안이었다. 지역 교구의 이사이며 스코틀랜드 교회 소속의 장로도 맡고 있었지만, 맥스웰은 어떤 특정한 교리에도 얽매이지 않았다. 과학과 종교 사이의 공통 기반을 세우려는 목표로 운영되던 빅토리아 협회Victoria Institute는 그에게 여러 해에 걸쳐 몇 번이나 가입을 권유했으나 거절당했다. 1875년에 마지막으로 거절하면서 그 이유를 이렇게 설명했다.

누군가가 자신의 과학과 종교성을 일치시키려는 노력 끝에 성취한 결과는 그 사람 외에는 그 누구에게도 의미를 갖지 말아야 하며, 따라서 그것에 사회의 낙인을 찍으려 해서는 안 된다는 것이 제 지론입니다. 미지의 영역으로 뻗어나가는 과학 분과의 경우에는 특히 그렇지만, 끊임없이 변화하는 것이 과학의 본질이기 때문입니다.[4]

패러데이나 뉴턴과 마찬가지로 맥스웰 역시 신이 우주를 창조했음을 믿었고, 따라서 물리 법칙은 곧 신이 제정한 법칙이며, 모든 과학적 발견은 신의 거대한 설계물을 조금 더 이해하는 과정이라고 믿었다. 동시에 독실한 기독교인이기도 했기에 그는 신의 진정한 실체는 오직 《성경》에서만 찾을 수 있다고 믿었고, 또 여느 신학자만큼이나 《성경》을 잘 알고 있었다. 과학적 연구에 있어서 맥스웰은 실험적으로 뒷받침되지 않은 이론은 자타를 불문하고 임시적인 것으로 치부했다. 물질적 증거도 없이 절대적인 믿음과 신앙을 요구하는 기독교적 신앙이 어떻게 과학적 접근법과 양립할 수 있었을까? 대답은 《성경》의 해석 방법에 있었다. 신이 이레 만에 세상을 창조했다는 《창세기》의 설명이 문자 그대로의 진리라고 받아들일 필요는 없었다. 마찬가지로, 다른 구절도 비유적 표현으로 읽을 수 있었다. 이러한 해석의 과정은 쉽지 않았지만, 맥스웰에게는 반드시 필요한 과정이었다. 과학과 종교는 따로 떼어서 보관하면 그만인 물건이 아니었다. 둘 사이의 균열은 반드시 점검하고 수리되어야 했으나 참고할 만한 대상이 없었기에, 맥스웰은 영성의 세계와 물리 세계의 연결을 설명하는 일에 있어서는 자기 자신이 최고의 적임자라고 결론지었던 것이다.

캐서린은 40대 초반이 되었고, 맥스웰 부부가 아이를 갖지 못할 것은 분명했다. 자세한 이유는 알 수 없지만, 자식을 원하지 않아서는 아니었을 것이다. 맥스웰은 영지의 아이들과 놀아주는 것을 즐겼으며,

각종 놀이와 속임수로 아이들에게 기쁨을 주면서 행복했던 유년 시절을 떠올렸다. 그리고 후계자 문제도 있었다. 상속자가 없으면 글렌레어 영지는 클러크 쪽 사촌에게 넘어갈 것이고, 경치 좋은 시골 영지 이상으로 취급받지 못할 터였다. 그러나 이미 지나간 일 때문에 의기소침하지 말자는 것이 맥스웰의 신조였다. 그는 겉으로는 실망감을 드러내지 않았고, 주어진 삶에서 최선을 다하려 했다.

맥스웰이 글렌레어에서 보낸 6년은 모든 면에서 은퇴 후의 생활이었다고 할 수는 없다. 그는 전국을 누비며 영국과학진흥협회 모임에 참석했고, 가끔 수학이나 물리 분야의 수장을 맡기도 했다. 또한 매년 트라이포 시험관 자격으로 케임브리지를 방문해서, 시험 문제를 더 흥미롭고 일상 경험과 밀접하게 만들기 위해 노력했다. 그러는 동안 맥스웰의 연구도 착착 진행되었다. 그중 가장 원대한 프로젝트는 《전기와 자기에 관한 논고》였다. 그가 추구한 것은 자신만의 전자기론을 정립하는 것이 아니라, 전자기에 관해 이제까지 알려진 모든 사실을 총망라함으로써 많은 과학자에게 아직 신비에 싸여 있던 이 분야를 한층 더 개방하는 일이었다. 이는 가히 기념비적인 위업이었다. 거의 1,000쪽에 달하는 이 책은 1873년에야 출판될 수 있었다.

《전기와 자기에 관한 논고》의 집필 작업이 지속적으로 진행되고 있는 동안, 해야 할 일은 무척 많았다. 영국과학진흥협회의 전기 표준 위원회에서 그가 맡은 임무는 단위에 대한 연구 보고서와 세계 최초의 전기 저항 표준을 정립하는 것으로 끝나지 않았다. 또 다른 어려운 실험이 맥스웰을 절박하게 기다리고 있었다. 이는 전하 속에 포함된 전자기와 정전기의 단위 비율을 측정하는 실험으로, 맥스웰의 이론에 따르면 이 비율은 광속과 정확하게 일치했기 때문에 측정 결과에는 많은 것이 달려 있었다. 앞부분에서 다뤘지만, 이 비율은 콜라우슈와 베버에 의해 이미 실험적으로 측정된 바가 있으며, 맥스웰의 해석에 의하면 이때의 측정값은 직접적인 실험을 통해 측정된 실제 광속에 매우 근접하는 이론적 수치를 내놓았다. 그러나 위험 부담이 컸기에 콜라우슈와 베버의 실험 결과를 확인할 필요가 있었고, 독립적인 실험 방법을 사용해서 단위의 비율을 측정해줄 사람을 찾고 있었다. 맥스웰은 이 일을 수락했다. 1868년 봄, 이번에는 케임브리지 세인트 존스 칼리지의 찰스 호킨Charles Hockin과 공동으로 런던에서 이 실험을 진행했다. 반대 전하를 띤 두 개의 금속판 사이의 인력과 전류가 흐르는 도선 코일 두 개 사이의 척력 간의 균형을 맞추는 방식을 이용해서, 그들은 전하량의 단위 비율(이는 맥스웰의 파동이 움직이는 속도이기도 했다)이 초당 28만 8,000미터임을 측정했다. 이렇게 측정된 광속은 콜라우슈와 베버의 측정값보다는 7퍼센트, 피조의 측정값보다는 8퍼센트가량 낮았다. 처음에는 실망스러운 결과로 보였으나, 숙고해본 결과 실험은 성공이었다. 두 개의 독립된 실험 결과가 예측된 파동 속도를 제공했고 실험 오차를 감안하면 측정된 광속과 일치하고 있었으므로, 맥스웰의 전자기론은 힘을 얻은 셈이었다. 오늘날 피조, 콜라우슈, 베버의 측정 결과는 너무 높았고 맥스웰의 측정 결과는 너무 낮았으며, 진실은 그 중간쯤에 위치한다는 사실을 알고 있다.

글렌레어에 머무는 기간 중에 《전기와 자기에 관한 논고》의 초안 대부분을 집필하면서도, 맥스웰은 또 다른 저서인 《열 이론Theory of Heat》과 17편의 혁신적인 논문을 저술했다. 이 시절 연구 주제의 대부

분은 이야기에서 벗어나지만, 그중에서 한 가지만 예로 들어 맥스웰의
상상력(마술에 가까운 상상력 덕택에 그는 변위 전류와 전자기파의 존재를 예
측할 수 있었다)을 다른 각도에서 조명해보도록 하자. 열 이론에서 맥스
웰은 그가 고안한 것 중에 가장 유명할지도 모르는 '맥스웰의 도깨비'
를 소개한다. 이 도깨비는 기체로 차 있는 두 개의 방 사이를 나누는
칸막이에 뚫린 구멍을 지키는 조그만 가상의 존재였다. 우선, 양쪽 방
에 있는 기체는 똑같은 온도를 가지고 있다. 온도는 기체 분자의 평균
속도에 의해 정해지지만(정확히 말하면 속도의 제곱의 평균), 맥스웰의 이
론에 따르면 어떤 온도에서든 평균 속도 이상으로 움직이는 분자와 그
이하로 움직이는 분자가 존재한다. 구멍에 자리 잡은 도깨비는 셔터를
열고 닫으면서, 빠른 분자는 왼쪽에서 오른쪽 방으로 보내고, 반대로
느린 분자는 오른쪽에서 왼쪽 방으로 보낸다. 따라서 오른쪽 방의 기
체는 뜨거워지고, 왼쪽 방의 기체는 차가워지게 된다. 여기에서 도깨
비는 열을 차가운 물질에서 뜨거운 물질로 이동하게 하고 있으므로,
열역학 제2법칙에 위배된다. 맥스웰의 요점은 열역학 제2법칙이 물리
적 법칙이 아니라는 점이었다. 그것은 통계적 법칙이었다. 열이 차가
운 쪽에서 뜨거운 쪽으로 흐를 수 없다고 말하는 것은, 맥스웰의 표현
을 빌리자면, 물 한 잔을 바다에 부어버리면 그와 똑같은 한 잔의 물을
뜰 수는 없다고 말하는 것과도 같았다. 이 비유를 통해 맥스웰이 내어
놓은 심오한 수수께끼는 도깨비라는 이름에 걸맞게 몇 세대에 걸쳐 물
리학자들을 매혹시키고 또 혼란시켰다. 맥스웰의 도깨비는 오늘날 디
지털 커뮤니케이션의 근간이 되는 정보 이론이 탄생하는 계기가 되었
다. 아이러니하게도, 맥스웰의 도깨비에게 이름을 붙여준 사람은 평소

에는 상당히 무뚝뚝한 동료 윌리엄 톰슨이었다. 맥스웰은 애초에 이 창조물을 단순히 '밸브'라고만 부르려고 했다!

다른 일을 하던 도중에도, 맥스웰은 "전기적 상태가 다가오는 것을" 자주 느끼곤 했다. 전기와 자기에 대한 생각은 항상 그의 주위를 맴돌고 있었다. 패러데이와 유사하게 맥스웰의 사고는 많은 경우에 시각적이었고, 의심할 여지 없이 공간 속에서 회전하고 서로 뒤엉키는 전기적/자기적 힘과 흐름의 정신적 이미지를 동반했을 것이다. 이 힘과 흐름은 크기와 방향을 모두 포함하는 수학적 존재인 벡터로 표현되었다. 벡터 수학은 일종의 3차원 기하학도 포함하고 있었으나, 당시 수학 교과서에 나오는 어떤 기하학과도 달랐다. 벡터 기하학을 표현한 방정식은 대부분의 물리학자들에게 불가사의한 것으로만 비춰졌기 때문에, 맥스웰은 신비주의적 색채를 몰아내기 위한 방법을 모색했다. 물리적 양 간의 관계를 시각화하는 데 도움이 되는 방식으로 사람들에게 벡터 기하학을 설명할 수 있을까? 맥스웰은 정신적 이미지들로부터 훗날 만국 공용이 될 용어를 만들어냈으니, 회전curl, 발산divergence, 기울기 gradient였다(뒤의 둘은 div와 grad라는 줄임말로 쓰이기도 한다). 최초에 맥스웰은 '수렴convergence'과 '경사slope'라는 용어를 제안했고《전기와 자기에 관한 논고》에서는 회전이라는 용어를 좀 더 점잖은 '회전rotation'으로 대신하기도 했지만, 본질적으로 이 용어는 모두 세월의 검증을 버텨냈다. 이렇게 포착된 이미지들은 모든 것에 생명을 불어넣었으며, 첨예한 시각적 상상력의 소유자인 패러데이라면 (다소 흐릿할지라도) 스스로의 마음속에서 이미 보았던 개념을 이 용어에서 알아봤을 것이다. 이 세 가지는 그만큼 전자기장 이론에 핵심적인 개념이었다.

회전은 전기와 자기 사이의 관계의 정수라고 부를 만한 것으로, 한 편의 힘이 다른 편의 흐름과 어떤 연관성을 지니는지 설명한다. 공간 상 임의의 점에서 자기의 흐름이나 공기의 유속과 같은 임의의 벡터는 회전을 가지는데, 회전도 벡터로 표현되지만 그 값이 0일 수도 있다. 회전을 시각화하는 것은 결코 쉽지 않지만 불가능한 것은 아니다. 강 위를 흐르는 물을 상상해보자. 여기서 벡터는 물살의 속도와 방향을 나타내고, 전체적으로 보면 강의 어느 부분에 있는지에 따라 다른 값을 가진다. 강의 특정 지점에 작은 수차水車가 고정되어 있고, 수차의 회전축은 각도를 자유롭게 바꿀 수 있다고 가정해보자. 수차는 한편보다 반대편에서 흐르는 물의 속도가 더 빠를 때에만 회전하는데, 수차의 회전축은 가장 빨리 회전할 수 있도록 각도를 조정하게 된다. 이때 물결의 회전을 표현하는 벡터의 크기는 회전율에 비례하며, 방향은 회전축에 평행하다(관습적으로 수차의 회전과 같은 방향으로 회전하는 오른나사가 진행하는 방향을 말한다). 수차가 회전하지 않는 경우 물살의 회전은 0이 된다. 나중에 올리버 헤비사이드가 요약한 맥스웰 이론에 나오는 네 개의 방정식 중 두 개에서 회전은 매우 중심적인 역할을 한다. 이에 따르면, 빈 공간상 임의의 점에서 전기장 힘의 회전은 같은 위치의 자기장 힘의 변화율에 비례하며, 반대의 경우 역시 성립한다.

강물의 비유를 통해서 발산의 개념에도 접근해볼 수 있다. 회전과 달리 발산은 벡터가 아니라 스칼라scalar라는 것으로, 크기는 있지만 (양이나 음 또는 0일 수 있다) 방향은 없는 수량을 묘사할 때 사용되는 개념이다. 지정한 지점에서 물살의 발산은 이 점을 둘러싸고 있는 작은 지역을 기준으로 흘러들어오는 물의 양보다 흘러나가는 물의 양이 얼마나 더 많은가를 보여주는 수치다. 물이 비압축적이라고 가정했을 때 (이는 사실에 매우 가깝다), 두 값은 동일하며 따라서 발산은 0이 된다. 물론 이 지점에 인위적으로 물을 주입한다면 발산은 양의 값을 가질 것이고, 반대로 물을 흡출한다면 음의 값을 가질 것이다. 헤비사이드가 요약한 맥스웰 이론의 나머지 두 방정식은 모두 발산을 이용한다. 이에 따르면, 빈 공간상 임의의 점에서 전기장의 힘의 발산과 자기장의 힘의 발산이 갖는 값은 0이 된다.

기울기는 스칼라 수량의 벡터 속성이다. 예를 들어 지면의 해발 고도처럼, 위치에 따라 변화하는 속성을 상상해보라. 이때 고도는 스칼라 수량이고, 임의의 점에서 기울기는 비탈의 경사가 가장 가파른 방향과 평행하다(관습적으로 하강하는 방향을 말한다). 전위 또는 자위차의 기울기는 이와 유사한 방식으로 정의되며, 전계 강도나 자계 강도 또는 전자기장의 힘으로 나타난다.

맥스웰은 회전, 발산, 기울기 외에도 물리를 명료하게 묘사하는 또 하나의 방식을 얻었다. 친구 P. G. 테이트에게 쿼터니온Quarternion이라고 불리는 수가 존재한다는 말을 들은 것이다. 3차원 공간상의 회전을 표현하는 쿼터니온은 아일랜드 출신의 천재 수학자 윌리엄 로언 해밀턴 경Sir William Rowan Hamilton이 고안해낸 것이었다(에든버러 대학에서 맥스웰에게 철학을 가르쳤던 동명이인 윌리엄 해밀턴 경과는 아무 관계가 없다). 명망을 얻을 만한 이유는 많았지만 해밀턴은 쿼터니온이 자신이 성취한 최고의 걸작이라고 생각했으며, 이야말로 물리 세계의 모든 회전 현상을 이해하는 열쇠가 되리라고 믿었다. 그는 1865년에 세상을 떠났지만, 그 전에 위업을 맡길 만한 학문적 후계자를 찾아놓았다. 테이트는 스승의 작품에 깊이 매료되었고, 쿼터니온을 옹호하는 지칠 줄 모르는 투사로 탈바꿈했다. 그러나 그를 뒤따르는 사람은 많지 않았다. 쿼터니온은 수학적으로 대단히 복잡한 구조였기 때문에, 대부분의 사람들은 이에 대해서 알고 싶지도 않아 했던 것이다. 반면 맥스웰에게는 새로운 가능성을 의미했다. 지금까지 그는 다양한 벡터 관계를 3중 방정식으로 표기해왔으나(공간의 각 차원마다 한 개씩의 방정식이 필요했다), 쿼터니온 표현법을 이용하면 같은 관계를 단일 방정식으로 표현할 수 있다는 사실을 알게 된 것이다. 게다가 해밀턴이 이미 회전, 발산, 기울기의 수학을 쿼터니온 체계 안에 구축해놓았기 때문에 이 모든 것은 아름다운 조화를 이루었다. 그런데도 여전히 쿼터니온을 이해하는 사람의 수는 손에 꼽을 정도였고 일부는 쿼터니온을 무척 혐오했기 때문에, 맥스웰은 안전을 위해 《전기와 자기에 관한 논고》에 쿼터니온 형태와 표준 형태의 방정식을 모두 수록하기로 결심했다. 그 결과는 기호로 사용할 글자가 모자라게 되었다는 것인데, 라틴어와 그리스 알파벳을 전부 써버렸던 것이다! 별다른 대안이 없었으므로 쿼터니온 방정식은 마지막으로 남은 중후한 고딕체 알파벳으로 쓰였고, 오늘날까지도 괴상한 게르만적 분위기를 풍기고 있다.

쿼터니온 덕분에 맥스웰은 전자기론을 20개가 아닌 여덟 개의 방정식으로 표현할 수 있었지만, 당시 대부분의 물리학자에게는 여전히 불가해한 것으로 남아 있었다. 이유는 명백하다. 맥스웰은 자신의 이론을 아직 미완으로 여겼기 때문에, 동시대 과학자들을 혼란시키는 희생을 치르면서도 차후에 있을지 모르는 발전의 가능성을 최대한 열어놓았던 것이다. 《전기와 자기에 관한 논고》에서 그는 여전히 대부분의 경우에 x, y, z축마다 별도의 방정식을 표기하는 3중 방정식의 형식을 이용했으므로, 나무에 가려 숲을 보지 못하는 형국이었다. (이 어려움을 직접 느껴보려면 그림 14.1을 보면 된다. 이 도식에서 맥스웰은 자기장 내부에 있는, 전류가 흐르는 도체에 가해지는 역학적 힘의 x, y, z축 요소를 오른나선의 개념으로 설명하고 있다.).

반면 최종 형태의 방정식만이 쿼터니온을 이용한 표현 방식으로 쓰였는데, 대다수의 사람들은 이 부가적 대안에 손대지 않고 넘어가는 편을 선호했다. 이런 까닭에 맥스웰이 세상을 떠나고 6년 후에 나타난

| 그림 14.1 **자기장 내부의 전류가 흐르는 도체에 가해지는 역학적 힘의 x, y, z축 요소들을 오른나선의 개념으로 설명한 맥스웰의 도식 |**

올리버 헤비사이드가 방정식의 개수를 네 개로 줄이고, 원래의 쿼터니온 표기 방식을 훨씬 간단한 벡터 대수로 대체하기 전까지는 상황에 큰 변화가 없었다. 이를 지켜본 테이트는 물론 분노했고 헤비사이드가 맥스웰의 아름다운 쿼터니온 방정식을 불구로 만들어버렸다고 비난했지만, 헤비사이드도 지지 않고 받은 만큼 모욕을 돌려줬다. 두 사람은 문학적 욕설의 대가였던 데다가, 동등한 상대와 한바탕 싸우는 것을 즐겼던 것이다.

1869년 초, 맥스웰은 부고를 접했다. 색 인지 연구를 비롯한 많은 것에 열정을 불어넣어주었던 사랑하는 스승 제임스 포브스가 세상을 떠났다는 소식이었다. 맥스웰에겐 가슴 아픈 손실이었지만 포브스의 죽음으로 세인트앤드루스 대학의 총장직이 공석이 되었기 때문에, 맥스웰의 친구들과 동료들은 그에게 이 자리를 맡아보라고 설득했다(그 가운데에는 같은 대학의 고대 그리스어 교수로 재직 중이던 루이스 캠벨도 있었다). 맥스웰은 처음에는 주저하면서 "내게 적합한 것은 일하는 것이지 통치하는 게 아니며, 스스로 지배하기보다는 남들이 통치하도록 두는 것"[5]이라고 말했다. 그러나 그는 좋은 교육의 가치를 맹렬하게 신봉하고 있었고 그의 조력자들이 너무도 열정적으로 설득했기 때문에, 맥스웰은 자신이 그 자리에서 쓸모 있는 일을 해낼 수 있으리라고 느꼈다. 결국 그는 마음을 바꾸어 그 자리에 지원하기로 했다.

총장직은 정치적 책임이 뒤따르는 직책이었으나, 정치에 문외한이던 맥스웰은 런던의 지인에게 감상적이기까지 한 편지를 보냈다.

저는 지금껏 과학자들의 친정치적 성향에 관심을 가져본 일이 없기 때문에, 제가 아는 과학자들 중에 누가 정부에 영향력을 가지고 있는지 모릅니다. 가르쳐주신다면 많은 도움이 될 것입니다.[6]

이런 순진무구함을 보이는 맥스웰이 총장직을 얻지 못한 것은 당연한 일인지도 모른다. 어쩌면 잘된 일일 수도 있다. 금붕어가 피라니아들이 가득한 수조에 들어가는 것을 면한 셈이었으니 말이다. 그가 실제로 총장직을 얻었다면 어땠을지 예상하기는 어렵다. 맥스웰이라면 정치적 다툼을 아예 초월해버렸을지도 모르는 일이다. 결국 이 자리는 인문학 교수 존 캠벨 샤프John Campbell Shairp에게 돌아갔다. 시 연구의 대가인 샤프는 당시 막 집권한 노동당의 후원자이기도 했다.

예전에 애버딘 교수직을 잃었을 때 에든버러 대학의 자연철학 교수가 되려 했다가 거절당한 후, 곧 런던 킹스 칼리지의 비슷한 자리를 얻게 되었다. 그때도 스코틀랜드가 놓친 맥스웰을 잉글랜드가 얻은 것처럼, 10년이 지난 지금도 똑같은 일이 반복되고 있었다. 세인트앤드루스가 퇴짜를 놓은 지 얼마 되지 않아서, 케임브리지 대학에서 막 신설된 실험물리학의 중요한 교수직을 맥스웰에게 맡아줄 것을 부탁했다. 총장 데번셔 공작duke of Devonshire은 실험물리학과를 신설하고 그에 맞는 대형 실험실을 새로 짓는 데 막대한 자금을 투자할 것이라고 공언했다. 따라서 실험실을 설계하고 건축하는 것은 첫 번째 교수에게 주어진 임무였다. 대학의 고위 관계자들이 가장 원하던 조건은 수준 높은 연구 시설이나 교육 기관을 운영해본 경험을 갖춘 일류 과학자였다. 이 조건에 제일 부합하는 인물은 윌리엄 톰슨이었으나, 그는 글래스고를 떠나고 싶지 않았다. 그곳에서 그는 와인 저장고를 개조해 만든 실험실로 시작해서 최고의 연구 시설을 세우기까지 수많은 노력을 바쳤던 것이다. 케임브리지가 뽑은 2순위는 헤르만 헬름홀츠였지만, 그 역시 베를린에서 높은 직책을 막 받아들인 참이라 움직일 생각이 없었다. 맥스웰은 3순위 후보였지만, 젊은 교수들 사이에서는 가장 인기가 높았다. 젊은 층의 대변인은 J. W. 스트럿J. W. Strutt이라는 인물이 었는데, 그는 자신들의 의견을 맥스웰에게 열성적으로 설명해서 케임브리지로 오도록 설득했을 뿐만 아니라, 나중에 레일리Rayleigh 경이 되었을 무렵에는 맥스웰의 자리를 물려받게 된다.

다시 한 번 맥스웰은 망설였다. 그에게는 사랑하는 고향의 집이 있었고, 글렌레어에 정착한 후로 영주로서의 책무와 과학적 연구를 병행하며 편안하고 결실 있는 삶을 살고 있었다. 그러나 케임브리지가 주는 매력도 확실했다. 모교와 조국을 위해 새로운 프로젝트를 진행할 수 있는 드문 기회였던 것이다. 그렇지만 그가 이 임무에 맞는 사람일까? 확신은 없었다. 결국 맥스웰은 원하면 1년 후에 사직할 수 있다는 조건으로 제안을 수락한다. 그렇다고 전심전력으로 임하지 않은 것은 아니다. 언제나 모든 일에서 그래왔듯이, 맥스웰은 이번에도 최선을 다할 셈이었다. 그렇지만 대규모의 복잡한 기관을 운영해본 경험이 없다는 단점을 잘 알고 있었으므로, 혹여나 일을 제대로 이끌어갈 힘이 없다는 사실을 알아챘을 때 어려움 없이 물러나고 싶었던 것이다. 케임브리지에 입학한 지 21년째가 되던 1871년 3월, 맥스웰은 모교의 이론물리학과의 초대 교수로 임명되었고 한 번 더 캐서린과 함께 남쪽으로 가는 여행길에 올랐다.

15

캐번디시

1871~1879

케임브리지에서 주어진 첫 임무는 새로 지을 실험실 건물과 실험 장비에 대한 상세한 요구 사항을 정리하는 것이었다. 실험실은 모든 면에서 과학적 진보의 선두에 서야 했을 뿐만 아니라 비용이 높거나 나중에 수정하기 어려운 실수는 피해야 했으므로, 맥스웰은 최고 대학의 실험실을 견학하기 위해 영국 방방곡곡을 돌아다녔다. 최근에 지어진 옥스퍼드의 클래런던Clarendon 실험실과 글래스고에 있는 윌리엄 톰슨의 실험실 등에서 다른 이들의 경험을 배우려 했던 것이다. 실험실 내에는 빛이 풍부해야 했고, 부피가 큰 실험 장비를 놓을 만큼 충분한 공간과 발전실, 강력한 진공 펌프를 작동시킬 수 있도록 높은 수압을 제공하는 수탑이 필요했다. 또한 자기에 관련된 섬세한 실험을 위해서는 건물에서 발생하는 일상적 진동으로부터 격리된 테이블 면이 필요했다. 따라서 맥스웰이 제안한 4제곱피트 넓이의 돌 책상은 건물의 기초로부터 직접 쌓아올린 벽돌 기둥 위에 설치하되, 그 과정에서 기둥이 바닥과 접촉하지 않아야 했다. 이런 종류의 수많은 요구 사항을 고려해서 건물을 설계하는 일은 지저스 칼리지에서 공부한 윌리엄 포셋William Fawcett의 몫이었다.

포셋과 함께 일하는 동안, 맥스웰은 어린 시절에 아버지와 함께 글렌레어의 저택의 확장 계획을 가지고 씨름하던 시간을 떠올렸을 것이다. 이번 프로젝트는 그 규모가 훨씬 거대했지만, 초벌 설계도, 토론, 발전된 설계도의 단계를 거쳐서 상세한 설계로 이어지는 과정은 대부분 같았을 것이다. 작업 끝에 탄생한 것은 수수하고 실용적이지만 대학의 오래된 건물과도 충분히 어울리는 훌륭한 건물이었다. 역사의 흐름 속에서도 자신감이 넘치는 이 건물은 100년 넘게 케임브리지에 남아서, 전자나 DNA 구조와 같은 중요한 발견의 무대가 되었다.

계획은 통과되었고 공사가 시작되었다. 그러는 동안, 맥스웰에게 할당된 강의는 있었으나 머무를 곳은 없었다. 그는 루이스 캠벨에게 보내는 편지에서 이렇게 썼다.

나는 의자 하나 놓을 곳도 없이 뻐꾸기처럼 떠돌아다닌다네. 1학기에는 화학 강의실에 실험 장비를 맡겨두었고, 사순절에는 식물학 강의실에서, 부활절에는 비교해부학 강의실에서 지냈다네.•

벌써 세 번째인 취임 강연도 해야 했다. 그의 첫 강의 시간이 취임 강연이라고 착각한 원로 교수들이 맥스웰의 강의실로 우르르 찾아왔을 때, 맥스웰은 눈을 반짝이면서 태연하게 섭씨와 화씨의 차이를 학생들에게 설명했다. 진짜 취임 강연에서 그는 애버딘과 런던에서 상세히 다뤘던 주제를 발전시켰다. 그가 맡은 일은 학생들이 스스로 생각할 수 있도록 가르치고, 진리를 찾아내며, 모든 형태의 오류를 인식하고 파헤치는 훈련을 시키는 것이었다. 덧붙여서 과학에서 실습의 핵심적인 역할을 강조하는 것도 잊지 않았다. 그중에 다음 구절은 패러데이를 연상시킨다.

우리의 과학 교육이 학생의 집중력이나 숙련된 기호 사용법을 넘어서서 시선의 예리함, 청각의 신속함, 손끝의 섬세함, 노련한 손재주 등을 목표로 삼으려 한다면, 차가운 추상적 사고에 반감을 품고 있는 사람에게도 영향력을 뻗치고, 나아가 인식의 모든 통로를 한번에 열어젖혀서 그러한 근본적 감각을 통해 과학의 원칙을 지켜내야 할 것입니다. 이런 근본적 감각은 우리가 하는 의식적 사고의 막연한 배경을 형성하며, 추상적 개념으로 표현되면 기억에서 완벽하게 사라지기 쉬운 생각에 생동감과 안정감을 부여하기 때문입니다.

그리고 패러데이가 직접 썼을 법한 구절에서는 이렇게 말하고 있다.

놀이나 체육 활동에서, 육로나 해로를 통한 여행에서, 공중과 바다에서 부는 폭풍에서, 즉 물질이 움직이는 곳이라면 어디에서나 자연 최고 법칙의 실례를 찾아볼 수 있습니다.

건물 공사는 정상적인 속도로 진행되고 있었지만, 실험을 계획하고 있는 모든 이들에게는 끔찍하게도 느리게 느껴졌다. 특히 가스 설비업자들은 맥스웰의 인내심마저 자극했고, 그는 그들이 "하늘 아래 태어난 존재들 가운데 가장 게으르고 가장 영원에 가까운 존재들"이라고 표현하기도 했다. 드디어 모든 공정이 끝나고 1874년 봄에 실험실은 문을 열었다. 설립자의 이름을 따라서 데번셔라는 이름을 붙일 계획이었으나, 준공식 직전에 캐번디시Cavendish라고 부르기로 결정되었다. 이렇게 하면 공작의 성姓과도 일치할 뿐만 아니라, 공작의 큰할아버지이자 영국이 낳은 가장 위대한 과학자의 한 명인 헨리 캐번디시도 기릴 수 있다는 판단이었다. 헨리 캐번디시는 매우 괴상한 성격의 소유자여서 극도로 사람을 꺼리는 성격 탓에 은둔자로 지냈으며, 같은 집의 하인들과도 필담으로만 소통했다. 하녀들은 실수로 그의 눈에 띄면 곧바로 해고당했다. 그는 말도 거의 하지 않았다. 지인이 말하기를, "라 트라프La Trappe의 수도사들만 빼면, 그는 80년을 산 어떤 인간보다도 말을 적게 했을 것"이라 했다. 그의 천재성은 스스로 설계한 단순하고 탁월한 장비로 놀라울 만큼 정확하게 실험을 실행하는 일에서 발휘되었다. 믿음직한 하인 리처드를 실험실 조수로 대동한 그는 대단한 실험 결과들을 얻었는데, 물이 원소가 아니라 화합물이라는 사실을 밝혀냈고, 지구의 밀도를 실제 수치와 2퍼센트의 오차 내에서 측정해내기도 했다. 간접적이긴 하지만 그는 마이클 패러데이가 성공하는 데에도 중요한 영향을 미쳤는데, 그는 럼퍼드 백작 등과 함께 왕립 과학 연구소를 최초로 설립했던 사람이었다.

　헨리 캐번디시는 글을 출판하는 것마저도 꺼렸다. 그의 저술 중 일부는 출판되었으나, 대부분은 유고로 남았다. 실험실이 준공될 무렵,

데번셔 공작은 맥스웰에게 거대한 종이 뭉치들을 넘겨주었고(큰할아버지가 1781년부터 1791년 사이에 실행한 전기 실험 기록이었다) 유고를 편집해서 출판해줄 것을 요청했다. 이미 할 일이 산더미처럼 쌓여 있던 맥스웰은 좌절감을 느꼈겠지만, 어쨌든 실험 기록을 직접 검토하기 시작했다. 대학의 중요한 후원자가 하는 요구를 거절하기도 어려웠지만, 순전히 타의로 결정한 것도 아니었다. 맥스웰은 자기와 마찬가지로 트라이포 시험에서 2등의 영예와 스미스 상을 획득했던 공작에게 높은 존경심을 품고 있었을 뿐만 아니라 과학 교육에 있어서 실습이 지닌 중요성에 대해서도 똑같이 믿고 있었기 때문에, 두 사람 사이에는 다른 방식의 깊은 유대감이 존재했다. 공작이 새로운 실험실을 기꺼이 기부한 것에 영국 전체가 한마음으로 환호한 것은 아니었다. 심지어는 케임브리지 내에도 회의론자들과 냉소론자들이 넘쳐났다. 진보적인 과학 저널 〈네이처〉마저도 캐번디시 연구소가 독일의 시골 대학 수준이라도 되려면 최소한 10년은 걸릴 것이라고 평했다. 그리고 과학적 연구는 필요하다고 믿는 사람들도 실험 시연은 쓸모없다고 생각하는 경우가 많았다. 이런 사람들 가운데는 유명한 케임브리지 강사 아이작 토드헌터Isaac Todhunter도 있었다. 어느 날, 맥스웰은 연구실 앞의 도로에서 토드헌터와 우연히 마주쳤다. 당시에 화제가 되고 있었으나 실험 절차가 복잡하여 보기 어려웠던 현상인 원추굴절conical refraction을 보러 오지 않겠냐는 맥스웰의 물음에 그는 이렇게 대답했다고 한다. "고맙지만 됐습니다. 그것은 내가 평생 가르쳐온 것인데, 지금 와서 직접 보면 내 생각이 혼란스러워질 것 같네요."

맥스웰은 정치가는 아니었지만, 실험실이 빨리 성과를 내서 명성을 쌓는 것이 얼마나 중요한지 잘 알고 있었다. 멀리 떨어진 우리의 시선으로는 왜 맥스웰이 당장 변위 전류나 전자기파를 감지하는 실험으로 전자기론을 입증하지 않았는지 이해하기 어렵지만, 그런 실험은 너무 어려웠을 뿐만 아니라 실패할 위험이 높았다. 그는 근본 물리량의 고정밀 측정을 시행하는 것을 주목적으로 삼는 연구 프로그램을 가동했다. 화려하지는 않았지만 중요한 연구였고, 탄탄한 결과물로 이어졌다. 이러한 실험 중 하나는 옴의 법칙을 확인하는 것이었다(옴의 법칙은 도체에 흐르는 전류의 양과 상관없이 전류와 전압의 비율은 항상 일정하다는 법칙이다). 맥스웰의 학생인 애버딘 출신의 조지 크리스털George Crystal은 옴의 법칙이 방대한 범위의 전류에 대해서 1조 분의 1의 오차 안에서 성립한다는 사실을 보여줌으로써 의심을 풀어주었다.

　정치적 계산과 관련 없이, 맥스웰은 과학이 넓은 영역에서 진보하게끔 돕는 것이 자신의 임무라고 생각했다. 전자기 외의 분야에도 다양한 관심을 가지고 있었으며, '맥스웰 학파'를 세우는 것에는 관심이 없었다. 사람들의 암울한 예상과는 달리, 그는 젊고 재능 있는 연구자들을 어려움 없이 끌어모았고, 그들 중 몇몇은 맥스웰 곁에서 일하기 위해 좋은 일자리를 내팽개치기도 했다. 그의 방식은 독재와는 거리가 멀었다. 누구든 자신만의 생각을 가지고 자신만의 문제를 풀 수 있도록 장려하면서도, 항상 아버지 같은 눈으로 감독하는 것을 잊지 않았다. 그리고 역사상 가장 위대한 과학자에 속하는 그의 조언은 항상 너그러움과 유머로 가득했다. 맥스웰은 학생들에게 사랑받는 교수였고, 여러 학생이 장차 다른 곳에서 뛰어난 성과를 거두었다. 예를 들어 리처드 글레이즈브룩Richard Glazebrook은 대영제국 국립 물리 실험실의 초대 소장이었고, 도널드 매캘리스터Donald MacAlister는 일반 의학 위원회장과 글래스고 대학의 학장을 역임했으며, 윌리엄 네이피어 쇼William Napier Shaw는 현대 기상학의 아버지로 알려졌고, 앰브로즈 플레밍Ambrose Fleming은 굴리엘모 마르코니Guglielmo Marconi의 오른팔이 되어 열이온 밸브thermionic valve를 발명했다. 뒤에서 보겠지만, 전자기론에 중대하게 기여한 존 헨리 포인팅John Henry Poynting도 맥스웰의 학생이었다. 연구비가 빠듯했으므로 맥스웰은 자신의 장비를 실험실에 기부했고, 교수로 있는 시간 동안 몇 백 파운드에 달하는 실험 기구를 자비로 구입했다.

맥스웰의 《전기와 자기에 관한 논고》는 1873년에 출판되었다. 아직까지도 새로운 판본이 나오고 있는 이 책은 물리학 역사상 뉴턴의 《수학원리》 다음으로 유명한 책일 것이다. 그 전까지 학생들과 학자들은 여기저기 흩어져 있는 책으로 만족해야 했다. 이처럼 다양한 대상을 총망라한 책은 《전기와 자기에 관한 논고》가 처음이었다. 이 책에서 맥스웰은 1,000쪽에 걸쳐 자신의 모든 지식을 방출했다. 겉으로는 교과서 같은 모양새였지만(그리고 실제로 대부분의 현대적 교과서의 모범이 되었지만), 대상이 대학의 표준 과목에서 다뤄지기 수년 전에 완성되었기 때문에 사실은 탐험 보고서에 가까웠다. 즉, 이 책은 따라가는 데 그치지 않고 더욱 멀리까지 모험해보려는 이들을 위한 것이었다. 그가 겨냥한 독자에는 맥스웰 자신도 포함되었다. 그가 세상을 떠났을 때도 그는 여전히 탐험 중이었으며, 자신의 책에 대한 수정 작업을 상당 부분 진행한 후였다. 이 책의 대상은 복잡하고 난해하고 새로웠으므로, 초기 독자들이 힘겨워했던 것은 당연했다. 맥스웰의 다른 작업과 마찬가지로, 이 책 역시 철두철미했다. 이론뿐만 아니라 실제 적용 방법도 다루고 있었으며, 검류계의 제작법이나 철제 선박 위에서 나침반 측정값을 오차 수정하는 방법까지 설명하고 있었다. 《전기와 자기에 관한 논고》가 맥스웰의 전자기론을 내세우는 책이 아니라는 점은 명백했다. 이론은 그 안에 있었지만, 스스로 찾아내야 했다. 전자기라는 주제는 2권의 475항에 이르기까지 등장하지도 않으며, 그의 이론 전체가 서 있는 토대이자 절묘한 발명품인 변위 전류는 610항에서야 아무런 수사도 없이 슬쩍 등장한다. 이것은 맥스웰의 겸손함을 보여주는 사례인 동시에, 《전기와 자기에 관한 논고》가 오늘날까지도 전자기론에 있어서 대단한 권위를 가진 책이지만 당시에는 베버의 원격 작용 이론에 비해 선호받지 못했던 도전자의 처지에 놓여 있었다는 사실을 상기시킨다.

또한 이 이론이 전부 방정식으로만 이루어져 있었다고 해도, 당시에는 뼈대만 있는 자동차와도 같았다. 요컨대 전자기파의 존재를 예측하기는 했지만 전자기파가 어떻게 생성되는지, 또 어떻게 실험실에서 감지할 수 있는지에 대한 설명이 없었던 것이다. 그 안에 숨겨진 아름다움과 힘을 알아볼 줄 알았던 몇몇 사람에 의해 이 이론이 발전되고 납득할 만한 형태를 얻게 되는 과정은 다음 장에서 다룰 것이다.

몇 십 년도 지나지 않아 《전기와 자기에 관한 논고》는 오늘날과 같은 명성을 획득하기 시작한다. 초기의 독자들은 맥스웰의 전자기론 자체에 내재하는 것보다 훨씬 많은 난점과 마주쳤다. 많은 사람에게 전기와 자기는 주류 과학의 변두리에 있는 불가사의한 주제라고 여겨졌고, 독자들은 오늘날 보아도 괴상하다고 보이는 주제의 선택과 배열을 이해하려고 씨름해야 했다. 예를 들면, 독자는 7쪽의 8항에서 '두 개 이상의 변수를 가진 함수의 불연속성'이라는 제목과 어려운 방정식과 마주한다. 그리고 책의 첫 3분의 1가량은 정전기에 대한 고도로 수학적이고 지극히 상세한 설명들로 가득 차 있다.《전기와 자기에 관한 논고》에 유명세를 가져다준 것은 19세기 말과 20세기 초에 전기 통신, 전기 동력, 기계 등의 분야에서 일어난 급속한 기술적 발전이었다. 기술이 선두를 이끌자 잘 훈련된 과학자들과 공학자들이 필요해졌고, 교육의 임무를 맡은 사람들은 맥스웰의《전기와 자기에 관한 논고》가 탁월한 글이라는 사실을 알게 되었다. 구면 조화 함수spherical harmonics에 대한 긴 단원들은 필요하지 않았지만, 맥스웰은 그들이 실제로 필요로 했던 대부분의 지식을 이미 정리해두었다.《전기와 자기에 관한 논고》는 시대를 앞선 책이었던 것이다.

헨리 캐번디시도 마찬가지로 시대를 앞선 인물이었다. 캐번디시가 100년 전에 했던 전기 실험 기록을 본 맥스웰은 놀랄 수밖에 없었다. 마치 셰익스피어의 미발표 연극을 한꺼번에 여러 편 발견한 느낌이었다. 일련의 경이로운 결과물 가운데 특히 놀라운 것은 그가 전하 사이에 성립하는 역제곱 법칙을 (이 법칙의 이름을 부여한) 쿨롱보다도 효율적으로 증명했다는 사실이었다. 또한 그는 옴보다 50년 앞서 옴의 법칙을 발견했는데, 이것은 볼타가 첫 전지를 만든 해보다도 20년이나 앞선 시기였다. 그가 사용한 방법은 단순하면서도 고통스러웠다. 그는 서로 다른 전하를 충전한 라이덴병 두 개에 전선을 연결하고, 두 전선을 한 손에 쥐었다. 그리고 다양한 회로 구성에 따라 이 과정을 반복하면서, 팔의 어느 부분까지 전기 충격이 올라오는지 보고 전류의 강도를 측정했다. 어느 날, 유명한 미국인 새뮤얼 피어포인트 랭글리Samuel

Pierpoint Langley가 캐번디시 실험실을 방문했을 때 맥스웰과 학생들 몇 몇이 소매를 걷어 올리고 이 실험을 반복하고 있는 모습을 보고는 경악했다. 함께하겠느냐는 맥스웰의 초대를 거절하면서 그가 덧붙였다. "영국인 과학자가 미국에 손님으로 오면 이렇게 대접하지는 않습니다."

캐번디시가 남긴 기록을 편집하는 막대한 과업을 다른 사람에게 맡길 수도 있었겠지만 맥스웰은 이 업무를 스스로 처리하는 편을 택했으며, 이에 대해 윌리엄 톰슨에게 자신이 "기록을 든 채로 널빤지 위를 걷게 되었다"고 표현했다(해적들이 배의 끄트머리에 널빤지를 걸치고 사형수가 그 위를 걸어서 바다로 빠지게 하던 형벌을 빗댄 표현—옮긴이). 지금 시점에서 보면, 맥스웰이 연구에 쓸 시간을 이 일에 할애했다는 것이 이상해 보인다. 맥스웰은 물론 다른 생각을 가지고 있었다. 전자기와 다른 주제에 대한 생각은 아직도 발전을 거듭하고 있었고(다시 말해, 그의 무의식 한편에서 '발효'되고 있었고), 게다가 자신의 삶이 5년밖에 남지 않았다는 사실을 모르고 있었다. 캐번디시의 연구는 과학사의 중요한 부분이었으며, 따라서 알맞은 방식으로 대중에게 전달되어야 했다. 맥스웰은 흥미롭고 정보가 풍부한 서사를 완성하기 위해 대단히 많은 노력을 기울였고, 1770년대 왕립 학술원 부지에 정원이 있었는지 여부와 같은 세세한 사항까지 일일이 확인했다.

항상 그래왔듯이, 맥스웰은 모든 일을 침착하게 처리해나갔다. 캐번디시의 유고를 편집하고 여러 실험을 반복하는 일과 더불어, T. H. 헉슬리T. H. Huxley와 공동으로 《브리태니커 백과사전》 9판의 과학 분야 편집장도 맡았다. 또한 몇 편의 독창적이고 기발한 논문을 저술했고,

다른 책에 대한 서평을 발표했으며, 자신의 책도 한 권 더 집필했다. 《운동하는 물질Matter in Motion》은 교육학적으로 보석과도 같은 책이다. 분량은 122쪽밖에 안 되지만, 명료함과 간결한 언어를 통해 공식을 몇 개 쓰지 않고도 역학 원리를 설명하고 있다. 그렇다고 수준이 낮아진 것은 아니었다. 이 책을 통해 독자는 스스로 생각하게 되기 때문이다. 정반대로 논문 〈물리입자수의 평균분포에 대한 볼츠만의 원리에 대하여On Boltzmann's Theorem in the Average Distribution of a Number of Material Points〉에서는 수학 중 가장 복잡한 종류의 것을 선보인다. 이것은 루트비히 볼츠만과 조사이어 윌러드 깁스Josiah Willard Gibbs가 통계역학을 발전시키는 토대가 된 논문으로, 특정 물질의 성질을 해당 분자의 움직임으로부터 일제히 도출하는, 난해하지만 유용한 방법을 제공했다.

아직도 맥스웰은 낯을 가리는 성격이었지만, 만나는 모두에게 깊은 인상을 남겼다. 루이스 캠벨은 이에 대해 다음과 같이 말했다.

맥스웰과의 관계가 주는 큰 매력 중 하나는 그와 자주 만나는 사람과 함께라면 어떤 주제에 관해서도 대화할 준비가 되어 있다는 점이었다. …… 누구든 그와 5분만 이야기해보면, 완벽하게 새로운 생각이 자기 앞에 펼쳐지는 것을 느낄 수 있었다. 그중 어떤 생각은 너무 놀라워서 듣는 사람을 혼동시킬 정도였지만, 다시 한 번 숙고해볼 만한 가치가 있었다.

맥스웰이 했던 말이 그대로 기록되어 있는 경우는 공식 강의록 외에는 찾아볼 수 없다. 그러나 강의록이라는 문서의 성격상, 일상에서 그의 동료들이 어떤 말을 들었을지 어렴풋이 추측만 할 수 있을 뿐이다. 다음 구절을 보면 조금 더 사실에 근접할 수 있을지도 모르겠다. 맥스웰은 알렉산더 그레이엄 벨Alexander Graham Bell의 새로운 발명품인 전화기를 소개하는 공개 강연에서, 벨의 아버지가 에든버러에 살고 있는 웅변술의 대가라는 점을 언급했다. 아직도 고쳐지지 않은 드센 갤러웨이 억양으로 그는 청중에게 이렇게 말했다.

그는 평생을 다른 사람들에게 말하는 법을 가르치면서 보냈습니다. 그의 웅변술이 얼마나 완벽한가 하면, 스코틀랜드인인데도 영어로 말하는 법을 불과 6개월 만에 스스로 터득했을 정도입니다. 제가 에든버러에 있을 때 그분에게 배우지 못했다는 사실이 정말로 후회되는군요.[1]

케임브리지에서 맥스웰은 항상 개와 함께 있는 모습이 목격되었고, 그가 키우던 테리어 토비는 실험실에서 살다시피 했다. 루이스 캠벨이 전하는 바에 따르면, 토비는 전기 스파크 소리가 나면 불안해하다가도 맥스웰이 가만히 있으라고 하면 주인의 다리 사이에서 꼼짝하지 않고 등에 스파크가 튀겨도 이상스럽게 그르렁대는 소리만 낼 뿐, 딱히 불편하다는 표정 없이 앉아 있었다. 그러나 조금도 잔인한 면은 없었다. 캠벨은 같은 책의 다른 부분에서 자신의 친구가 동물뿐만 아니라 모든 생물을 사랑했다는 이야기를 강조해서 쓰고 있다.[2]

맥스웰은 학창 시절에 그랬던 것만큼이나 케임브리지의 생활을 즐기고 있었다. 여유가 있을 때면 교수들을 위한 사도회 격인 에세이 클럽에 참석하곤 했다. 이때 쓴 에세이 중 한 편에서 그는 과학 법칙들이 현재 상태에 대한 지식이 충분하다면 미래를 완벽하게 예측할 수 있는 기계학적 우주의 존재를 상정한다는 대중적인 믿음에 도전장을 내밀었다. 놀랍게도 이 글에서 맥스웰은 수학자들이 100년 후에나 연구를 시작할 카오스 이론chaos theory의 윤곽을 그려내고 있다.

어떤 사물의 체계에서 현재 상태의 무한히 작은 변동이 미래의 어떤 시점에서도 무한히 작은 양만을 변화시킨다면, 이러한 체계의 조건은 그것의 운동 여부와 관계없이 안정적이라고 부른다. 하지만 현재 상태의 무한히 작은 변동이 유한한 시간 내에 유한히 큰 변화를 가져온다면, 그러한 체계의 조건은 불안정하다고 부른다.

현재 상태에 대한 우리의 지식이 대략적이고 정확하지 못하다면, 불안정한 조건의 존재가 미래 사건의 예측을 불가능하게 만든다는 사실은 명백하다.[3]

맥스웰은 대학의 교수진에는 상대적으로 낯선 얼굴이었지만, 그의 영향력은 곧 학과를 넘어서서 퍼져나가기 시작했다. 처음에는 새로운 실험실에 대해 적대적이거나 무관심하던 사람들도 연구 성과를 보면서, 또 맥스웰의 열정과 꾸밈없는 매력 덕택에 하나둘씩 동조하기 시작했다. 몇 년 만에 캐번디시 실험실은 그 지위를 공고히 할 수 있었고, 케임브리지의 과학계는 새로운 시대에 진입했고 곧 다른 대학이 실험물리학 분야에서 본받는 모범으로 떠올랐다.

맥스웰 부부는 실험실 근처 스크룹 테라스Scroope Terrace의 안락한 주택에서 살았다. 캐서린은 건강이 악화되어 고통받기 시작했고, 한번은 심각할 정도로 아프기도 했으나 결국 무슨 병인지 진단해내지는 못했다. 이번에는 맥스웰이 간호할 차례였다. 그는 3주 동안이나 아내의 병상 곁에 둔 의자에서 자면서 간호했고, 그러면서도 실험실에서의 업무는 변함없는 활력을 가지고 처리해나갔다. 건강 문제 때문에 캐서린은 남편의 동료들과 학생들을 항상 달갑게 맞지 못했던 것으로 보이는데, 맥스웰은 집에서 차 한 잔 마시면서 편안하게 논할 수 있는 일도 실험실에서 처리해야 했다. 캐서린이 왜 '까다로운' 부인이라는 명성을 얻게 되었는지 이해가 가는 대목이다. 둘 사이의 관계에 대한 모든 것을 이해하는 것은 불가능하겠지만, 어떤 갈등이 있었든 맥스웰 부부가 끝까지 변함없이 서로에게 헌신했다는 사실은 의심할 필요가 없을 것이다.

맥스웰 부부는 매년 4개월은 글렌레어에서 지냈다. 이곳에서 맥스웰은 수많은 논문과 서평을 집필했고, 방학 동안 실험실에서 연구하고 있는 사람들과 연락했다. 그는 여름에 열리는 단기 강의 몇 개에는 여학생들이 참석하는 것도 허용했는데, 케임브리지 대학으로서는 대단한 일탈인 셈이었다. 부부가 글렌레어에 머무는 동안이면 커크패트릭더햄의 우체국은 쉴 날이 없었고, 배달되는 우편물 중에는 확인하고 수정해야 하는 교정지가 담긴 소포가 다수를 차지했다. 맥스웰의 분노는 가스 설비업자의 뒤를 이어서 출판업자에게로 향했다. 그들은 경제성을 위해서라면 무엇이든 잘라버리려는 것처럼 보였고, 맥스웰은 그들의 좌우명이 "많이 없앨수록 시간을 아긴다"("제때 한 바늘 꿰매는 것이 아홉 바늘을 아긴다a stitch in time saves nine"라는 영국 격언을 뒤틀어서 만든 언어유희—옮긴이)일 것이라고 생각했다.

1877년, 맥스웰은 속 쓰림에 시달리기 시작했다. 처음 1년 반 동안은 조금 귀찮은 정도의 증상일 뿐이었다. 맥스웰은 여전히 정력적으로 실험실에 출근했고, 강의를 하고, 논문을 썼다. 그러나 동료들은 그의 발걸음에 전과 같은 활력이 없는 것을 눈치챘고, 맥스웰은 이제껏 한 번도 보이지 않은 행동을 했다. T. H. 헉슬리가 발간하는 《영국의 과학자들English Men of Science》에 글을 실어달라는 부탁에 업무 과다를 호소하며 거절했던 것이다. 1879년에 그와 캐서린은 여름을 맞이해서 글렌레어로 돌아갔고, 집에서 휴식을 취하면 회복되기를 바랐다. 9월 무렵에 맥스웰은 극심한 통증을 느끼기 시작했는데도 조교 윌리엄 가넷William Garnett 부부가 글렌레어를 방문하기로 한 계획을 그대로 진행해야 한다고 주장했다. 가넷은 맥스웰의 겉모습에 일어난 변화에 충격을 받았지만, 그가 여전히 손님들에게 배려심을 쏟고 저녁마다 가족 전체를 이끌고 기도를 드리는 모습을 보고는 큰 감명을 받았다. 맥스웰은 가넷에게 타원 곡선을 비롯한 유년 시절의 추억을 보여주고, 그를 강가로 데려가서 어릴 적에 그곳에서 헤엄을 치거나 욕조에 타고 뱃놀이를 했던 이야기를 해주었다. 맥스웰이 지난 몇 주간 걸었던 것 중에서 가장 먼 거리였다. 캐서린이 손님들을 마차에 태우고 나갈 때 맥스웰은 같이 나갈 수 없었다. 마차의 흔들림이 참을 수 없을 정도로 고통스러웠기 때문이다.

맥스웰은 자신이 복강암에 걸렸다고 의심했다. 그의 어머니 역시 같은 나이일 때 이 병으로 세상을 떠났던 것이다. 맥스웰 부부는 에든버러에서 전문가 샌더스Sanders 박사를 불러오도록 했다. 10월 2일에 도착한 샌더스 박사는 최악의 상황을 확인시켜주었다. 맥스웰이 한 달

남짓밖에 살지 못하리라고 진단했던 것이다. 샌더스는 남은 몇 주일이라도 최대한 편안하게 보내려면 케임브리지로 가서 말기 환자 간병 전문가인 패짓Paget 박사의 도움을 받을 것을 권유했다. 다행히도 캐서린의 건강이 일시적으로 호전된 상태였으므로 짐을 챙기고 여행 준비를 할 수 있었다. 케임브리지에 도착할 무렵, 맥스웰은 기차에서 마차까지 몇 미터 걷는 것도 힘겨워할 지경이었다. 일단 패짓 박사의 치료를 받기 시작하자 통증은 많이 감소했고, 며칠 동안은 상태가 호전되는 것처럼 보였다. 친구들과 동료들 사이에 소문이 돌았고, 그가 다시 회복할 수 있으리라는 희망을 가지는 사람들도 있었다. 그러나 그런 희망은 곧 버려야 했다. 남아 있는 기력마저 빠져나가고 있었고, 그가 죽어가고 있다는 사실은 명백했다. 후에 패짓 박사는 이 시간을 이렇게 묘사했다.

그가 죽음을 앞두고 보여준 모습은 건강했을 때와 다름이 없었다. 그의 마음속의 고요함은 결코 방해받지 않았다. 케임브리지로 돌아온 후 며칠간 그가 겪은 고통은 극심했고, 완화 요법이 시작된 후에도 여전히 인내심과 강인함을 시험했다. 그런데도 고통에 대해 결코 불평조로 말하지 않았다. 고통 가운데에서도 그의 생각과 관심은 오히려 자신이 아닌 타인을 향하고 있었다. 다가오는 죽음마저도 특유의 평정심을 깨지는 못했다. …… 죽기 며칠 전에 그는 내게 자신이 며칠이나 더 버틸 수 있을 것 같은지 물었다. 그는 조금의 흔들림도 없이 이 질문을 던졌다. 그는 친구이자 친척인 콜린 매켄지Colin Mackenzie 씨가 에든버러에서 도착할 때까지 살기를 원했다. 그가 유일하게 걱정했던 것은 지난 몇 년간 쇠약했던 아내의 건강이 최근 들어 악화되었다는 사실이었다. ……

마찬가지로 그의 지성도 또렷했고, 마지막까지 흐려지는 모습이 없었다. 신체적 기력이 죽음 속으로 쓸려가고 있었는데도, 그의 정신은 결코 헤매이거나 나약해지지 않았고 최후의 순간까지 명료함을 유지했다. 그토록 뚜렷하고 고요한 정신으로 죽음을 맞이한 사람은 이제껏 없었다.

글렌레어에서 맥스웰의 주치의였던 로렌Lorraine 박사는 환자의 상태에 대한 소견을 패짓 박사에게 편지로 전달했다. 이는 물론 관례적인 절차였지만, 편지의 내용은 그것이 전부가 아니었다. 로렌 박사는 환자에게 품고 있던 존경심을 억누르지 못하고 즉흥적인 헌사를 덧붙였다.

그는 내가 만나본 중 최고의 인간입니다. 그의 존재는 과학적 업적보다 훨씬 위대하며, 인간이 판단할 수 있는 한 가장 완벽한 기독교인 신사의 원형입니다.

누구에게든 그는 만나볼 수 있는 최고의 인간이었을 것이다. 그는 허영심이 없는 천재였으며, 사람들로 하여금 자신과 세계 전반에 대해 선한 마음을 품도록 해주었다. 반면 그가 자신의 생애에 대해 가졌던 생각에는 맥스웰 특유의 겸손함이 배어 있다. 그는 친구이자 케임브리지의 동료이기도 한 호트Hort 교수에게 이렇게 말했다.

나라고 부르는 사람이 행한 일은 내가 느끼기엔 내 안에 있는 나 이상의 존재가 행한 것 같다네. …… 요즘 나는 얼마나 부드럽게 대우받아왔는지에 대해 생각하곤 한다네. 평생 한 번도 폭력을 겪은 적이 없더군. 내가 가질 수 있는 유일한 욕구는 다윗과도 같이 신의 의지에 따라 내 민족을 섬기는 것이며, 그러고 나서 잠드는 것이네.

제임스 클러크 맥스웰은 1879년 11월 5일에 세상을 떠났다. 아내 캐서린과 친구이자 사촌인 콜린 매켄지가 임종을 지켰다. 추도식은 그 다음 일요일에 케임브리지 성 마리아 교회에서 열렸다. 모두가 깊게 상실감을 느꼈고, 추도사는 맥스웰의 학창 시절 친구이자 지금은 해로 스쿨의 교장이 된 H. M. 버틀러의 몫이었다. 그가 사용한 비유는 적절했다.

이 위대한 지식과 사유의 본산지에서, 이토록 밝은 빛이 꺼진 것을 슬퍼하는 저명한 이들이 수많이 모인 것은 드문 일입니다. 비단 이곳만이 아니라 다른 장소에서도 슬퍼하는 이들이 많습니다.

맥스웰의 오랜 학창 시절 친구인 P. G. 테이트 역시 이와 비슷한 생각을 특유의 전투적인 필치로 〈네이처〉에 실었다.

그의 때 이른 죽음으로 인해 이루 말할 수 없는 손실을 겪게 된 것은 개인적 친구뿐만 아니라, 케임브리지 대학과 과학계 전체에 그치지 않습니다. 특히 오늘날 허영 가득한 헛소리와 가짜 과학과 물질주의에 물든 우리 사회의 상식, 진정한 과학, 종교마저도 그의 죽음으로 인해 똑같은 손실을 겪고 있습니다. 그러나 그와 같은 사람은 결코 헛된 삶을 살지 않습니다. 어떤 의미에서 그는 죽지 못합니다. 클러크 맥스웰의 정신은 잊을 수 없는 글 속에서 우리 곁에 살아갈 것이며, 그의 가르침과 모범을 통해 영감을 얻은 수많은 이의 말을 통해 다음 세대로 전달될 것입니다.

맥스웰의 시신은 글렌레어로 옮겨져 파톤Parton 교회 경내의 부모님 묘소 옆에 안장되었다. 캐서린도 7년 후에 같은 곳에 묻혔고, 네 사람은 하나의 비석을 공유하게 되었다. 교회 앞 도로에 설치된 간단한 팻말에는 그의 삶과 업적이 소개되어 있는데, 그 맺음말은 다음과 같다.

유머와 지혜가 가득했던 좋은 사람 하나가 여기에서 살았고, 예전 커크 (스코틀랜드의 교회—옮긴이)의 유적이 남아 있는 이곳에 묻혔노라.

몇 마일 떨어진 곳에는 1929년의 화재로 불타버린 글렌레어의 저택이 유리창도 지붕도 없는 상태로 남아 있다.[4]

맥스웰의 이른 죽음이 야기한 손실에 대해서 버틀러와 테이트가 언급한 내용은 과장이 아니었다. 그는 전성기에 죽음을 맞이했으니, 살아 있었다면 어떤 일을 더 성취했을지 알 수 없다. 그러나 맥스웰은 물리학자들과 공학자들에게 끊임없는 영감의 원천이 되었다. 다른 어떤 과학자보다도 맥스웰의 연구와 저서에는 그의 인격이 담겨 있는데, 그만큼 경이로움과 애정을 절묘하게 배합해낼 줄 알았던 것이다. 1925년에 발간된 〈타임스〉 지의 교육 부록에는 이런 맥스웰의 면모가 잘 요약되어 있다.

과학자들에게 있어서, 맥스웰은 단연 19세기를 통틀어 가장 마법적인
인물이다.

패러데이처럼, 전자기장을 이야기할 때 맥스웰도 그 시대의 유일한
등장인물이었다. 다음 세대가 오기 전까지는 패러데이와 맥스웰이 정
말로 하려던 말이 무엇인지 아무도 온전히 이해하지 못했다. 이들의
생각을 이해하는 길은 나중에 '맥스웰주의자들'로 불리게 되는, 너무
다르지만 서로의 단점을 보완하는 재능을 가진 소수의 과학자 모임에
의해 열리게 된다. 올리버 헤비사이드도 그중 한 사람이었다. 다음 장
에서 등장하는 모습대로 그는 통렬한 비판에 능숙하고 매우 까다로운
사람이었으나, 맥스웰에 대해서 쓸 때만은 기쁨으로 가득 찼던 것처럼
보인다.

죽은 뒤에도 우리의 일부분은 계속 생명을 유지한다. 온 인류와 대자연
전체에 흩어진 채로 말이다. 이것이 곧 영혼의 불멸성이다. 우리 가운데
에는 큰 영혼과 작은 영혼이 있다. …… 셰익스피어나 뉴턴의 영혼은 놀
랄 만큼 거대하다. 그런 사람은 대부분의 생을 죽은 뒤에 보낸다. 맥스웰
도 그중 한 명이다. 그의 영혼은 오랜 시간이 지나도록 계속해서 더욱 커
질 것이며, 마치 억겁의 세월이 지나 우리에게 도달하는 별빛처럼, 수백
년이 지난 후에도 과거의 가장 밝은 별들 중 하나로 빛날 것이다.[5]

16

맥스웰주의자들

1850~1890

"제임스 클러크 맥스웰과 함께 과학의 한 시대가 끝나고, 새로운 시대
가 열렸다."

—알베르트 아인슈타인

"인간의 역사를 멀리서, 예컨대 지금으로부터 1만 년이 지난 후에 바라
본다면, 사람들은 틀림없이 맥스웰이 전자기 법칙을 발견한 일을 19세기
에 일어난 가장 중요한 사건으로 꼽을 것이다.

—리처드 P. 파인만Richard P. Feynman

아인슈타인과 파인만의 말은 제임스 클러크 맥스웰의 전자기장 이
론이 과학과 기술, 인간의 역사 전반에 끼친 막대한 영향을 잘 전달하
고 있다. 그러나 과학의 이론이 최초 발견자의 정신 속에서 완벽하게

형성된 채로 세상에 나오는 일은 드물다. 오히려 다음 세대의 과학자들이 이론을 갈고닦아 성문화한 다음에야 비로소 일반적 과학 지식의 영역과 결합하는 경우가 잦다. 이러한 과정은 때론 수십 년이 걸리기도 하는데, 맥스웰의 이론이 바로 그런 경우였다.

맥스웰은 〈전자기장의 동역학 이론〉에서, 그리고 나중에는 《전기와 자기에 관한 논고》에서 자신의 이론을 최대한 명료하게 구성해놓았지만, 그의 생전에 이 이론을 이해한 사람은 아무도 없었다. 수학이 워낙 난해하기도 했지만, 아직까지는 대부분의 물리학자에게 해괴한 것으로 비춰지던 패러데이의 이론적 통찰에 기반한 접근법을 이용했기 때문이기도 했다. 물질의 통계적 성질이라는 또 다른 주제에 대한 맥스웰의 중대한 연구는 두 명의 천재 과학자 루트비히 볼츠만과 조사이어 윌러드 깁스에 의해 계승되었으나, 전자기론은 그가 죽고 나자 박물관 유리 너머의 전시물처럼 모두가 동경하지만 아무도 닿지 못하는 대상이 되었다.

캐번디시 실험실에 있는 동안 맥스웰은 자신의 이론을 직접 검증하려는 노력을 하지 않았다. 이를 겸손함 탓으로 돌릴 여지도 있지만, 저번 장에서 보았듯 다른 이유도 있었다. 신설된 실험실은 빠른 성공으로 탄탄한 명성을 구축할 필요가 있었는데, 그러기에는 변위 전류나 전자기파를 찾는 실험은 위험 부담이 너무도 컸던 것이다. 실험실의 명성이 안정을 찾은 뒤인 1870년 말 무렵에 맥스웰의 후임자인 레일리 경이 이 일에 도전했을 것이라고 기대하는 사람도 있을 것이다. 그는 맥스웰의 열렬한 신봉자였으며, 10년 전에 존 윌리엄 스트럿이라는 이름을 쓸 당시에는 다른 젊은 동료들과 더불어 맥스웰에게 케임브리지의 교수직을 승낙하기를 간청하기도 했으니 말이다. 그러나 실험실의 책임자가 된 레일리가 적용하는 우선순위는 달랐다. 첫 번째는 실험실에 탄탄한 경제적 기반을 확립하는 것이었다. 맥스웰은 데번셔 공작에게 돈을 더 받아내기를 주저했지만, 과학자인 동시에 빈틈없는 사업가의 재능도 가지고 있던 레일리는 아무런 거리낌이 없었다. 결국 공작은 추가로 후원하는 데 동의했고 레일리 역시 자비를 일부 투자한 결과, 실험실은 빠른 성과를 거두기 위한 실험 장비를 확보할 수 있었다. 또한 그는 맥스웰 시절의 자유방임적인 접근법에서 탈피하여 실험 기술을 체계적으로 훈련시키기 시작했고, 나머지 시간에는 개인 연구에서 눈부신 성취를 이루었다. 그는 아르곤을 발견했으며, 빛의 난반사가 하늘을 푸르게 보이게 하는 이유를 설명한 것도 레일리의 업적이다. 흥미 부족이든 아이디어의 부족이든, 레일리를 비롯한 캐번디시의 연구자들은 맥스웰의 이론을 실증하거나 발전시키기 위해 진지하고 장기적인 노력을 기울이려 하지 않았다. 정작 발전은 케임브리지의 울타리 너머에서 시작되었다.

올리버 헤비사이드는 1850년 런던에서 품위 있지만 가난한 집안의 4형제 중에 막내로 태어났다. 8세 때 앓은 성홍열로 청력을 부분적으로 잃고부터는 다른 아이들의 말을 알아듣지 못했기 때문에, 골목에서 하는 놀이에 끼지 못했다. 외톨이가 된 그는 스스로의 힘으로 가시 돋친 세상에 대한 방어벽을 구축했다. 그의 마음은 고집스러운 독립심으로 가득 찼고, 이것은 그의 의지와 관계없이 죽는 날까지 그를 지배했다. 암기식 교육에 반기를 들었지만, 학교에서 거둔 성적은 뛰어났다. 그러나 그는 대학에 갈 만한 돈이 없었기 때문에, 과학 주제에 대한 책이라면 닥치는 대로 읽으면서 2년간 집에서 독학으로 공부했다. 이와 같은 특혜는 일터에 나가 살림살이를 돕고 있던 형제에게는 허락되지 않았던 것으로, 올리버의 외삼촌 찰스 휘트스톤이 그를 옹호했기 때문에 가능한 일이었다. 20년 전에 왕립 과학 연구소에서 공개 강연을 내팽개치고 도망가서 패러데이가 '광선 진동'에 관한 즉흥 강연을 하게 만들었던 휘트스톤이었다. 또한 그는 동업자 윌리엄 포더질 쿡과 함께 영국 최초의 상업용 전신 시설을 설립해서 사업을 폭발적인 속도로 성장시키고 있었다. 외삼촌인 휘트스톤의 추천서 덕택에 올리버 헤비사이드는 18세의 나이로 150파운드의 높은 연봉을 받는 덴마크-노르웨이-영국 전신 회사의 전신기사로 취직할 수 있었다(이는 처음이자 마지막 직업이었다).

이 회사는 막 최초의 북해 케이블을 설치한 참이었고, 헤비사이드는 프레데리치아Fredericia의 덴마크 주主 전신소로 파견되었다. 얼마 지나지 않아, 그는 전신이라는 기술과 신비로운 작동 방식에 완전히 매료된다. 전신 장비는 소리가 아니라 시각 신호를 사용했기 때문에 부분적 청각 장애는 문제가 되지 않았다. 그는 모스 부호를 손쉽게 터득했지만, 그가 정말로 좋아했던 것은 고장난 기기를 수리하는 일이었다. 해저 케이블 전신 기사는 당시 최첨단의 기술자들이었다. 이들은 가변 저항기rheostat, 브리지bridge, 단락선shunt, 콘덴서 등 각종 첨단 장비들로 마음껏 실험할 수 있었다. 사실 밀려오는 정보를 처리하려면 그럴 수밖에 없기도 했다. 그에게 있어서 문제를 해결하는 일은 단순히 고치는 행위가 아니라, 전기가 작용하는 이상한 방식을 탐구하는 수단이었다. 이런 자세는 가장 노련한 동료마저도 당황하게 했지만, 그러는 동안 헤비사이드는 스타 해결사가 되었다. 20세가 되었을 때 그는 뉴 캐슬에 있는 영국 본사로 발령을 받았고, 연봉 인상과 함께 주임 전신 기사로 승진했다.

눈부신 활약은 계속되었다. 한번은 케이블 수리 선박이 항구를 떠나기도 전에 신속한 측정과 계산으로 케이블이 고장난 위치를 정확하게 짚어내서 회사 돈을 아끼는 데 기여했다. 여가 시간에는 수학과 전기에 대한 연구를 계속했고, 곧 과학 논문을 집필하기 시작했다. 어느 날, 그는 뉴캐슬의 공립 도서관에서 발견한 책 한 권에 완전히 사로잡혔다. 이 순간부터 그의 인생의 진로는 결정된 셈이었다. 여러 해가 흐른 후에 그는 이 경험을 회상했다.

내가 아직 청년이었을 때 맥스웰의 위대한《전기와 자기에 관한 논고》를 처음으로 봤던 일을 기억한다. 당시는 몇몇 파편을 제외하면 아직 통합된 이론도 존재하지 않을 때였고, 나는 거대한 암흑 속에서 전기를 이해하려고 씨름하고 있었다. 내가 막 출판된(1873) 그 책을 도서관의 책상 위에서 처음 봤을 때, 그것을 훑어보고는 놀라움을 금할 수 없었다! 나는 서문과 마지막 장을 읽고, 군데군데 읽어보았다. 그러면서 이 책이 위대하고, 다른 어떤 책보다도 더욱 위대하며, 그 안에는 엄청난 가능성이 들어 있다는 것을 깨달았다. 나는 이 책을 장악하기로 결심했고, 곧바로 그 일에 착수했다.[1]

헤비사이드가 생각하는 천직은 전기에 대해 최대한 많은 것을 습득한 후에 그 지식을 사람들에게 전파하는 것이었다. 이 일은 전업이 되어야 했다. 전신 회사에서의 업무는 점점 반복적이고 피곤한 일이 되어버렸는데, 전신을 보내고 받는 업무에 많은 시간을 허비하고 있었던 것이다. 결국 그는 24세의 나이에 직장을 그만두고 런던의 부모님 집으로 돌아와서 무보수 연구자로·일하기 시작했다. 책과 기사 등을 쓰는 일로는 쥐꼬리만 한 돈밖에 벌지 못했지만, 개의치 않았다. 그는 자신의 의무라고 생각되는 일을 하고 있었다. 이 일에 사회가 관대한 보상을 준다면 좋았겠지만, 반대의 경우에 부모님도 그들의 의무를 다해서 자신을 후원해줘야 마땅하다는 것이 그의 생각이었다. 이는 독거 생활에 가까웠지만, 그는 외로움을 느끼지 않았다. 나중에 그는 이 당시를 이렇게 설명했다.

내가 정말로 골방에 틀어박힌 늙은 토이펠스드뢰크Teufelsdrockh(토머스 칼라일의 저서 《의상철학Sartor Resartus》에 등장하는 독일 철학자의 이름. 흔히 헤겔을 비롯한 독일 이상주의 철학자들의 현실과 동떨어진 모습을 희화화한 캐릭터라고 해석된다—옮긴이)와도 같이, 최소의 생활만으로 만족했던 때가 있었다. 그러나 그때 나는 무언가를 발견하고 있었다. 남들이 스스로 중요하다고 여기든 말든 내겐 의미가 없었다. 그것(그 발견)이 내게 고기였고 술이었고 친구였다.[2]

유독 한 가지 질문이 그를 사로잡았다. 전기 신호는 어떻게 전선을 타고 이동하는 것인가? 송전선은 그가 평생을 거쳐 연구한 대상이었고, 이 분야는 그의 전매특허가 되었다. 오늘날까지도 송전선 이론은 헤비사이드가 개척한 초기 상태에서 크게 변하지 않았다. 이론상으로 송전선은 접지해서 나무 말뚝에 걸쳐놓은 철 도선부터 복잡한 해저 케이블까지 무엇이든 될 수 있었다. 이는 오늘날에는 광섬유 케이블에 해당된다. 초기의 전신 기사들은 단순하게 송전선은 비활성적인 도체이며, 전지에서 나오는 전기라는 일종의 유체가 그 안을 흐른다고 생각했다. 그러나 이렇게 생각하면 해저 케이블을 통해 전송된 펄스가 엉망으로 뒤섞인다는 것이 의문점으로 남았다. 각 펄스가 다음 펄스와 구별되기 위해서는 신호의 입력 속도를 늦춰야 했던 것이다. 패러데이는 이를 전선이 거대한 전기 저장소나 축전기처럼 작용하기 때문에 일어나는 일이라고 설명했고, 윌리엄 톰슨은 이 법칙을 공식으로 표현했다. 톰슨은 이 공식을 느린 속도로 작동하는 긴 해저 케이블에만 적용할 생각이었으나, 수학을 제대로 이해하지 못한 전신 기사들이 고속으로 작동하는 육상 케이블에 잘못 적용한 나머지 괴상한 결과를 얻고 말았다. 예의 바른 게 장점은 아니었던 헤비사이드는 자신의 글에서 전신 회사에 있는 고참 엔지니어들의 무지함을 무자비하게 조롱했고, 곧 그들의 증오를 한 몸에 받게 되었다. 그런 그가 주간 상업지 〈일렉트리션 Electrician〉의 편집장인 C. H. W. 빅스C. H. W. Biggs와 친구가 된 것은 큰 행운이었다. 빅스는 이 반항아를 지면에 들여놓는 것이 위험하다는 사실을 알고 있었다. 또한 수학적으로 날이 갈수록 난해해지는 헤비사이드의 기사를 이해할 수 있는 독자가 거의 없다는 것도 알고 있었다. 빅스도 수학에 조예가 깊지는 않았지만, 무엇인가 새롭고 중요한 사건이 일어나고 있다는 사실은 감지했다. 그는 이 개성 있는 작가를 옹호하다가 결국에는 직장을 잃게 되지만, 그러는 동안 헤비사이드는 꾸준히 전진했다. 그의 손 안에서 송전선은 일련의 성질을 가진 복잡한 장비로 변모했다. 그것이 가진 성질에는 정전 용량capacitance과 유도 용량 inductance이 있었는데 각각 역학 체계의 탄성과 관성에 대응하는 개념이었고, 마찰과 비슷한 개념으로는 저항이 있었다. 헤비사이드는 이러한 수량을 이용해서 톰슨의 결과물을 일반화시켰고, 오늘날까지도 '전신 기사의 공식telegrapher's equation'이라고 불리는 것을 탄생시킨다.

〈일렉트리션〉은 올리버가 가진 짓궂은 장난기의 배출구이기도 했다. 그의 풍자적 농담을 듣고 잡지 편집부에서는 낄낄대며 좋아했던 모양인데, 좀 더 신중한 편집자였다면 삭제해버렸을 법한 구절도 빅스는 출판했기 때문이다. 헤비사이드가 내놓은 첫 번째 글의 첫 문단만 보고도, 빅스는 앞으로 닥칠 일을 충분히 예감했을 것이다.

잘 알려져 있다시피 일간지들은 가을철 사설이나 다른 훌륭한 주제에 대한 논설위원의 글을 싣느라 바빠서, 때때로 정작 긴급한 사안을 빼먹기도 한다. 이러한 주제 중 하나로는 해룡海龍이 있다.[3]

이 글에서 헤비사이드는 나뭇가지로 지하의 수맥을 찾아내는 소년에 대한 언론 보도를 실컷 비웃고 나서야 글의 본래 주제로 넘어갔는데, 글의 뒷부분은 전신 기술에서 지구가 귀로용 도체return conductor로 이용된다는, 당시에는 이상할 정도로 무시되고 있던 주제에 대한 유려한 설명으로 이어진다. 헤비사이드는 권위를 조롱하길 좋아했고, 그가 가장 기쁘게 공격했던 대상 중에는 교회도 있었다. 그는 대주교의 거만한 근엄함에 조소를 날렸고, 옴의 법칙이 창조론에 대한 증거라고 심술궂게 주장하는 글을 쓰기도 했다. 신께서 전기공학자들의 고된 계산 부담을 줄여주시려고 옴의 법칙이 참이 되도록 세상을 만드셨다는 것이다.

때때로 이런 소일거리로 기분을 전환하기도 하면서, 헤비사이드는 맥스웰의 논고를 독파해나갔다. 그 역시 처음에는 이 위대한 과학자가 세운 전자기론에 압도당했지만, 결국 이론을 완벽하게 장악하는 데 그치지 않고 이해하기 쉬운 형태로 다시 표현해내는 데 성공한다(그 표현 방식은 오늘날까지도 일반적으로 쓰이고 있다). 헤비사이드의 성취를 훗날 또 다른 맥스웰주의자인 조지 프랜시스 피츠제럴드는 이렇게 표현했다.

자기가 길을 개척한 땅을 탐험하지 못하고 죽은 다른 많은 선구자들처럼, 맥스웰 역시 자신이 발견한 땅을 탐험할 만한 직접적이거나 체계적인 수단이 무엇인지 조사하지 못했다. 이 위업은 올리버 헤비사이드의 몫이었다. 맥스웰의 논고는 그가 개척 중에 겪은 격투의 흔적과 전투와 참호 등이 남긴 흔적으로 인해 가로막혀 있다. 올리버 헤비사이드는 이런 장애물을 걷어내고, 넓고 곧은 길을 다졌으며, 이 땅의 넓은 부분을 탐험했다. 수많은 기호와 전위, 자위차, 벡터 퍼텐셜, 전류, 변위, 자기력과 전자기 유도 등으로 이루어진 미로는 사실상 전기력과 자기력이라는 두 개의 개념으로 압축되었다.[4]

어떻게 했느냐고 묻는다면 그는 "고된 노동을 통해서"라고 대답할 것이고, 이는 사실이었다. 그런데 자세히 들여다보면 두 가지 핵심적인 요소가 있었다. 첫 번째는 공간에 따라 변화하는 벡터(크기와 방향을 모두 가지는 수량이다)를 표현할 언어를 창조하는 것이었다. 그가 창조한 언어는 장에 대한 자연언어로 받아들여진다. 단순히 '벡터 해석학'이라고만 불리는 이 언어는 너무도 딱 들어맞아서, 오늘날의 학생들은 이것이 없던 시절을 상상하는 것조차 어려워한다. 3차원 공간상의 각 벡터는 하나의 알파벳으로 표현된다. (그림으로 표현하자면 특정 길이와 방향을 가진 화살표가 된다.) 그리고 알파벳과 함께 주어지는 대수를 사용하면 수학적 관계를 (최소한 겉보기에는) 간단하고, 어떤 좌표계에 구속되지 않는 방정식으로 나타낼 수 있다. 이것은 《전기와 자기에 관한 논고》에서 맥스웰이 쿼터니온을 이용한 표현 방식을 사용했던 데서 착안한 아이디어였다. 쿼터니온이 윌리엄 로언 해밀턴의 우아하지만 극도로 복잡한 창조물이라는 사실은 이미 앞에서 다룬 바 있다. 쿼터니온은 벡터 부분과 스칼라라고 불리는 보통 숫자 부분으로 이루어져 있었다. 헤비사이드는 이리저리 실험해본 후에 쿼터니온이 대체로 쓸모없다는 결론을 내렸고, 벡터 부분과 스칼라 부분으로 분리한 뒤 새로운 벡터 대수를 고안해냈다. 나중에 조사이어 윌러드 깁스도 쿼터니온에 실망한 나머지 헤비사이드와 완전히 동일한 벡터 대수를 만들었다는 사실을 알게 되었다. 헤비사이드는 기꺼이 이 공로를 공유했다. 그는 올바르다고 생각되는 경우에는 칭찬에 매우 관대했다. 그리고 깁스 같은 인물과 공로를 나누는 것은 영광이기도 했다.

헤비사이드가 맥스웰의 이론을 단순화하는 데 중요한 두 번째 요소는 퍼텐셜이라고 불리는 양은 뒤로 밀어두고 장력에 집중했다는 데 있었다. 장력은 '실재'한다고 여겨졌던 반면에, 포텐셜은 "형이상학적"[5]으로 비춰졌고, 그는 "이 무리 전체를 학살"[6]하기로 결심했다. 결국, 두 가지 방책과 약간의 재배열을 통해서 맥스웰이 남긴 20개의 방정식(쿼터니온 형식으로는 여덟 개)을 네 개로 줄일 수 있었다.

전류나 전하가 없는 빈 공간의 임의의 점에 대해 네 개의 방정식은 다음과 같이 표현된다.

$$\text{div } E = 0$$
$$\text{div } H = 0$$
$$\text{curl } E = -\mu \partial H/\partial t$$
$$\text{curl } H = \varepsilon \partial E/\partial t$$

E와 H는 각각 전기장력과 자기장력으로, 해당 점에 있는 단위 전하 또는 단위 자극에 대하여 발산될 수 있는 역학적 힘이다. $\partial E/\partial t$와 $\partial H/\partial t$는 시간에 따른 변화율이며, μ와 ε는 전자기의 근본 상수다.[7] div는 발산의 줄임말이며, curl은 점 주위의 좁은 영역에서 벡터가 어떻게 변화하는지를 묘사하는 방식으로, 이미 맥스웰이 발견하여 붙인 이름이다. 전하나 전류가 존재하는 경우 전하 밀도와 전류 밀도를 표현하는 기호가 추가되지만, 그렇더라도 이 방정식은 놀랄 만큼 단순하다.[8] 이 방정식은 과학의 모나리자라는 호칭을 얻기도 했다. 이렇게 간단한 방정식이 외양적으로는 복잡한 전자기 현상 전반을 설명한다는 사실은 전문적인 물리학자들에게도 신기한 일로 비춰졌던 것이다. 처음 두 개의 방정식은 전기력과 자기력이 역제곱 법칙을 따른다고 말하고 있고, 세 번째와 네 번째 방정식은 장에 간섭이 일어나면 $1/\sqrt{(\mu\varepsilon)}$의 속도를 가지는 전자기파로 퍼져나간다는 것인데, 이 속도는 광속과 동일하다.[9]

이렇게 헤비사이드는 장차 유명해질 네 개의 방정식을 남겼다. 여기에는 물론 맥스웰 방정식이라는 이름이 붙었지만, 부분적으로는 헤비사이드의 작품이기도 하다.[10]

전신이라는 분야에 몸담고 있었기에, 헤비사이드는 전자기 에너지가 이동하는 방식에 자연스럽게 매료되었다. 맥스웰의 이론에 따르면 에너지는 공간에 위치하는 것으로, 매 순간 공간의 각 부분은 정해진 양의 에너지를 수용하고 있었다. 장에 변화가 일어나면 공간의 어떤 부분은 에너지를 얻고 다른 부분은 에너지를 잃지만, 반대로 공간상의 한 점에서 에너지가 파괴되는 동시에 다른 점에서 생성되는 일은 불가능했다. 그렇다면 패러데이와 맥스웰이 그렇게도 빼고 싶어 했던 원격작용을 다시 개입시켜야 했기 때문이다. 에너지는 흐르는 것이어야만 했고, 헤비사이드는 에너지가 흐르는 방식을 계산해냈던 것이다. 에너지 흐름률은 전기장력과 자기장력의 곱과 일치했다. 이때 흐름의 방향은 전기장과 자기장 모두와 직각을 이루었고, 흐름의 강도는 전기력과 자기력이 서로 직각을 이룰 때 가장 강력했다. 그는 에너지 흐름의 법칙을 다음과 같이 간편한 벡터 형식으로 표현했다.

$$W = E \times H$$

여기서 W는 에너지 흐름 벡터이며, $E \times H$는 전기력과 자기력의[11] 벡터곱vector product[12]이다.

이것은 대단한 성과였지만, 논문이 〈일렉트리션〉에 발표되고 얼마 되지 않아 헤비사이드는 존 헨리 포인팅이라는 사람에게 선수를 빼앗졌음을 알게 되었다. 포인팅은 한때 캐번디시에 있다가 맥스웰이 죽은 지 얼마 후에 케임브리지를 떠나 버밍엄 대학의 물리학과 교수로 재직하고 있었는데, 몇 달 전에 왕립 학술원의 학회지에 헤비사이드와 같은 결과를 발표했던 것이다. 헤비사이드가 이 실망스러운 사건에 대해 보인 반응으로 그의 양면적인 성격을 엿볼 수 있다. 그는 항상 너그럽게 포인팅이 먼저였노라고 인정했으나, 자신이 기여한 부분도 잊지 않고 언급했다. 포인팅의 업적은 오늘날 전자기학을 공부하는 학생이라면 누구나 알고 있는 포인팅 벡터에서 볼 수 있는데, 흐름의 방향을 가리키는(포인팅pointing) 벡터이기 때문에 더욱 그 이름을 외우기 쉽다.

영광은 포인팅의 몫이 되었지만, 새로운 발견의 결과가 무엇인지 가장 공들여 탐험한 사람은 헤비사이드였다. 그가 발견한 것은 오늘날에도 믿기 어려울 정도다. 전기회로에서 에너지는 전선 그 자체를 통과하는 것이 아니라, 주위 공간을 흐르는 에너지를 인도하는 역할만 할 뿐이었다. 전선에서 일어나는 유일한 에너지 흐름은 내부적이었고, 이는 열로 전환되어 사라지는 부분일 뿐이었다! 그렇다면 전류는 어떤가? 전류는 전선 속을 흐르는 것이 아니던가? 맞는 말이다. 그러나 전류가 가진 에너지는 동반되는 장에 포함되어 있었고, 전류가 흐르는 전선을 원으로 감싸는 자기력선과 그로부터 바퀴살 모양으로 퍼져나가는 전기력선에 포함되어 있었다. 새로운 공식에 의하면 에너지 흐름의 방향은 두 개의 장 모두와 직각을 이루었고, 따라서 전선과 평행을 이루었다. 다만 전선에 매우 가까울 뿐이었다. 전선 근처의 에너지 흐름의 선들이 조금만 더 집중되어 전선에 닿으면, 그것은 즉각적으로 내부적 흐름으로 바뀌고 열로 전환되었다.

1888년이 되기까지 헤비사이드의 삶은 14년째 거의 그대로였다. 그는 아무도 안 읽는 것처럼 보이는 글을 썼고, 걸어서 갈 수 있는 것보다 먼 거리를 여행하는 일도 드물었다. 그러나 과학적 발견만이 그가 원하는 '고기와 술'의 전부라고 느꼈던 자족적인 감각은 서서히 사라지고 있었다. 그는 사람들이 자신의 목소리를 듣길 원했다. 그러던 중 우연히 리버풀 대학의 물리학 교수 올리버 로지의 연설에 대한 보도를 읽다가 자신의 이름을 발견했다. 전자기파에 논하던 중 로지는 이렇게 말했다.

올리버 헤비사이드 씨가 저술한 매우 특이하고, 때론 불쾌하기까지 한 글에서 이 주제의 복잡한 난제에 대한 독특한 통찰과 극도로 어려운 이론에 대한 탁월한 이해를 찾아볼 수 있다는 사실을 이 기회에 여러분에게도 알려드리고 싶습니다.[13]

불쾌하다는 말은 헤비사이드가 대주교와 같은 잡다한 주제로 쓴 쓸데없는 글에 독자들이 반감을 가질지 모른다는 경고의 의미라고 볼 수 있었다. 그러나 탁월하다는 말이 쓰여 있는 판국에, 불쾌하다는 단어 하나가 무엇이 중요하겠는가? 이것은 헤비사이드가 살면서 처음으로 공식적으로 인정을 받은 것이어서, 기쁨을 억누를 수가 없었다. 그는 곧바로 로지에게 연설문 전문을 부탁하는 편지를 썼고, 또 다른 팬의 존재를 알게 되었다. 로지의 친구이자 더블린 트리니티 칼리지의 자연실험철학 교수인 조지 프랜시스 피츠제럴드였다. 헤비사이드와 마찬가지로 맥스웰의 이론에 마음을 빼앗겼던 로지와 피츠제럴드는 처음에는 각자 고립된 상태에서, 그리고 나중에는 서로를 도우면서 이 이론을 계승하려 애쓰고 있었다. 소속 없는 은둔자 헤비사이드는 자기 방식대로 진정한 우정을 얻었고, 하나의 목적으로 모인 세 사람은 나중에 맥스웰주의자들이라고 불리게 될 모임의 핵심 멤버가 된다. 곧 여기에 예상치 못한 곳에서 온 네 번째 멤버가 추가될 예정이었다.

로지는 스태퍼드셔Staffordshire 출신으로 도자기상의 아들이었으나, 어릴 때부터 장사를 혐오했던 탓에 인고의 시간을 보내다가 성인이 되면서 기회를 보아 탈출했다. 그는 10대 때 존 틴들의 강연을 듣고서 무엇을 해야 할지 깨달았다. 그는 자기 힘으로 런던 대학UCL에 들어가서 박사 학위를 받은 뒤 리버풀의 교수로 임용되었다. 단호하고 외향적인 성격의 소유자인 그는 지구력과 열정을 가지고 과학을 추구했고, 역학 모델에 특별한 애정을 보였다. 그의 저서 《전기에 대한 최근 견해들 Modern Views on Electricity》에 대해 동시대 사람이 남긴 의견을 통해 그가 어떤 사람이었는지 추측해볼 수 있다.

이 책은 전기에 대한 최근 이론을 설명하고 또 하나의 새로운 이론을 설명하려는 책이다. 그러나 도르래를 따라서 움직이거나, 통 주위를 굴러 다니거나, 진주에 난 구멍을 통과하거나, 추를 들어 올리는 끈에 관한 이야기들, 펌프질에 따라 팽창하고 수축하는 튜브와 톱니가 맞물려서 돌아가는 톱니바퀴 등에 대한 이야기밖에는 찾아볼 수 없다. 고요하고 잘 정돈된 이성의 집에 발을 들여놓을 것이라 예상했으나, 어느새 공장 속에 들어온 것이다.[14]

로지는 수학의 필요성도 알고 있었고 조금만 노력한다면 다른 과학자들의 연구를 이해할 수도 있었지만, 그의 진짜 특기는 실험이었다. 반면 피츠제럴드는 재능이 뛰어난 수학자였다. 아일랜드의 신교 귀족 가문에서 태어난 그는 더블린 트리니티 칼리지의 학과 과정을 여유롭게 인수하고, 몇 안 되는 교수 자리를 거머쥐었다. 모든 것을 쉽게 얻었기 때문인지, 그에게는 꾸준한 노력으로만 얻을 수 있는 엄격한 자기 규율이 부족했다. 헤비사이드가 그에 대해 한 말에 따르면 "그는 의심할 여지 없이 가장 빠르고 독특한 두뇌의 소유자였다".[15] 피츠제럴드는 자기 자신의 생각을 쫓아가지 못하곤 했는데, 이에 대해서 평소의 가식 없는 말투로 너무 게을러서 그런 것이라고 말했다. 대신 그는 자신의 생각을 자유롭게 남들과 공유했으며, 그가 19세기 물리학에 끼친 거대한 영향력은 생전에 출판한 저서를 훨씬 뛰어넘는다. 그는 존경과 선망의 대상이었으므로, 영국의 다른 물리학자들이 맥스웰의 이론과 헤비사이드의 작업에 진지하게 관심을 갖게 된 것은 그의 영향력에 의한 것이라고 할 수 있다. 피츠제럴드와 로지는 1878년에 더블린의 한 학회에서 만나서 금세 친구가 되었다. 두 사람 모두 맥스웰의 저작에 매료되어 있었고, 각자의 방식대로 그의 이론을 발전시키고자 노력하고 있었던 차에 서로를 만났던 것이다.

생각을 공유할 수 있는 동료를 얻은 로지는 전자기파를 생성하고 감지하겠다는 목표를 설정했다. 맥스웰에 의하면 전자기파는 전류에 변화가 생길 때마다 생성되는 것이었다. 그러니 문제는 그것을 어떻게 감지하느냐에 있었다. 로지는 다음과 같이 추론했다. 광파를 감지하는 것은 쉬운 일이니, 아예 역발상으로 전자기적 수단을 통해 빛을 생성해보는 것은 어떨까? 그는 여러 가지 방법을 시험해보았다. 빠른 속도로 회전하는 탄소 원판과 여기에 마주하게 고정한 탄소 조각 사이의 접점으로 전류를 통과시켜보았으나, 보기 좋게 실패했다. 어떤 방법으로도 필요한 주파수에 도달할 수 없었다. 그러는 사이, 피츠제럴드는 작동 중인 전기회로에서 방출되는 에너지의 양이 주파수의 네제곱에 비례한다는 사실을 이론적으로 계산해냈다. 이는 초당 수백 정도의 회전수로는 방출되는 에너지가 너무 약하지만, 초당 수백만 정도의 주파수라면 감지될 정도의 세기를 가진다는 것을 의미했다. 이 경우에 파장wave length(파동의 정점에서 정점까지의 거리)은 수 미터 정도로, 실험실에서 충분히 측정할 수 있는 크기였다. 나아가, 피츠제럴드는 이 정도로 높은 주파수에 도달하는 방법이 이미 존재한다고 생각했다. 라이덴병을 제대로 된 회로에 연결하여 방전시키기만 하면 되는 일이었다. 이제 파동을 감지하는 문제가 남아 있었는데, 이에 대해 피츠제럴드는 두 가지 좋은 아이디어를 가지고 있었다. 첫 번째는 파동을 다시 원점을 향해 반사시켜서 정상파(이동하지 않고 같은 장소에서 위아래로 진동하는 파동)를 생성한다면, 측정하기가 훨씬 수월할 것이라는 생각이었다. 두 번째는 이렇게 생성된 파동의 주파수에 동조된 감지 회로를 사용하는 것이다. 이 두 요소는 핵심적인 것으로 확인되었지만, 아직 세 번째 요소가 필요했다. 피츠제럴드의 표현을 빌리자면 "이렇게 빠르게 변화하는 전류를 어떻게 감지하느냐 하는 거대한 문제"[16]가 남아 있었다. 지금까지 알려진 장비 중에는 이런 능력이 없다고 생각되었으나, 누군가가 전류를 '느끼는' 효율적인 방법을 발견하게 된다. 게다가 이는 이미 오래전부터 존재하던 가능성이었다.

실용적인 정신의 소유자인 로지가 이 일에 도전할 것처럼 보였지만, 당분간은 강의와 다른 일로 너무 바빠서 진지한 실험을 진행할 여력이 없었다. 그러던 중 번개 보호 대책에 대한 강연을 해달라는 기술 협회의 초청을 받게 되었고, 그 준비 과정에서 라이덴병을 방전하는 간단한 실험을 몇 개 해봤는데, 방전에서 생성되는 스파크로 모의 번개를 만들어낼 수 있다는 생각이 들었다. 로지가 라이덴병을 방전시키자, 연결된 전선의 끝부분 사이에서 스파크가 일어났다. 여기까지는 예상대로였으나, 전선의 길이에 변화를 주면 스파크의 강도도 따라서 변한다는 사실을 발견했다. 보통 때라면 그저 흥미로운 현상으로 여겼겠지만, 후배 교수의 지적을 듣고는 자신이 지금 막 맥스웰이 예측한 전자기파의 증거를 찾아냈음을 깨달았다. 방전되어 전선 주위의 공간을 따라 흐르던 파동은 전선의 끝부분에서 다시 반사되었고, 그 결과 생성된 정상파가 감지되었던 것이다. 정상파는 이동하는 파동이 자기 자신의 반사파와 합쳐져서, 한 위치에서 정지한 상태로 진동하는 파동이기 때문이다. 1888년 2월에 기술 협회에서 두 번째로 강연하게 되었을 때, 그는 맥스웰의 이론을 뒷받침하는 새로운 증명을 짧게 소개했다. 자신의 성과가 완벽히 인정받기 위해서는 더욱 철저한 실험이 필요하다는 사실을 알고 있었지만, 9월에 배스Bath에서 열리는 영국과학진흥협회의 대집회까지는 시간이 충분했다.

준비를 모두 마친 로지는 기쁜 마음으로, 여름휴가를 맞아 알프스로 도보 여행을 떠났다. 시간이 없어서 밀린 학회지를 여행 중에 읽기 위해 챙기는 것 또한 잊지 않았다. 기차가 리버풀 역을 출발하자, 독일 학회지인 〈물리학-화학 연보Annalen der Physik und Chemie〉의 7월 호를 꺼내서 보던 중 놀랄 수밖에 없었다. 카를스루에 공대의 하인리히 헤르츠 박사가 이미 전선에서뿐만 아니라 비어 있는 공간에서도 전자기파를 생성하고 감지하는 데 성공했던 것이다. 그뿐 아니라 헤르츠는 파동의 속도를 측정하고, 빛과 마찬가지로 전자기파 역시 반사, 굴절, 편광을 일으킨다는 사실을 증명했다. 로지는 억장이 무너지는 것 같았다. 자신의 성과는 이에 비교하면 우스꽝스러웠던 것이다. 그러나 그의 실망감은 곧 헤르츠의 연구에 대한 존경심과 그 결과물에 대한 진정한 기쁨으로 잊혀졌다. 로지의 발견은 영국과학진흥협회의 9월 집회에서 별로 큰 역할을 하지 못하겠지만, 훨씬 거대한 이야기를 할 참이었다. 헤르츠의 성과는 맥스웰의 전자기장 이론에 대한 분명한 증거이며, 이로써 원격 작용에 대한 논의는 마침내 잠식되었다고 말할 생각이었다. 그렇지만 배스의 많은 청중들은 이렇게 질문할 것이었다. "하인리히 헤르츠가 대체 누구죠?"

헤르츠는 함부르크의 안락한 가정에서 성장했다. 그의 아버지는 변호사로 오래된 유대인 상인 가문의 자손이었으나 기독교로 개종했고, 어머니는 남부 독일의 루터교 전도사 가문 출신이었다. 이러한 독특한 배경 속에서 헤르츠는 어릴 때부터 폭넓은 분야에 흥미를 보이며 자라났고, 언어, 고전학, 수학, 운동 등 접하는 분야마다 재능을 드러냈다. 고전학이나 기술에 특화된 학교 중 하나를 선택해야 하는 나이가 되자 여러 번 전학을 다니는 방식으로 두 가지를 모두 배웠고, 어느 시점부터는 집에서 독학하기 시작했다. 그는 실용적인 노동을 좋아했고, 드레스덴과 뮌헨의 대학에서 공학을 공부하면서 그의 천직이 수리물리학과 실험물리학임을 깨달았다. 그 당시에 물리학도들이 갈 곳은 하나로 정해져 있어서, 그는 21세의 나이에 베를린 대학으로 옮기게 된다. 그곳에서 헤르츠는 그 무렵 독일에서 가장 명성 높은 과학자였던 헤르만 폰 헬름홀츠의 수제자로 공부하고 이어서 조교 자리를 얻는다.[17]

방대한 분야에 흥미를 가지고 있던 헬름홀츠는 이 무렵에 전자기에 관심을 두고 있었는데, 맥스웰의 이론을 진지하게 수용한 몇 안 되는 일류 물리학자 중 한 명이기도 했다. 헬름홀츠가 보기에 당시에는 거의 동등한 세 가지 이론이 경쟁하고 있는 상태였다. 독일 물리학자 빌헬름 베버의 이론과 프란츠 에른스트 노이만Franz Ernst Neumann의 이론은 모두 원격 작용에 기초한 이론이었고, 여기에 맥스웰의 이론이 맞서고 있었다. 헬름홀츠는 실험을 통해서 올바른 이론이 어느 것인지 정립하는 일이 중요하다고 여겼다. 스승의 독려를 받은 헤르츠는 변위 전류를 감지하는 실험을 진행했으나, 아무것도 발견하지 못했다. 변위 전류는(존재한다는 가정하에) 사용할 수 있는 가장 민감한 장비로도 감지하지 못할 정도로 미약했다. 이때는 실패했지만 헤르츠는 몇 년 뒤 운 좋게 또다시 기회를 얻었을 때, 이 당시에 갈고닦은 실험 기술 덕택에 성공할 수 있었다. 그동안 헤르츠는 강의 경험을 쌓을 필요가 있었기 때문에 킬Kiel 대학에서 2년간 무급 강사로 일했다. 여가 시간에는 맥스웰 이론의 이론적 부분에 탐닉했는데, 그 과정에서 놀랍게도 헤비사이드와 똑같은 방정식에 도달했다(다만 그의 결과물은 예전의 3중 방정식 형태였다). 나중에 서로를 알게 된 후에, 헤르츠는 헤비사이드가 선구자였음을 정중하게 인정하면서 자신의 생각을 피력했다.

…… 당신은 맥스웰보다 더 먼 곳에 도달했습니다. 그가 살아 있었더라

면 당신이 사용한 방법이 더 우월하다는 것을 인정했을 겁니다.[18]

1885년에 헤르츠는 카를스루에 대학의 실험물리학 교수로 임용되었다. 1년 안에 그는 동료 교수의 딸과 결혼한 뒤, 카를스루에 실험실의 우수한 장비를 가지고 절연체에서 변위 전류의 희미한 신호를 감지하려 다시 노력했다. 그러나 반복되는 시도에도 실패만 거듭했다. 마침내 그는 원래의 실험에 성공했지만, 각종 난관을 거치는 과정에서 맥스웰의 이론을 증명하는 훨씬 효율적인 방법을 찾아냈다.

실험실에 마련된 장비 가운데에는 크노헨하우어 나선이라고 불리는 것이 있었다. 이것은 밀랍으로 절연 처리가 된 납작한 코일로, 패러데이의 전자기 유도 법칙을 생생하게 시연할 목적으로 만들어진 장비였다. 우선 스파크를 생성하는 회로가 하나 있고 이것과 살짝 떨어져 있지만 자기적으로는 연결된 두 번째 회로가 있어서, 첫 번째 회로의 유도에 의해 두 번째 회로의 단말 부분에 스파크가 일어나는 구조였다. 어느 날(아마도 강의용 실험을 준비하던 중이었을 것이다), 헤르츠는 옆에 따로 놓여 있던 전선에서도 스파크가 일어나는 것을 보고는 깜짝 놀랐다. 대체 무슨 일이 벌어지고 있는 걸까? 이 단계에서는 아직 자신이 무엇을 찾는지 모르고 있었지만, 위대한 발견으로 가는 길목에 있음을 직감한 헤르츠는 직관에 따라 행동했다. 둘 다 우연에 의한 발견이었지만, 헤르츠는 로지가 놓친 점을 포착했다. 바로 파동을 '느끼는' 수단이었는데, 끝부분에 스파크가 튈 수 있도록 작은 간격을 두고 둥글게 구부린 전선이면 충분하다는 사실을 발견한 것이다. 쉬운 일처럼 들리지만, 실험에 천재적인 재능을 가진 헤르츠조차도 몇 시간 동안 실패를 반복한 끝에야 결과물을 얻을 수 있었다. 그러니 이는 기술뿐만 아니라 결단력의 결과이기도 했다.

전선 주위에 생기는 파동은 흥미로웠지만, 맥스웰의 이론에 대한 궁극적인 실험은 공간상에서 파동을 감지하는 데 있었다. 1차 스파크 회로는 발신기였고, 스파크 간극을 가진 전선 고리는 탐지기가 되었다.

헤르츠는 발신기와 탐지기에 다양한 변화를 주었다. 그리고 스파크 간격을 최대한 가깝게 한 탐지기를 들고 실험실을 걸어 다니면서 스파크가 일어나는 지점을 찾아보았다. 예상한 대로, 희미한 스파크가 생겨났다. 드디어 이 책의 도입부에서 보았던 역사적 장면으로 다시 돌아왔다. 커다란 아연판을 반사판으로 사용면서, 그는 탐지기를 이리저리 움직이며 스파크가 생기지 않는 위치와 스파크가 가장 강한 위치를

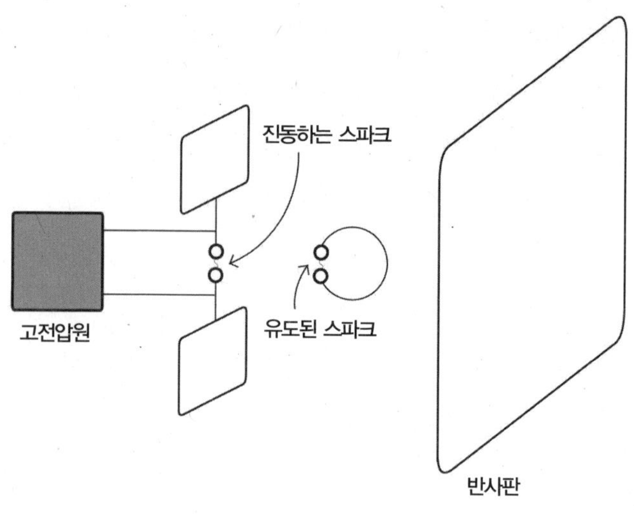

| 그림 16.1 전자기파를 생성하고 감지하기 위한 헤르츠의 실험 장비 도식 |

찾아냈다. 이것은 정상파의 증거였다. 이동하는 파동이 아연판에서 나오는 반사파와 합쳐져서 정상파를 형성했던 것이다. 헤르츠는 전자기파를 공간에서 생성하고 감지하는 데 성공했다.

이 결과로 충분하다고 느낄 수도 있겠지만, 헤르츠에게는 시작일 뿐이었다. 일련의 탁월한 실험을 통해서 그는 새로운 파동의 모든 면을 조사했다. 그는 파동이 아무 금속판에나 반사되는 반면, 두꺼운 목재 문짝은 전혀 방해받지 않고 통과해버린다는 것을 발견했다. 또한 파동이 빛의 속도로 이동한다는 것과 빛과 마찬가지로 편광을 일으킨다는 사실, 빛이 유리 렌즈나 프리즘에 굴절되는 것과 마찬가지 방식으로 굴절을 일으킨다는 사실을 밝혀냈다. 어떤 의미에서 헤르츠가 발견한 파동은 실제로 광파의 일종이었으나, 가시광선보다 훨씬 긴 파장을 가지고 있었다. 오늘날 이 파장은 라디오파로 사용된다.

1888년에 헤르츠는 대단히 뛰어난 논문을 통해 자신이 발견한 것을 세상에 알린다(로지가 리버풀에서 출발한 기차에서 봤던 것은 두 번째 논문이었다). 이 글은 거창한 선언 따위는 하지 않은 채 사실에 집중하는 문체로 쓰였기에, 초기에는 거의 주목받지 못했다. 헬름홀츠가 맥스웰 이론의 신봉자였기에 이 논문이 독일 내에서는 어느 정도 열띤 반응을 얻었으리라 추측할 법도 하지만, 독일의 물리학자들은 베버와 노이만이 주창한 원격 작용 이론에 완전히 물들어 있었다. 심지어 헬름홀츠도 맥스웰 이론을 일종의 원격 작용 개념에 의지하는 이론으로 해석했는데, 이는 영국의 맥스웰주의자들이 보기에는 틀린 견해였다. 원격 작용은 공간에서 일어나는 전자기 에너지의 흐름을 설명할 수 없었고, 에너지의 흐름이 없다고 인정하면 수학을 어떻게 쥐어짜더라도 파동이나 물질을 도출해낼 수 없었다. 헤비사이드는 특유의 노골적인 어투로 말했다.

> 헬름홀츠의 이론을 보면, 맥스웰의 책을 한꺼번에 쭉 읽은 다음에 잠자리에 들었다가, 그에 대한 악몽을 한바탕 꾸고 일어나서 독립적인 이론을 써 내려갔다는 인상을 받는다. 그의 이론은 미쳐버린 맥스웰이나 다름없다.[19]

그러나 헬름홀츠를 숭배했던 헤르츠는 처음에 그가 스승의 생각에 얼마나 치명적인 한 방을 날렸는지 자각하지 못했다. 자신의 발견이 중요하다는 사실은 알았지만, 겸손함에 있어서는 맥스웰조차 뛰어넘을 만한 헤르츠는 그 가치를 다른 이들이 평가하도록 두었다. 영국 해협 건너편에서는 그런 제약이 없었다. 영국의 맥스웰주의자들은 이미 맥스웰의 이론을 장악했고, 그것이 진리라는 데 일말의 의심도 품지 않았다. 그들에게 필요한 것은 회의론자를 설득시킬 만한 물리학적 증거물이었고, 헤르츠는 이를 멋지게 제공했다. 헤르츠는 영웅이었다. 영국의 맥스웰주의자들은 그에게 각종 상을 안겨주었고, 기꺼이 자신들과 합류할 것을 권유했으며, 엄청난 열성을 가지고 그의 연구에 대해 광고했다. 피츠제럴드는 배스에서 열린 영국과학진흥협회의 대집회에서 모인 청중 앞에서 헤르츠를 성공으로 이끌어준 "아름다운 장비"에 대해 발표했다. 로지는 헤르츠가 사용한 장비의 복제품을 제작해서, 기회가 될 때마다 사람들에게 보여주었다. 마지막으로 헤비사이드는 헤르츠에게 편지를 보내서, 원격 작용 이론을 물리쳐준 데 대한 감사를 표시했다.

나는 하늘이 내린 천재 맥스웰 앞에서 그 [원격 작용] 이론은 갈 곳이 없었다는 점을 알고 있었습니다. 그러나 오래도록 엄격한 실험적 증거가 없었기에, 그러한 망상이 계속 번창했던 것이죠. 당신이 그 [원격 작용] 이론에 최후의 일격을 날려준 겁니다.[20]

흔히들 사용하는 "헤르츠의 발견은 영국을 거쳐서 독일에 도달했다"는 표현은 과장이 아니다. 1890년에 왕립 학술원은 헤르츠에게 럼퍼드 메달을 수여했고, 헤르츠는 수상식에 참여하기 위해 런던으로 왔다. 어느 한가한 저녁에 헤르츠, 로지, 피츠제럴드는 랭엄 호텔에서 저녁 식사를 함께했다. 이들은 자리 하나가 비어 있다는 느낌을 받았을 것이다. 습관적으로 초대에 불응했던 헤비사이드도 이날만큼은 방에서 나와 함께했을 테지만, 그는 200마일 떨어진 토키Torquay에 살고 있었다. 서로 아주 다르지만 같은 이유로 모이게 된 네 사람은 서로에게 버팀목이 되었다. 바로 이들이 맥스웰의 이론을, 정확히 말하면 맥스웰과 패러데이의 이론을 세상에 알린 사람들이다.

N
S
A
B

17

새로운 시대

1890년 이후

아인슈타인의 말처럼 제임스 클러크 맥스웰과 함께 시작된 시대가 계속되고 있었다. 맥스웰주의자들은 엄청난 가능성으로 통하는 문을 열었지만, 그들에겐 아직도 싸워야 할 전투와 견뎌야 할 충격이 남아 있었다.

하인리히 헤르츠가 1890년에 런던을 방문했을 때, 그는 토키에 있는 은둔자 헤비사이드를 만나기 위해 왕복 400마일의 장거리 여행을 감수하려 했으나, 간발의 차이로 포기할 수밖에 없었다. 둘은 서신을 통해 탄탄한 우정을 맺었지만, 이번이 서로 만날 수 있는 마지막 기회가 되리라고는 예상하지 못했다. 헤르츠는 1894년에 희귀한 골수병에 걸려 36세라는 젊은 나이에 비극적인 죽음을 맞이했기 때문이다. 그가 살아 있었다면 어떤 업적을 더 이루어냈을지 알 수 없지만, 다른 맥스웰주의자들이 해야 할 역할도 아직 남아 있었다.

올리버 헤비사이드는 항상 누군가와 싸우고 있었지만, 1890년 초기에 그의 적수는 공교롭게도 맥스웰의 오랜 친구인 P. G. 테이트였다. 둘은 맥스웰의 이론을 유명한 네 개의 방정식으로 요약해버린 새로운 벡터 분석 체계를 두고 충돌했다. 테이트는 헤비사이드가(이와는 별개로 미국의 깁스도 마찬가지로) 윌리엄 해밀턴의 아름다운 쿼터니온을 훼손함으로써 신성모독을 범했다고 보았다. 그렇지 않아도 헤비사이드는 이미 많은 반대파와 직면해 있었다. 그중에는 쿼터니온 표현법도, 새로운 벡터 표현법도 전혀 이해하지 못한 사람들이 있었는가 하면, 윌리엄 톰슨처럼 예전의 평행 좌표(x, y, z)를 이용한 3중 방정식 표현법을 고수할 수밖에 없는 이들도 있었다. 그러나 헤비사이드의 가장 격렬한 적수는 테이트였고, 둘 다 제대로 된 상대와 한바탕 싸우는 것을 즐겼다. 테이트가 벡터 해석학을 "암수 한 몸의 괴물"이라고 묘사하자, 헤비사이드는 테이트가 "뼛속까지 심오하신 형이상수학자 metaphysicomathematician"라고 받아쳤다.

'쿼터니온'이라는 것은, 제 생각에, 미국에서 학교를 다니는 어떤 소녀가 "고대의 종교 의식"이라고 정의한 것입니다. 그러나 이것은 오류였습니다. 고대인들은 테이트 교수와는 달리 쿼터니온을 알지도 못했고, 더군다나 숭배하지는 않았으니까요.[1]

이런 종류의 글이 과학 잡지에 계속 등장하면서 독자들에게 1년 이상 즐거움을 제공했다. 그리고 항상 그랬듯이, 헤비사이드가 옳았다. 그가 제창한 벡터는 오늘날 사방에서 등장하지만, 쿼터니온은 보기 어려울 정도로 드물다.

그러는 동안 로지는 검파기coherer²라고 불리는 독창적인 수신 장치를 이용해서 헤르츠의 실험적 연구를 발전시키려고 노력했다. 그는 좋은 성과를 거두고 있었지만, 이번에는 젊은 이탈리아인에게 선수를 빼앗겼다. 굴리에모 마르코니가 볼로냐 근처에 있는 가문의 영지에서 비슷한 장비를 이용해서 비슷한 성공을 거두었던 것이다. 그는 이미 아주 이른 시점에 무선 전신의 거대한 시장 가치를 알아보고 상업적으로 성공을 추구하고 있었다. 자국에서 투자자를 찾는 데 실패한 그는 영국으로 건너와서 영국 우체국의 수석 엔지니어인 윌리엄 프리스William Preece의 지원을 받아냈다. 초반에는 일이 잘 진행되는 듯했으나, 곧 능수능란한 사업가인 마르코니는 국가 지원의 올가미가 조금씩 조여 오는 것을 느끼고는 이 돈에서 손을 뗐다. 그 후에는 영국에서 살며 런던의 금융가에 영향력을 가지고 있던 사촌의 도움으로 자신만의 회사를 시작했다. 발 빠른 발명가일 뿐만 아니라 훌륭한 설득력을 갖춘 사업가였던 마르코니는 곧 충분한 공공 투자금을 가지고 와이트 섬과 영국 본토 사이의 솔렌트Solent 해협에서 선박-해안 간 전송 실험을 시작할 수 있었다. 그는 이론에 대해 무지했기 때문에 대부분의 경우에 실험과 실패를 반복하며 작업했으나, 이제는 최고의 엔지니어를 고용할 자금이 있었으므로 맥스웰의 옛 제자인 앰브로즈 플레밍Ambrose Fleming을 고용했다.

플레밍이라는 원군을 얻은 마르코니는 대서양을 가로질러 무선 전신을 전송하는, 당시에 상상할 수 있는 가장 극적인 사건을 무대에 올릴 준비를 시작했다. 대다수의 물리학자들은 발신된 파동이 지구의 표면을 따라가지 않고 직선으로 우주를 향해 날아갈 것이기 때문에, 이 모험은 실패할 운명이라고 예견했다. 그러나 마르코니의 직관은 달랐다. 프로젝트는 강행되었고, 1901년에는 콘월 주의 폴두Poldhu에서 보낸 신호가 연에 부착된 뉴펀들랜드Newfoundland의 안테나에 수신되었다. 사람들이 맥스웰의 전자기파를 필요한 곳에 사용하기 시작하자, 지구가 작아진 것 같았다. 무선 전신은 선박의 표준 장비가 되었고, 곧이어 음성 라디오가 뒤따랐으며, 텔레비전, 레이더, 휴대폰을 거쳐 오늘날 전 세계적 위성 통신에 이르렀다. 전선 없이도 즉각적으로 원거리 통신이 가능하다는 기적 같은 일은 너무도 당연한 것이 되었고, 일상의 일부가 되었다.[3]

새로운 기술 시대의 또 다른 국면은 주택, 공장, 교통수단에서 나타난 전기에너지 사용의 증가였다. 이 변화는 패러데이가 1821년에 발명한 전기 모터와 1831년에 발견한 전자기 유도에서 태동했지만, 19세기 후반에 스원Swan과 에디슨이 필라멘트 전구를 발명하면서 전기 조명이 상업적 아이디어가 된 후에야 가속도를 내기 시작했다. 그러고 나니 폭넓고 효율적으로 전기를 생산하고 분배할 방법이 필요하게 되었다. 이러한 사회의 요구가 최초에는 직류를 통해서, 나중에는 니콜라 테슬라의 천재적인 발명품인 다파장 교류 발전기와 분배 시스템을 통해 충족되면서 산업, 가정, 교통 분야에서 쓰이는 각종 전기 기계의 개발이 불붙은 듯이 일어났다. 오늘날 우리가 사용하는 모든 발전기와 모터, 변전기는 전기장과 자기장의 상호작용에 기반하고 있다. 간단히 말하면 통신 수단뿐만 아니라 생활방식이 대부분 전자기장을 활용하는 기술에 의지한다. 패러데이의 통찰에 의해 처음으로 발견되고 맥스웰이 명료하게 설명하지 않았다면, 물리 세계의 전자기적 측면에 대해서는 누구도 꿈꾸지 못했을 것이다.

그러나 기술적 발전보다도 중요한 것은 패러데이와 맥스웰이 내놓은 전자기장의 개념으로 인해 과학자들이 물리 세계를 바라보는 시선이 한 차례 변화를 겪었다는 점이다. 19세기 후반을 지나며 점점 많은 물리학자들이 맥스웰의 경고가 옳았다는 것을 이해하게 됨에 따라, 상전벽해와 같은 변화가 일어났다. 맥스웰에 따르면, 물리적 현상을 설명할 때 역학적 모델에 의지해서는 안 되며 현실의 표현을 현실 자체와 혼동하게 되는 위험이 존재하기 때문이었다. 패러데이와 맥스웰의 장은 만질 수 없는 것이었고, 마찬가지로 공간은 질량을 지닌 물체를 담는 빈 용기가 아니라, 운동에너지를 지닐 수 있는 일관적이고 상호 연결된 체계였다. 공간은 뉴턴이 말한 것처럼 점입자들이 직선적 힘에 의해 움직이는 배경이 아니라, 작용이 위치한 자리였다. 이러한 개념은 손으로 만지고 재어볼 수 있는 물체만 가지고 생각하도록 훈련받은 19세기의 과학자에게는 극도로 급진적으로 느껴졌다. 맥스웰은 만질 수 있는 물체끼리 원격으로 상호작용하던 우주를 대체할 것으로 만질 수 있는 물체와는 오직 국소적으로만 상호작용하는 추상적인 장의 우주를 내놓았다.

역학적 연관성에서 자유로워진 맥스웰의 전자기장 방정식은 독립적인 생명력을 얻게 되었다. 장에 대한 추상적인 수학적 언어는 그 자체로 이미 충분했던 것이다. 피츠제럴드와 로지를 비롯한 사람들은 맥스웰의 이론을 해석하기 위한 유사역학적quasimechanical 방법을 찾아 헤맸지만, 하인리히 헤르츠가 내놓은 설명이 가장 간단하면서도 명료하다. "내가 아는 가장 짧고 확실한 답변은 이것이다. 맥스웰의 이론은 바로 맥스웰의 방정식 체계라는 것이다."[4]

프리먼 다이슨이 바르게 보았듯이, 맥스웰의 이론은 역학적 모델에 대한 필요를 버린 후에야 비로소 우아하고 명료해진다.

사람들은 여기에서 오로지 방정식으로만 표현된 물리학 이론을 보게 되었고, 이것은 물리학자들의 현실 개념에 심오한 변화를 불러일으켰다. 실재가 두 개의 층위에 존재한다는 것은 놀랍도록 새로운 생각이었다. 이는 보고 느낄 수 있는(그리고 모델을 구축할 수 있는) 사물의 아래에 수학의 언어로만 말하는 심층 실재가 있다는 것을 의미한다. 이 아래에 있는 층위에는 감각을 통해 접근할 수 있는 어떤 것과도 완전히 다른 양, 이를테면 전기장 세기와 자기장 세기와 같은 것이 존재한다. 느낄 수 있고 모델로 표현할 수 있는 모든 종류의 역학적 힘을 일으키는 원인이므로 이런 양은 어떤 방식으로든 실재하는 것이어야 하지만, 이를 추상적 기호와 방정식으로만 묘사할 수 있는 것이다.

이와 같이 실재가 2중 구조를 가졌다는 생각은 맥스웰의 이론 안에 내포되어 있기는 했으나 한 번도 분명히 표명된 적은 없었고, 이러한 생각은 20세기에 진입하고 나서도 상당한 시간이 흐른 후에야 물리학자들의 마음속에 완전히 자리 잡게 되었다. 그러나 지형이 바뀌고 있는 것은 사실이었다. 2세기 동안 자연철학의 주춧돌 역할을 했던 물질과 운동에 대한 뉴턴의 법칙은 더 이상 물리 세계의 모든 현상에 대한 과학적 사고가 이루어지는 기반이 되지 못했다. 아인슈타인의 표현을 빌리자면 이렇다.

맥스웰 시대부터 물리적 실재라는 것은 어떠한 역학적 해석도 불가능하며 연속적인 장으로 표현되는 것으로 생각되기 시작했다. 실재의 개념에 대한 이러한 변화는 뉴턴 시대 이후 물리학이 목도한 것 중에 가장 심오하고도 유익한 변화였다.[5]

네 개의 방정식으로 압축된 전자기장 이론은 새로운 시대를 열었고 일반적으로 인정받기 시작했으나. 20세기로 넘어가면서 일어난 두 개의 발견은 전자기장 이론을 다시 한 번 뒤흔들어놓는다. 그중 첫 번째는 전자의 발견이었다.

패러데이와 맥스웰은 장이 으뜸간다고 믿었다. 그들이 생각한 전기장과 자기장은 공간 전체를 채우고 있었으며, 여기에는 물질이 차지하는 공간도 포함되었다. 물질이 장과 상호작용할 때 이는 둘이 공유하는 공간에 있는 장의 성질을 변화시켰으며, 그 영향으로 전기장에 들어 있는 도체의 표면에 전하가 나타난다는 것이었다. 그리고 유리나 공기처럼 매질이 절연체인 경우에 장은 전기적 변위를 일으키거나 역선 상에 있는 절연 입자의 분극을 일으켰다. 나아가 전류가 흐르는 두 금속판의 경우처럼 역선이 끝나는 장소에서는 장과의 접촉으로 인해 금속판의 표면이 전하를 띤 듯이(한쪽은 양전하, 다른 쪽은 음전하를 띤 듯이) 보였다. 유사한 방식으로 전류도 장에 일어나는 작용이었다. 헤비사이드는 이와 같은 생각을 발전시켜서, 전류가 흐르는 전선은 그 주위의 공간을 통해 에너지가 흐를 수 있도록 길잡이 역할만 할 뿐이라고 설명했던 것이다. 이러한 모든 생각은 전기가 축전기 안에 존재하는 일종의 유체 같은 물질이라거나, 전기력이나 자기력이 축전기 내부의 전류나 전하가 원격으로 상호작용하는 데에서 비롯한다고 믿었던 예전 과학자들의 견해와는 어마어마한 대조를 이루었다. 맥스웰이 예견한 전자기파의 존재를 헤르츠가 증명함으로써 장 이론은 승리를 거두었으나, 전하가 단순히 장의 산물이라고 믿는 것으로는 만족하지 못하는 이론가들이 남아 있었다.

회의론자들 가운데에는 위대한 네덜란드 물리학자인 헨드릭 안톤 로런츠와 아일랜드 태생으로 케임브리지의 교수 생활을 만끽하고 있던 조지프 라머Joseph Larmor도 있었다. 그들은 전하를 띤 입자가 스스로 존재하는 새로운 형태의 장을 구상하기 시작했고, 결국에는 맥스웰의 이론을 수정하고 확장하는 데 성공했다. 이것이 전부가 아니었다. 레일리 경의 뒤를 이어 캐번디시 실험실을 맡게 된 J. J. 톰슨은 1897년에 전자, 즉 본질적으로 전하를 띠고 있는 물질적 입자를 발견했다. 로런츠와 라머는 장과 물질의 진정한 관계를 구축했다는 점에서 어떤 의미로는 맥스웰의 원대한 계획을 완성했다고 볼 수 있다. 여기에 따르면 전하는 물질 안에 거주하고 있으나, 전하의 작용은 자신이 속한 장과 얽혀 있는 주위의 장을 통해 전동되었다. '동역학적' 에테르의 경우에도, 맥스웰은 플라이휠 같은 운동에너지와 용수철 같은 위치에너지처럼 유사역학적인 개념을 채용하고 있었으나, 로런츠는 이것을 순전히 전자기적인 에테르로 대체했다. 이때 전자기적 에테르는 스스로의 전자기장으로 운동에너지를 얻는 전자와 상호작용을 일으켰다. 역학학파는 마지막 근거지마저 내어줄 수밖에 없었다. 과학자들은 전자기를 물질의 운동을 지배하는 전통적 법칙의 동반자가 아니라, 물리 세계에 대한 모든 탐구를 건립할 만한 새로운 기반으로 보기 시작했던 것이다.

20세기로 넘어가는 문턱에서 일어난 두 번째 발견은 지진과도 같이 다가왔다. 맥스웰의 전자기론은 소위 흑체black body라고 불리는 물체가 실제 복사량보다 훨씬 더 많은 에너지를 고주파대에서 복사해야 한다고 예상했다. (흑체란 입사하는 모든 복사를 흡수하는 이론적 물체를 말한다.) 이것은 자연이 복사 스펙트럼의 끄트머리에서 고주파대를 싹둑 잘라낸 것처럼 보이는 현상이었으나, 아무도 그 이유가 무엇인지 몰랐다. 그러던 중 1900년에 베를린 대학의 이론물리학 교수인 막스 플랑크가 해답을 찾아냈다. 플랑크의 표현을 따르자면 "절망감에서 나온 행위"[6]로 그가 대충 꿰맞춘 공식은 실험 결과와 매우 잘 일치했으나, 한 가지 조건이 있었다. 흑체로부터 복사되거나 흡수되는 에너지는 복사 주파수에 비례하는 덩어리 양 또는 '퀀타quanta'라고 불리는 단위로만 발생해야 한다는 것이었다. 당분간 플랑크를 비롯한 과학자들은 이 괴물 같은 창조물을 신뢰하지 않고 좀 더 설득력 있는 대안을 찾으려 노력했다. 그런데 1905년에 나타난 알베르트 아인슈타인이라는 이름의 베른Bern 특허청 직원은 과감하게도 한걸음 더 나아가, 플랑크의 퀀타는 복사의 특정량을 말하는 데 그치는 것이 아니라 더 이상 나뉠 수 없는 분리된 복사 덩어리, 즉 오늘날 광양자photon라고 불리는 존재라고 주장했다.

놀랍게도 아인슈타인은 자신의 주장을 뒷받침할 만한 경험적 증거도 이미 완성된 상태로 제공했으며, 이것으로 그때까지 설명이 불가능했던 광전자 효과가 설명될 수 있었다. 실험가들은 금속 물체의 표면에 자외선을 비추면 전자가 이탈하여 발산된다는 사실을 발견했다. 빛의 파장이 짧을수록 전자의 에너지는 높았지만, 빛의 강도(또는 밝기)

가 약해지면 전자의 에너지는 그대로였으나 이상하게도 그 숫자가 감소하는 것을 볼 수 있었다. 이는 맥스웰의 이론만으로는 설명이 불가능했으나, 아인슈타인의 광자를 이용하면 완벽하게 설명이 가능했다. 각 광자는 오로지 빛의 파장(주파수)에 의해 결정되는 에너지량을 지닌 독립된 덩어리를 이루고 있었으므로, 빛의 강도가 약해지자 그 안의 광자 수는 줄어들었으나 각 광자가 가지는 에너지는 전과 동일했던 것이다. 따라서 방출되는 전자의 수는 적었으나, 각 전자가 가지는 에너지는 그것을 이탈시킨 광자의 에너지와 동일했기 때문에 전과 동일할 수밖에 없었다. 이때 전자의 에너지는 hv로, 여기에서 v는 전자기파의 주파수이며 h는 플랑크상수라고 불리게 될 새로운 상수였다. 플랑크 상수의 값은 $6.62606957 \times 10^{-34}$줄·초(J·s)로, 에너지 퀀타가 얼마나 작은지 잘 보여준다.

패러데이가 '광선 진동' 강연에서 짐작했고, 맥스웰이 〈전자기장의 동역학 이론〉 논문에서 수학적으로 예측했으며, 마침내 헤르츠가 실험실에서 생성하고 감지했던 전자기파는 연속적 파동의 성질들뿐만 아니라 (이것은 명백한 모순이었는데) 분리된 덩어리나 입자와 같은 행동도 보였던 것이다. 이렇게 충격적인 발견을 어떻게 하면 전자기장 이론이라는 대이론과 통합시킬 수 있을까? 20세기 초반에 양자가 주류 물리학으로 편입되는 과정에서 파동-입자 이중성은 새로운 이론의 교리가 되었다. 양자역학을 세웠던 선구자들은 닐스 보어Niels Bohr, 베르너 하이젠베르크Werner Heisenberg, 에르빈 슈뢰딩거Erwin Schrodinger, 그리고 볼프강 파울리Wolfgang Pauli였다. 이들을 비롯한 다른 과학자들은 장을 '양자화'함으로써 전자기론의 '고전적' 장 개념을 미세한 단위(플랑크상수의 축척에 맞는)에 적용할 수 있었다. 이러한 과정에서 현대 물리학의 모든 거대한 장 이론이 탄생했으니, 이 가운데에는 양자전기역학Quantum Electrodynamics과 표준 모델과 같은 것이 있다. 특히 표준모델은 상호 연결된 입자와 장에 대한 지배적인 모델로, 오늘날에는 패러데이가 한때 꿈꾸었던 '알려진 모든 힘의 통합'을 과학자들이 추구하는 수단이 되고 있다.

이 위대한 발전에는 재미있는 측면이 있다. 양자전기역학의 창시자들은 헤비사이드가 네 개의 방정식으로 압축해놓은 맥스웰 이론을 이용한 것이 아니다. 리처드 P. 파인만은 이렇게 설명했다. "양자전기역학의 일반적 이론에서는 벡터 퍼텐셜과 스칼라 퍼텐셜을 기본 양으로 사용한다."[7]

파인만이 이야기하는 '기본 양'은 다름 아닌 헤비사이드가 맥스웰의 방정식을 압축하며 빼버린 요소였다. 미래를 위해 모든 형태의 방정식들을 보존해둔 맥스웰의 지혜가 여기에서 멋지게 빛을 본 것이다.

이야기는 전자기장의 '고전적' 이론이 핵심적인 역할을 했던 또 다른 위대한 발견으로 이어진다. 이것은 구시대 역학학파의 마지막 거점이었던 에테르에서 시작된다. 자신의 역학적 모델을 포기했지만 맥스웰은 에테르에 대해서는 계속해서 양가적 입장을 취했고, 이 개념을 완전히 폐기하지는 못했다. 〈전자기장의 동역학 이론〉 논문에서 그는 여전히 매질 또는 에테르를 필요로 했다. 그것이 사실상 특정한 메커니즘이 없는 일련의 성질이었다고 해도 말이다. 어떤 이들은 에테르에 대해 더 정교한 역학적 모델을 구축하려는 노력을 계속하기도 했다. 로지가 선호하던 모델은 틀과 톱니바퀴의 메커니즘으로 구성되었고,

피츠제럴드의 모델은 도르래와 끈으로 설명되었다. 그리고 윌리엄 톰슨은 소용돌이 스펀지vortex sponge라고 불리는 모델을 제안했는데, 이 메커니즘은 너무도 독특해서 톰슨도 이에 맞는 정확한 방정식을 찾아내지 못했다.

에테르가 모든 공간을 채우고 있다면, 배가 바닷물을 가로지르며 나아가듯이 지구도 에테르 속을 통과해야 했다. 이 움직임은 '에테르 흐름aether drift'이라는 이름을 얻었고, 물리학자들은 이를 측정하기 위해 고군분투했다. 그러나 엄청난 정확성이 요구되었기 때문에 심지어 맥스웰조차도 과연 실험실에서 가능한지 의문을 품었고, 그 대신에 목성의 달을 관측하는 방법을 제안했다. 그의 제안에서는 아무 결과도 나오지 않았지만, 맥스웰이 지구상의 측정 방법에 제기한 의문을 도전으로 받아들인 앨버트 마이컬슨Albert Michelson이라는 젊은 미국 과학자는 간섭계interferometer라는 장비를 개발해냈다. 간섭계를 이용하면 빛의 미세한 파장을 측정 단위로 이용해서 지금까지는 꿈도 꾸지 못한 정도로 정확성을 실현할 수 있었다. 동료 에드워드 몰리Edward Morley와 함께, 그는 직각으로 나뉜 한 개의 광선 속도 차이를 측정하는 실험을 고안했다.[8] 마이컬슨과 몰리는 1887년에 오하이오 주 클리블랜드에서 이 실험을 진행했다. 아주 미세한 속도의 차이만 측정되었더라도 에테르가 실제로 존재한다는 것이 입증되었을 테지만, 당혹스럽게도 두 방향의 빛에서 측정된 속도는 동일했고 실험을 여러 번 반복해보아도 결과는 마찬가지였다. 이것은 매우 실망스러운 결과였고, 당분간 이것은 에테르 흐름을 측정하는 데 실패한 또 다른 실험으로만 받아들여졌다. 마이컬슨은 실험 결과의 중대함을 결국 몰랐고, 이에 대해 말도 거의 남기지 않았다.

비슷한 시기에 헤비사이드는 맥스웰의 이론이 이동하는 전하에 대해 어떤 의미를 가지는지 탐구하고 있었다. 1889년에 출판된 논문에서 그는 에테르에 대해 속도 v로 운동하는 점전하point charge의 장은 $\sqrt{(1-v^2/c^2)}$만큼 이동 방향을 향해 수축할 것이라는(c는 광속) 특이한 주장을 내놓았다. 만일 전하가 빛의 속도에 도달한다면, 그것의 장은 납작하게 눌려버린다는 말이었다. 이는 $\sqrt{(1-v^2/c^2)}$라는 인자factor의 첫 등장으로, 나중에 물리학자들에게 매우 친숙해져서 간편하게 상대성 인자relativistic factor라고도 불리게 된다. 헤비사이드의 친구 피츠제럴드는 이 생각을 발전시켜서 모든 물질이 이런 방식으로 작용할 것이라고 주장했다. 에테르에 대해 운동하는 모든 물체가 운동 방향을 향해 같은 인자만큼 수축한다면, 마이컬슨과 몰리의 실험 결과도 설명할 수 있었다. 그들이 이용한 측정 장비는 에테르 흐름을 상쇄할 만큼 수축했기 때문에 무의미한 결과가 나왔던 것이다. 미친 생각처럼 보였지만, 이런 방식으로 생각하고 있던 것은 피츠제럴드만이 아니었다. 로런츠 역시 독립적으로 동일한 주장을 했고, 이 현상은 로런츠-피츠제럴드 수축이라는 이름을 얻게 되었다. 여기에서 끝이 아니었다. 로런츠는 한걸음 더 나아가, 시계도 광속에 가까워질수록 같은 인자만큼 느리게 갈 것이며 광속에 도달한다면 아예 멈춰버릴 것이라 주장했다.

어떻게 측정용 자가 줄어들고, 시계가 느리게 갈 수 있을까? 공간과 시간에 대한 절대적 측정의 존재를 의심하는 사람들이 나타나고 있었다. 프랑스의 위대한 수학자(때때로 물리학자이도 한) 앙리 푸앵카레Henry Poincaré도 그중 한 사람이었다. 1902년에 출판된 책에서 그는 이렇게 말하고 있다.

완벽하게 균등한 운동이란 존재하지 않는다. 그러므로 어떠한 물리적 경험도 관성 운동을 감지할 수 없다. 절대적 시간이란 존재하지 않는다. 두 사건이 같은 기간을 가진다는 말은 관습에 의한 것이며, 마찬가지로 서로 다른 장소에서 일어나는 두 사건이 동시적이라고 말하는 것은 완전히 관습적이다.[9]

푸앵카레는 오늘날 특수상대성이론이라고 불리는 것을 이미 예견하고 있었다. 이전의 논문에서 그는 에너지 E를 가진 전자기 발산량인 등가 질량 m이 아주 익숙한 $m = E/c^2$이라는 사실을 보인 적이 있었으나, 모든 사항을 정교하게 끼워 맞추지 못했기 때문에 다른 이에게 선수를 빼앗기고 만 것이다. 이는 로지가 헤르츠와 마르코니에게 선수를 빼앗긴 것과 마찬가지였다.[10] 드디어 알베르트 아인슈타인이 등장할 무대가 준비되었던 것이다. 그는 1905년에 특수상대성이론에 관한 논문을 출판했다. 이는 그가 양자의 존재를 예측하는 논문을 발표한 지 불과 몇 달 후에 해낸 일이었다.

헤비사이드, 피츠제럴드, 로런츠, 푸앵카레 등과 마찬가지로 아인슈타인 역시 맥스웰의 이론을 오랜 시간과 노력을 들여 연구했고, 특히 시간과 공간에 대한 결과를 숙고했다. 그러는 동안 아인슈타인은 다른 이들이 놓쳤던, 가공할 만한 단순함과 직접성을 지닌 접근법을 찾아내고 말았다. 그는 물리법칙은 서로 등속 운동을 하는 관찰자에게 있어서 동일한 것이어야 한다고 주장했다. 맥스웰의 방정식도 이 물리법칙의 일부였고, 관찰자의 운동과 관련 없이 빛이 진공에서(또는 공기 중에서) 가지는 속도에 대한 단 하나의 값을 제시했다. 아인슈타인의 견해에 따르면, 이것만으로도 마이컬슨과 몰리의 실험 결과를 설명하기에 충분했다. 등속 운동 중인 모든 관찰자에 대해 광속은 항상 동일하기 때문이었다. 그러나 간단하게 들리는 이 문장에서 나온 발견은 과학의 세계에 유례없이 강력한 충격을 선사하게 된다. 물리법칙이 등속 운동 중인 모든 관찰자에 대해 동일하다는 것은 사실이었다. 그러나 시간과 공간에 대한 관찰자의 측정은 동일하지 않았다. 서로에 대해 상대적인 운동을 하고 있는 임의의 두 관찰자들은 시간과 공간 모두를 다르게 측정했다. 상이한 관찰을 합치시키기 위해서는 $\sqrt{(1-v^2/c^2)}$의 인자를 이용해서 좌표를 수학적으로 변환시킬 필요가 있었다. 아인슈타인은 이를 로런츠 변환이라고 불렀다. 이 변환과 맥스웰의 전자기장 방정식을 연계하여 사용한 결과, 아인슈타인은 물체가 특정량의 복사에너지를 흡수할 경우에 그것의 관성 질량은 에너지량을 c^2로 나눈 값만큼 증가한다는 것을 계산해냈다. 몇 줄의 대수 계산 후에 등장한 것이 바로 다음의 유명한 방정식이다.

$$E = mc^2$$

여기서 E는 물체에 내재된 에너지intrinsic energy이고, m은 정지 질량을, c는 광속을 말하는데, 광속은 대략 초당 30억 킬로미터의 속도다. 맥스웰의 추론에 의하면, 질량과 에너지 간의 관계는 맥스웰 이론의 필수적인 귀결이었다. 이는 물리학자에게는 대단한 중요성을 가지는 발견이었지만, 이때까지만 해도 적은 질량을 소멸시켜서 어마어마한 양의 에너지를 방출시키는 원리의 폭탄이 가능하리라고는 아무도 생각하지 못했다. 앞에서 본 바와 같이, 이 방정식은 이미 푸앵카레가 발표한 적이 있었다. 특수상대성이론에 등장하는 모든 공식은 다른 방식으로 발표된 적이 있었으나, 1905년에 아인슈타인은 명료함과 신선한 시각을 통해 이 모든 것을 종합해서 내놓았던 것이다.[11]

아인슈타인 이론의 또 다른 결론 중 하나는 어떤 것도 광속보다 빠르게 이동할 수 없다는 사실이었다. 정확히 말하면 질량이 있는 물체가 광속에 도달하는 것만도 이미 무한히 많은 양의 에너지를 필요로 하기 때문에 불가능한 일이었다. 놀랍게도 자연에는 속도 제한이 존재했고, 그것은 순전히 맥스웰의 전자기장 이론과 전기와 자기의 근본 성질에 의해 결정되는 것이었다.

그렇다면 에테르는 어떠한가? 에테르가 작동하려면 절대적 시간과 공간이라는 보편적이고 통일된 기준 틀이 필요했는데, 아인슈타인은 서로에게 상대적으로 운동하는 관찰자들은 시간과 공간을 다르게 측정한다는 것을 보여줌으로써 그러한 기준 틀을 붕괴시켰던 것이다. 에테르는 갈 곳을 잃었으며, 존재해야 할 이유도 없어진 셈이었다. 공간은 더 이상 물리법칙의 연극이 상연되는 극장이 아니었다. 시간과 함께 공간도 무대 위 사건의 일부분이 된 것이다. 공간과 시간은 나름의 존재였다. 그들은 특수상대성 법칙을 따랐으며, 같은 원리로 전자기장을 뒷받침하는 데 필요한 정확한 성질을 가지고 있었다. 마찬가지로 로런츠는 맥스웰의 방정식이 아인슈타인의 제안 그대로 시간과 공간이 작동하기를 요구한다는 사실을 입증했다. 그러니 에테르 모델을 구숙하려고 했던 많은 이의 노력이 결국 헛되었다고 말할 수 있을까, 아니면 기여했다고 볼 수 있을까? 맥스웰 이론의 핵심이라고 할 수 있는 변위 전류는 (이제는 폐기된) 회전하는 격자가 탄성을 지녔을 수도 있다는 생각에서 기원했다. 그리고 로지, 피츠제럴드, 톰슨을 비롯한 많은 이들이 제안했던 역학적 모델은 오늘날 괴상하게 보일 수는 있지만 당시에는 새로운 사유의 자극제로 작용했고, 따라서 물리학의 발전에 기여했다고 볼 수 있다. 이들은 전자기장 이론의 지지대가 되었지만, 후에 완성된 이론이 스스로 드높이 설 수 있도록 자리를 비켜주어야 했던 것이다.

흔히 패러데이와 맥스웰이 뉴턴과 아인슈타인 사이를 이어주는 교각을 세웠다고 말한다. 이는 옳은 말이지만, 결코 완전하지는 않다. 뉴턴은 자신의 성과가 "거인들의 어깨 위에 서 있다"[12]고 밝힌 적이 있다. 그렇기에 아인슈타인이 영국을 방문했을 때 기자들은 자연스레 그가 뉴턴의 어깨 위에 서 있는지 물을 수밖에 없었다. 아인슈타인의 대답은 이러했다. "그것은 그다지 옳은 표현이 아닙니다. 나는 맥스웰의 어깨 위에 서 있었으니까요." 맥스웰이 그 자리에 있었다면, 자신은 패러데이의 어깨 위에 서 있었다고 덧붙였을 것이다. 둘의 파트너십은 물리학, 아니 인류의 지식 전반에 큰 공헌을 했으며, 그 성과는 뉴턴과 아인슈타인에 견줄 만하다.

아인슈타인은 제임스 클러크 맥스웰과 함께 새로운 시대가 시작되었다고 말했다. 맥스웰에게 물었다면 새로운 시대가 시작된 것은 1821년에 마이클 패러데이가 전류가 흐르는 전선 주위로 원형의 힘을 상상한 순간이라고 말했을 것이다. 두 사람의 협력은 미래의 세대에게 어떻게 실험과 이론이 서로의 앞길을 비춰주며 조화될 수 있는지 그 모범을 제시했다. 역사가들이 건성으로 정리해놓은 구도와는 달리, 두 사람 모두 실험이나 이론 한쪽에만 얽매이지 않았다. 패러데이는 실험의 대가였는데도 상상력이 풍부하고 과감한 이론적 생각을 내놓았다. 마찬가지로 천재적 이론가인 맥스웰 역시 가장 도전적인 실험을 성공적으로 해냈다. 실험이라는 시험대를 통과하지 못한다면 어떤 이론도 의미가 없다는 사실을 두 사람 모두 이해하고 있었다. 이들 두 과학자의 행적에서 엿볼 수 있는 이론과 실험의 대화는 과학사에서 일어난 것 중 가장 풍요로운 교류이며, 21세기의 물리학에는 이루 말할 수 없이 값진 선례로 남았다.

아울러 두 사람은 단단한 물체와 직선상에서 원격으로 작용하는 즉각적 힘으로 이루어진 역학적 세계관을 버리고, 시간, 길이, 질량이 관찰자에 따라 변화하는 4차원 시공간으로 옮겨 갈 수 있는 수단을 제공했다. 뉴턴의 세계관이 그토록 편협하고, 일상 현실의 표면 아래에는 새로운 세계가 감춰져 있다는 것을 누가 감히 상상이나 했는가? 장의 개념은 현대 물리학의 위대한 발견으로 이어지는 통로가 되었고 거대한 에너지와 무한히 작은 길이의 단위에서 펼쳐지는 우주의 궁극적 본질에 대한 심오한 질문들로 우리를 이끌었으니, 맥스웰도 내다보지 못한 곳까지 온 것이다.

그들이 이룩한 발견은 패러다임을 교체하며 오늘날 소립자 물리학 분야의 거대한 연구로 이어지는 길을 열었다. 물질에 질량과 구조를 부여하는 힉스 장Higgs field를 찾는 여정이 그 좋은 예다. 자연의 힘을 통합하려던 패러데이의 혜안에 대한 암묵적인 헌정의 일환으로, 그리고 그의 간단한 실험 장비에서 뿌려진 씨앗이 자라난 결과로, 오늘날의 물리학자들은 아직도 우주의 근본적 힘, 즉 전자기력, 약한 핵력과 강한 핵력, 중력을 통일해서 단 하나의 통합 이론에 담아내려 노력하고 있다.[13] 이 여정은 거대한 입자 가속기에서 일어나는 수백만 번의 아원자 입자 충돌을 필요로 한다. 이렇게만 도달할 수 있는 막대한 에너지와 미세한 차원 속에서, 네 가지 힘이 사실은 단 하나의 통합된 힘의 여러 가지 국면임이 드러날지도 모르기 때문이다. 힉스 장을 관찰 가능한 현실로 이끌어낼 목적으로 만들어진 기계에 각국의 정부는 수십억 달러에 이르는 자금과 수 조에 이르는 전력을 아낌없이 쏟아 부었다. 힉스 장은 그 정도로 유혹적인 목표물이었으며, 지금 유럽 원자핵 공동 연구소CERN의 거대 입자 가속기에서 일하는 과학자들은 성공을 자축하고 있다. 연구는 계속될 것이고, 더 많은 발견이 장차 더 심오한 질문을 불러오리라는 것에는 의심의 여지가 없다.

패러데이와 맥스웰은 그들의 과업이 자연을 이해하려 노력하는 인간 지성의 이상향이 된다는 점에서, 진정한 과학자가 된다는 것이 무엇인지 상기시켜준다. 그들은 탐구심, 객관성, 지구력뿐만 아니라 속세의 명성이나 허영에 현혹되지 않는 윤리적 성품까지도 갖춘 진리 탐구자들이었다. 그들의 정신에 깃든 관용과 겸손은 과학자로서의 위치를 더욱 공고하게 했다. 그들이 빅토리아 시대의 신사였기에 오늘날보다 이런 이상향에 접근하기 쉬웠다고 말하는 사람도 있을는지 모른다. 그 당시에 과학은 더 쉬웠고, 신사다움은 더욱 중요했다고 말이다. 그러나 어느 시대에 태어났더라도 패러데이와 맥스웰의 성품은 빛났을 것이다. 그리고 그들의 위대함은 과학적 발견에 국한되지 않고 인간성에서도 우러나오는 것이었다. 과학에도 영웅이 있다면, 바로 그들이 영웅이리라.

패러데이와 맥스웰의 업적이 남긴 영향은 전기와 자기의 통합과 축약에 그치지 않는다. 그들이 만들어낸 장의 개념은 불변의 것으로 보였던 패러다임에 도전했고, 자연의 가장 내밀한 비밀을 파헤치는 시작점이 되었다. 패러데이와 맥스웰의 이론은 특수상대성이론에서 표준모델에 이르는 21세기 물리학의 가장 위대한 승리의 초석이 되었을 뿐만 아니라, 삶의 방식을 변화시킨 방대한 양의 새로운 기술을 가능하게 했다. 두 사람의 천재성은 오늘날까지도 과학적 진리를 찾는 우리에게 영감의 원천이 되며, 그들의 인간성은 어떤 삶이 좋은 과학적 삶인지를 보여주는 선례로 빛나고 있다. 이 두 사람의 삶과 그들의 이론이 발전해간 과정을 되짚어봄으로써, 미래의 발견으로 이어지는 길이 밝혀지기를 기대해본다.

그림 출처

- 그림 4. 1 리 바트롭Lee Bartrop의 승인하에 사용

- 그림 5. 1 리 바트롭의 승인하에 사용

- 그림 5. 2 리 바트롭의 승인하에 사용

- 그림 5. 3 리 바트롭의 승인하에 사용

- 그림 5. 4 리 바트롭의 승인하에 사용

- 그림 5. 5 리 바트롭의 승인하에 사용

- 그림 5. 6 윈델 H. 옥세이Windell H. Oksay의 허가로 사용 /www.evilmad scientist.com

- 그림 5. 7 리 바트롭의 승인하에 사용

- 그림 5. 8 리 바트롭의 승인하에 사용

- 그림 6. 1 리 바트롭의 승인하에 사용

- 그림 6. 3 리 바트롭의 승인하에 사용

- 그림 10. 1 리 바트롭의 승인하에 사용

- 그림 12. 1 a~d 존 빌스런드John Bilsland의 허가로 사용

- 그림 12. 2 리 바트롭의 승인하에 사용

- 그림 14. 1 리 바트롭의 승인하에 사용

- 그림 16. 1 리 바트롭의 승인하에 사용

이 책의 주

이 주석의 목적 중 하나는 출처를 밝히는 것이다. 두 번째 목적은 유용할 수 있는 기술적 세부 사항을 명시하는 것이다. 세 번째 목적은 흥미로운 측면들을 제공하는 것이다. 독자들이 다음 페이지들을 즐겁게 읽을 수 있다면 좋겠다.

프롤로그

1 휘트스톤 브리지는 전기 저항을 측정하는 데 쓰이는 회로의 일종으로, 찰스 휘트스톤의 이름을 따왔으나, 사실은 그의 동료 새뮤얼 크리스티의 발명품이다. 하지만 훗날 휘트스톤 자신도 거짓 명성의 피해자가 된다. 그 역시 왕성한 발명가였는데, 자신의 발명품 중 하나(메시지를 암호화하는 시스템)는 라이언 플레이페어라는 화학 교수의 손에 들어가 플레이페어 암호라는 이름으로 유명세를 타게 된다. 플레이페어는 정치계에 입문하여 백작의 지위까지 오르고, 암호 시스템을 공식적으로 사용할 것을 강력하게 주장했다.

1장 수습생

1 이 묘비는 코네티컷 주 댄버리에 있는 샌디먼의 무덤에 있다. 그는 1760년대에 미국으로 이주했다.

2 패러데이의 "갈색 곱슬머리"에 대한 묘사는 톰프슨을 인용했다. p.4.

3 어린 시절 《아라비안나이트》의 내용이 진짜라고 믿었다는 기억에 대해서 패러

데이는 1858년 오귀스트 드 라 리브에게 보내는 편지에게 밝히고 있다.
Williams(1965), p.552.

4 와츠의 지시는 다음에서 찾아볼 수 있다. *The Improvement of the Mind,
Also His Posthumous Works*, p.44.

5 이것 역시 위와 같은 책에 실려 있다. *The Improvement of the Mind, Also
His Posthumous Works*, p.33.

6 패러데이는 1812년 7월에 벤저민 애벗에게 보내는 장문의 편지에서 황산염 용
액을 이용한 전기 실험을 자세히 묘사하고 있다. 출처: Bence Jones, vol. 1,
pp.16~22.

7 데이비의 눈에 대한 기록은 존 데이비의 책《험프리 데이비 경의 삶에 대한 회
고록》에 나와 있다. *Memoirs of the Life of Sir Humphry Davy*, p.136.

8 "답신할 필요 없음"에 대한 증언의 출처는 다음과 같다. James(1991~2001),
vol. 1, p.xxx.

9 이 자괴감에 찬 편지는 패러데이가 1812년 10월 18일에 친구 존 헉스터블John
Huxtable에게 보낸 것이다. Bence Jones, vol. 1, pp.44~46.

10 데이비가 "과학은 다루기 어려운 애인과 같다"고 경고했던 일화는 패러데이
가 1829년에 데이비의 전기 작가였던 존 에이턴 패리스John Ayrton Paris에
게 보내는 편지에서 찾아볼 수 있다. 편지 전문은 다음을 참고할 것.
Thompson, p.10.

11 나폴레옹이 제도적으로 설립했으나 공식적으로는 볼타 상Volta Prize이라고
명명된 이 상은 전기화학 분야의 연구에 주어졌으며, 3,000프랑의 상금이 걸
려 있었다.

12 나폴레옹 상에 대한 데이비의 편지는 존 에이턴 패리스의《험프리 데이비 경
의 삶》에 인용되어 있다. *The Life of Sir Humphry Davy*, p.406.

2장 화학

1 프랑스인의 성격에 대한 패러데이의 초기 분석은 바우어스Bowers와 시먼스

Symons의 책에서 볼 수 있다. *Curiosity Perfectly Satisfied: Faraday's Travels in Europe*, p.15.

2 프랑스인의 성격에 대한 이후의 분석은 1814년 8월 6일에 벤저민 애벗의 형제인 로버트 애벗에게 보내는 편지에 나와 있다. James(1991~2001), vol. 1, p.80.

3 패러데이가 데이비 부인에 대해 밝힌 자신의 의견은 1815년 1월 25일 벤저민 애벗에게 보내는 편지에 나와 있다. Williams(1965), p.40

4 패러데이는 1815년 2월 23일에 벤저민 애벗에게 보내는 편지에서 프랑스 화학자들을 언급한다. James(1991~2001), vol. 1, p.128.

5 이탈리아인들에 대한 의견은 1814년 8월 6일 로버트 애벗에게 보내는 편지에 등장한다. James(1991~2001), vol. 1, p.81.

6 데이비가 볼타에게 받은 인상에 대한 인용문은 존 에이턴 패리스의 《험프리 데이비 경의 삶》에서 찾아볼 수 있다.

7 마르세의 저녁 만찬에서 일어난 사건은 앨런 허시펠드Alan Hirshfeld의 《마이클 패러데이의 전기적 생애》에 언급되어 있다. *The Electric Life of Michael Faraday*, p.53. 허시펠드는 출처로 바우어스와 시먼스의 책을 밝히고 있다. *Curiosity Perfectly Satisfied: Faraday's Travels in Europe*.

8 "우리는 패러데이를 사랑했습니다"라는 구절은 M. 뒤마M. Dumas(프랑스제국 과학원 비서)의 소책자에서 인용했다. *Eloge historique de Michel Faraday*.

9 보나파르트에 대한 패러데이의 일기는 1815년 3월 7일의 것이다. Bence Jones, vol. 1, p.115.

10 이 편지는 패러데이가 1815년 4월 16일에 모친에게 보낸 것이다. James(1991~2001), vol. 1, p.128.

11 강의술에 대한 패러데이의 초기 언급은 1813년 6월 13일에 벤저민 애벗에게 보낸 편지에서 찾아볼 수 있다. James(1991~2001), vol. 1, pp.60~63.

12 베르셀리우스가 데이비에게 보내는 비난의 출처는 다음과 같다. Williams(1965), p.45

1 윌리엄 길버트는 자신의 책 《자석론》에서 "기적을 사고파는 협잡꾼"에 대해 언급했다. *De Magnete*, p.77.

2 비틀림 저울은 비틀림 추torsion pendulum의 일종이다. 이 장치는 추가 매달려 있는 선에 일어나는 비틀림의 정도로 전기적 또는 자기적 인력이나 척력을 측정한다.

3 뉴턴이 이 편지를 쓴 것은 1692년이다. 리처드 벤틀리는 고전문헌학자이자 신학자로, 몇 년 후에 케임브리지 대학 트리니티 칼리지의 학장이 된다. W. D. Niven, *The Scientific Papers of James Clerk Maxwell*, vol. 2, p.316.

4 전류의 자기적 효과를 발견하는 데 이렇게 오랜 시간이 걸린 이유에 대한 앙페르의 설명은 루이 드 로네이Louis de Launay의 책에 수록되어 있다. *Correspédance du Grand Ampère*, vol. 2. p.556

5 외르스테드는 자신의 논문 〈전기의 흐름이 자석 바늘에 미치는 영향에 대한 실험Experiments on the Effect of a Current of Electricity on the Magnetic Needle〉에서 전기적 충돌이 원형으로 일어난다고 밝혔다. *Annals of Philosophy*, vol. 16, pp.237~277.

4장 원을 그리는 힘

1 "그것이 사랑이다"로 끝나는 이 시는 패러데이가 기록한 《비망록》 1권 73쪽에 적혀 있다. 현재 원본은 런던 기술공학연구소Institution of Engineering and Technology에 보관되어 있다. Williams(1965), pp.96~97.

2 패러데이가 1820년 7월 5일에 세라에게 보낸 편지. Bence Jones, vol. 1, p.317.

3 이날부터 패러데이가 기록한 일기는 다음에서 찾아볼 수 있다. Bence Jones, vol. 1, pp.319~320.

4 패러데이는 1863년 8월 14일에 세라에게 편지를 보내며 그녀를 "내 마음의 베

개"라고 묘사했다. 출처는 프랭크 A. J. L. 제임스의 책《마이클 패러데이: 아주 짧은 소개서》다. *Michael Faraday: A Very Short Introduction*, p.15.

5 1822년 9월 3일에 앙페르에게 보낸 편지. James(1991~2001), vol. 1, pp.287~288.

6 이 순간에 대한 조지의 회상은 다음을 참고하라. Bence Jones, vol. 1, p.345.

7 이 일기 기록은 구딩Gooding과 제임스의 책《패러데이의 재발견》에 수록되어 있다. *Faraday Rediscovered*, p.120.

8 패러데이가 1813년 6월에 벤저민 애벗에게 보낸 편지. 이것은 패러데이가 강의라는 주제를 언급하는 몇 안 되는 편지 중 한 통이다. James(1991~2001), vol. 1, pp.55~65.

9 패러데이는 1828년 8월 29일 리처드 필립스에게 보내는 편지에서 "신경성 두통"에 대해 말하고 있다. 원본은 베를린의 프로이센 주립 도서관에 소장되어 있다. Williams(1965), p.102.

10 앤더슨 하사의 성격에 대한 틴들의 요약문과 보일러 사건에 대한 애벗의 설명은 다음을 참고할 것. Thomson, pp.96~97.

11 패러데이는 1822년 2월 2일에 앙페르에게 보내는 편지에서 이론 전반에 관한 회의적 견해를 설명했다. Williams(1965), p.168.

12 1825년 11월 17일에 앙페르에게 보내는 편지에서 패러데이는 둘의 직업적 일상을 대조시키고 있다. James (1991~2001), vol. 1, p.392.

13 데이비의 전기 작가에게 보내는 패러데이의 편지. James(1991~2001), vol. 1, p.497.

5장 자기 유도

1 인용된 구절은 리처드 필립스에게 보내는 장문의 편지의 끝부분에 등장하는 것이다. 편지 전문은 다음을 참고하라. Thompson, pp.109~110.

2 전기 긴장 상태에 대한 그의 생각은《전기에 대한 실험적 연구》에 발표되었다. 60절 이후 내용 참고.

3 패러데이는 《전기에 대한 실험적 연구》의 1권의 114번 항목에서 "자기 곡선 magnetic curves"이라는 표현을 사용했다. 그러나 각주에서는 (물리적 존재를 가정하는) "자기력선lines of magnetic forces"이라는 대안을 내놓았으며, 이는 이후 패러데이의 저작에서 순수하게 기하학적인 "자기 곡선"을 대체하게 된다.

4 패러데이는 1832년 3월 31일에 윌리엄 저든에게 보내는 편지에서 잘못된 표절 의혹에 대한 불만감을 표시했다. James(1991~2001), vol. 2, p.29.

5 리처드 필립스에게 보내는 긴 편지의 말미에서 패러데이는 여러 다른 주제 외에도 전기 긴장 상태를 언급하며, 자신의 "자만"에 대해 사과한다. 편지 전문은 다음을 참고하라. Thompson, pp.114~117.

6 패러데이는 왕립 학술원에 보내는 이 봉인된 편지를 1832년 3월 12일에 썼다. James(1991~2001), vol. 2, 편지 557.

7 《전기에 대한 실험적 연구》 3권의 283번 항목에서 패러데이는 전류가 실제로 무엇인가에 대한 불가지론적 입장을 표명했다.

8 패러데이는 화학 당량에 대한 자신의 이론을 《전기에 대한 실험적 연구》 7편의 869번 항목에 요약해놓았다.

9 헬름홀츠의 말은 L. 브라운, B. 피파디Pippardi, A. 파이스Pais 편저, 《20세기 물리학Twentieth Century Physics》에 인용되어 있다. p.52.

10 이로부터 60년 이후에야 전자가 발견되고 이 현상에 대한 현대적 설명이 가능해졌다. 음전하를 띤 이온은 양극에 도달하면 하나 또는 그 이상의 전자를 방출하고, 양전하를 띤 이온은 음극에 도달할 때 하나 또는 그 이상의 전자를 받는다.

11 존 틴들은 《발견자 패러데이Faraday as a Discoverer》에서 패러데이가 "지식의 경계에서 일한다"고 묘사했다. p.73.

12 패러데이는 휴얼에게 새로 도입한 개념이 초기에 못마땅한 반응을 얻었음을 전했다. 1834년 5월 15일의 편지. James(1991~2001), vol. 2, p.186.

13 패러데이가 역선 간의 측면 척력lateral repulsion에 대해서 "어렴풋이 알고 있었다"는 사실은 다음에서 언급된다. Thompson, p.165.

14 전기력선은 항상 전하를 띤 물체에서 반대 전하를 띤 물체를 향해 뻗어나간

다. 따라서 비슷한 전하를 가진 물체가 서로 작용할 때, 역선은 둘 사이를 잇지 않고 휘어진다. 두 쌍의 역선 사이에서 벌어지는 이 측면 척력은 두 물체 간의 직접 척력과 같은 모습을 띤다. 왜 같은 자석의 같은 극이 서로를 밀어내는지도 자기력선 간의 측면 척력으로 설명될 수 있다.

15 패러데이는 전기의 본질에 대한 자신의 이론을《전기에 대한 실험적 연구》14권의 1669~1678번 항목에서 요약했다.

16 이 구절은 다음에서 인용했다. Thompson, p.221. 여기에서 저자는 나중에 피테르 제만이 발견한 효과를 패러데이가 감지하는 데 실패했음을 언급하고 있다. 이 내용은 이 책의 7장에서도 다루고 있다.

6장 어렴풋한 추측의 그림자

1 자신의 기억력 감퇴를 안타까워한 패러데이에 관한 언급은 다음을 참조하라. Bence Jones, vol. 2, p.142.

2 1845년 9월 18일에 쓰인 이 언급은 다음에서 찾아볼 수 있다. *Faraday's Dairy*, vol. 4, p.227.

3 거대 전자석에 대한 묘사는 A. J. L. 제임스의 저서에 등장한다. *Michael Faraday, a Very Short Introduction*, p.80.

4 패러데이는 이와 같이 자기장 속에 매달린 사람의 이미지를《전기에 대한 실험적 연구》20권의 2281번 항목에서 제공했다.

5 여기 인용된 말(에테르는 "중력이 결핍되어 있고 탄성이 무한해야 할 것"이라는 지적을 포함)은 패러데이가 1846년 4월 15일에 리처드 필립스에게 보내는 편지에 등장했으며, 바로 다음 달에 〈철학 잡지〉에 '광선 진동에 관한 생각'이란 제목으로 발표되었고,《전기에 대한 실험적 연구》의 29권에 재인쇄되었다.

6 여기 인용된 말은 위 각주에 언급된 리처드 필립스에게 보낸 편지에 등장한다.

7 패러데이의 '광선 진동'에 대한 틴들의 의견은 다음에 인용되어 있다. Thompson, p.193.

8 외르스테드에게 보내는 패러데이 편지의 전문은 다음을 참조하라. Bence

Jones, vol. 2, p.268.

9 화염에 대한 자기 효과를 뒤늦게 발견한 데 대한 패러데이의 글은 다음에서 찾아볼 수 있다. *Philosophical Magazine*, 1847, vol. 31, p.401.

10 공간과 물질에 대한 이 언급은 《전기에 대한 실험적 연구》 25권의 2787편 항목에 등장한다.

11 이 구절은 1855년 2월에 에어리가 왕립 과학 연구소의 비서인 존 발로John Barlow 목사에게 보낸 편지에서 인용한 것이다. 편지의 전문은 다음을 참조하라. Bence Jones, vol. 2, p.353.

12 패러데이는 《전기에 대한 실험적 연구》 29편 3070번 항목을 자기력선에 대한 이 언급으로 시작하고 있다.

13 패러데이가 여기에서 묘사하고 있는 것은 후에 《전기에 대한 실험적 연구》 28권 3072번 항목에서 자기 흐름 튜브tube of magnetic flux로 알려지게 된다.

14 패러데이는 전자기 유도 법칙을 《전기에 대한 실험적 연구》 28권 3115번 항목에서 내놓았다.

15 오른손 법칙: 오른손의 엄지, 검지, 중지가 서로 직각을 이루도록 쥔다. 검지가 자기장의 방향을 가리키고 엄지가 도체의 운동 방향을 가리킬 때, 중지는 발생하는 전동력의 방향이다. 왼손에 대한 유사한 법칙은 모터에 적용된다. 이 법칙들은 앰브로즈 플레밍을 통해 유명해졌다.

16 패러데이는 자기력선이 영구 자석 전체를 통과함을 보여주는 또 다른 실험을 실시했다. 이는 《전기에 대한 실험적 연구》 29권 3269번 항목부터 나와 있다.

17 패러데이는 전기 긴장 상태의 개념이 마음속을 비집고 들어왔던 것에 대해 《전기에 대한 실험적 연구》 29권의 3269번 항목에서 밝히고 있다.

18 《전기에 대한 실험적 연구》의 마지막 권인 3권은 19편부터 29편을 묶어놓은 것이다.

19 패러데이는 친구 크리스티안 프리드리히 쇤바인에게 보내는 편지에서 테이블을 회전시키는 자에 대한 자신의 의견을 피력했다. 편지 전문은 다음을 참조하라. Thompson, p.252.

20 테이블을 돌리는 자들이 지긋지긋하다는 언급이 나오는 패러데이의 편지는

다음에서 찾아볼 수 있다. Bence Jones, vol. 2, p.468.

21 제자를 들이는 데 실패한 일에 대한 패러데이 자신의 부분적인 설명은 그의
사후에 발견된 원고 중에 포함되어 있다. 전문은 다음을 참조하라.
Thompson, p.243.

22 이것은 맥스웰의 논문 〈패러데이의 역선에 관하여〉의 서론 부분이다.
Transactions of the Cambridge Philosophical Society, vol. 10, part 1.
(1855년 12월 10일과 1856년 2월 11일 자를 볼 것)

23 맥스웰에게 보내는 패러데이의 첫 답장은 다음에서 찾아볼 수 있다.
Campbell and Garnett, p. 252.

24 1857년 11월 9일에 맥스웰이 패러데이에게 보낸 편지의 전문은 다음을 참조
하라. Campbell and Garnett, *The Life of James Clerk Maxwell*, 2nd. ed.
(London: Macmillan, 1884), p.203.

25 1857년 11월 13일에 패러데이가 맥스웰에게 보낸 답장의 전문은 다음을 참
조하라. Campbell and Garnett, *The Life of James Clerk Maxwell*, 2nd.
ed. (London: Macmillan, 1884), pp. 205~206.

7장 패러데이의 마지막 나날들

1 사우스 포어랜드 등대를 방문한 일에 대한 패러데이의 기록은 다음을 참조하
라. Williams (1965), p.491.

2 패러데이는 1854년에 등대에 탄소 아크 램프를 도입해야 한다는 조지프 왓슨
Joseph Watson의 요청에 대한 보고서에서, 선원들이 등대를 신뢰하는 데 대해
썼다. 패러데이는 왓슨의 설계가 비싸고 비실용적이었다고 판단했고, 이는 결
국 실용화되지 못했다.

3 러시아군에 대항하여 독가스를 이용해야 한다고 강력하게 주장한 이 가운데에
는 과학부의 서기를 맡고 있던 라이언 플레이페어Lyon Playfair도 있었다. 이는
찰스 휘트스톤이 발명한 암호 체계에 자신의 이름을 부여하여 플레이페어 암
호로 변모시킨 것과 동일 인물이다. 또한 휘트스톤은 왕립 과학 연구소의 금요

일 밤 강연에서 도망치는 바람에 패러데이가 '광선 진동'에 대한 즉흥 강연을 하도록 만든 장본인이다. 프롤로그의 주석 1번을 참고하라.

4 해당 발췌문은 패러데이가 1862년에 공립학교 교장들에게 제공한 증거물에서 뽑은 것이다. 이 일화에 대한 자세한 내용은 다음을 참조하라. Hamilton, pp. 388~391.

5 패러데이는 중력과 전기의 상호연관성에 대한 자신의 신념을 《전기에 대한 실험적 연구》 24권 2717번 항목에서 밝히고 있다.

6 탄환 제조탑은 녹인 납을 자유낙하시켜서 탄환을 제조하는 데 쓰이던 구조물이다.

7 패러데이는 자신의 마지막 실험에 대한 기록을 1862년 3월 12일에 남겼다.

8 패러데이는 1838년 재무부 장관 토머스 스프링 라이스Thomas Spring Rice에게 보내는 편지에서 명예에 대한 자신의 이와 같은 소견을 밝혔다. Thompson, p.271.

9 '경'으로 불리고 싶지 않다는 패러데이의 언급은 다음을 참조하라. Thompson, pp.273~274.

10 나폴레옹이 제정한 이 상은 형식상으로는 볼타 상이라고 불렀다. 1장의 주석 11번을 보라.

11 프러시아 기사 작위에 대한 패러데이의 언급은 '경'으로 불리고 싶지 않다고 밝힌 편지에 나와 있다. Thompson, pp.273~274.

12 무슨 말을 해야 할지 몰랐는지, 쉰바인은 패러데이의 마지막 편지에 답하지 않았다.

13 패러데이는 천문학자 제임스 사우스 경에게 1866년 1월에 보내는 편지에서 간소한 장례식을 치르고 싶다는 소견을 피력했다. Bence Jones, vol. 2, p.478.

14 존 틴들은 자신의 저서에서 패러데이에 대해 이렇게 묘사했다. *Faraday as a Discoverer*, p.37.

15 이것은 헬름홀츠가 1881년 4월 5일에 런던 화학 학회 회원을 대상으로 패러데이에 대해 강연한 내용에서 발췌한 것이다. Thompson, pp.282~283.

• 이 장에 인용된 구절 중에서 출처가 명시되어 있지 않은 것은 캠벨과 가넷의 저서에서 참고한 것이다.

1 인용된 구절은 로버트 번스의 시 〈쥐에게To a Mouse〉라는 시에서 따온 것이다. *Poems, Chiefly in the Scottish Dialect*(Kilmarnock : John Wilson, 1786).

2 데이비드 포퍼David Forfar는 《천재의 세대들Generation of Genius》에서 클러크와 케이 일족의 간략하고 탁월한 역사를 제공하고 있다.

3 어린 맥스웰의 물음 "이건 무슨 원리예요?What's the go o' that?"의 출처는 다음과 같다. Campbell and Garnett, p.12.

4 맥스웰의 시 〈에든버러 학자의 노래Song of the Edinburgh Academian〉의 전문은 다음을 참조하라. Campbell and Garnett, pp.292~293.

9장 사회와 훈련

• 이 장에 인용된 구절 중에서 출처가 명시되어 있지 않은 것들은 캠벨과 가넷의 저서에서 참고한 것이다.

1 맥스웰의 한밤중 조깅에 대해서 기록한 동급생은 찰스 호프 로버트슨이다. 로버트슨은 눈에 문제가 있었을 때 맥스웰이 다음 날 분량의 책을 읽어주었던 그 학생이기도 하다.

2 〈자연에 진정한 유추란 존재하는가?〉 에세이 전문은 다음을 참고하라. Campbell and Garnett, pp.235~244.

3 "맥스웰 같은 사람은 만나본 적이 없다"고 하는 학생의 이름은 W. N. 로슨이다.

4 윌리엄 홉킨스는 그 당시 케임브리지의 개인 강사 중에서 가장 실적이 좋았다. 그가 가르친 학생 중에서는 1등 랭글러가 17명이나 배출되었고, 그 가운데에는 조지 가브리엘 스토크스, 윌리엄 톰슨, P. G. 테이트, 맥스웰의 경쟁자인 E. J. 루스, 그리고 행렬 이론을 발명한 아서 케일리도 있었다.

5 라그랑주 함수와 해밀턴 함수가 무엇인지 알려면 13장의 주석 5를 보라. 루스

함수는 라그랑주와 해밀턴 함수의 요소를 결합한 것이며, 라플라스 함수는 벡터적으로 설명하자면 스칼라 함수의 기울기의 발산이다.

6 맥스웰의 천재성과 관대함에 대해 캠벨에게 말해준 것은 W. L. 로슨이다.

10장 가상의 유체

1 어린 맥스웰이 푸른 돌에 관해서 물은 일화는 다음을 참고하라. Campbell and Garnett, p.14.

2 "여러 종류의 칠"에 대한 맥스웰의 언급은 W. D. 나이번Niven의 저서를 참고하라. *The Scientific Papers of James Clerk Maxwell*, vol. 1, p.127.

3 오늘날 이용되는 색도도色度圖가 맥스웰이 최초로 제작했던 색도 삼각형과 거의 차이가 나지 않는다는 사실은 맥스웰이 후대에 끼친 영향력이 얼마나 깊은지 보여주는 좋은 예가 될 수 있겠다.

4 이 시기에 맥스웰이 톰슨에게 보낸 편지들은 다음을 참조하라. Harman, vol. 1, pp.254~263 및 pp.319~320.

5 패러데이의 실험 방법에 관해(그리고 이것을 앙페르의 방법과 대조하며) 맥스웰이 남긴 글의 전문은 《전기와 자기에 관한 논고》의 528번 항목을 보라(2권, p.176).

6 맥스웰의 논문 〈패러데이의 역선에 관하여〉에서 인용된 구절은 다음을 보라. Simpson, p.57.

7 맥스웰의 논문 〈패러데이의 역선에 관하여〉에서 인용된 구절은 다음을 보라. Simpson, p. 60.

8 에어리가 역선을 폄하한 발언은 J. J. 톰슨의 에세이 〈제임스 클러크 맥스웰〉에 인용되어 있다. *James Clerk Maxwell: A Commemoration Volume*, p.28.

9 작은 구역(또는 제한이나 점)에서의 흐름 농도(밀도)는 흐름의 방향에 수직인 표면의 단위 구역당 흐름을 말한다.

10 토머스 K. 심슨Thomas K. Simpson은 자신의 저서 《맥스웰과 전자기장Maxwell on the Electromagnetic Field》에서 맥스웰의 논문 〈패러데이의 역선에 관하여〉의 1장을 소개하고 있다.

11 맥스웰은 1857년 5월 29일 리치필드에 있는 친구에게 보내는 편지에서 무의식의 마음이 가진 힘에 대해서 말했다. Campbell and Garnett, p.136.

12 이 구절은 맥스웰이 부친을 잃은 지 몇 달 후에 쓴 시 〈낙원의 회상Recollections of Dreamland〉에서 발췌한 것이다. 시의 전문은 다음을 참고하라. Campbell and Garnett, pp.298~299.

13 맥스웰이 "세상의 마찰"을 느끼기를 선호했다는 이야기는 다음에 나와 있다. Campbell and Garnett, p.126.

14 맥스웰의 경쟁자는 후에 세인트 앤드루스 대학의 자연철학 교수가 된 윌리엄 스윈이었다.

15 이 구절은 위의 주석 12번에서 언급한 것과 마찬가지로 〈낙원의 회상〉에서 발췌한 것이다.

16 맥스웰은 1856년 10월 14일에 세실 먼로에게 보내는 편지에서 "북부의 자연철학자"에 대해 이와 같이 언급했다. Campbell and Garnett, p.132

11장 농담이 통하지 않는 곳

• 이 장에 인용된 구절 중에서 출처가 명시되어 있지 않은 것들은 캠벨과 가넷의 저서에서 참고한 것이다.

1 맥스웰이 "여기는 농담이 안 통하는 곳이다"라고 한 것은 이반 톨스토이Ivan Tolstoy의 책 《제임스 클러크 맥스웰James Clerk Maxwell》에 나와 있다. p.80.

2 이것과 다음 인용문은 매리셜 칼리지에서 맥스웰이 한 취임 강연에서 가져온 것으로, R. V. 존스의 에세이 〈완벽한 물리학자 제임스 클러크 맥스웰, 1831~1879〉에서 찾아볼 수 있다. *The Yearbook of the Royal Society of Edinburgh*, 1980.

3 인용된 어구는 맥스웰의 논문 〈패러데이의 역선에 관하여〉에 등장한다. Simpson, p.57.

4 패러데이는 1857년 11월 13일에 이 편지를 맥스웰에게 보냈다. Campbell and Garnett, p.145.

5 이는 맥스웰의 시 〈대서양 전신 회사의 노래〉의 총 4연 중 두 번째 연이다. 시 전문은 다음을 참조하라. Campbell and Garnett, p.140.

6 이것은 맥스웰의 시 〈K. M. D.에게〉의 8연 중 마지막 4연이다. 시 전문은 다음을 참조하라. Campbell and Garnett, pp.302~303.

7 맥스웰은 P. G. 테이트에게 보내는 편지에서 "1분에 17마일을 간다면"이라는 물음을 던졌는데, 이 편지의 원본은 케임브리지 대학교 문헌보관소에 있다.

8 통계학에서 맥스웰 통계는 세 개의 자유도를 가진 카이제곱분포의 제곱근이다

9 애버딘의 학생들이 그를 어떻게 받아들였는지에 대한 맥스웰의 의견의 출처는 조지 리스George Reith다. 리스는 나중에 스코틀랜드 교회의 총회 의장이 되며, 영국 방송 회사BBC의 초대 국장인 리스 경의 아버지이기도 하다. 조지 리스가 남긴 말은 R. V. 존스의 에세이 〈완벽한 물리학자 제임스 클러크 맥스웰, 1831~1879〉에서 찾아볼 수 있다. *The Yearbook of the Royal Society of Edinburgh*, 1980.

10 데이비드 질은 다음 책의 서론 부분에서 맥스웰에게 들었던 수업을 회고했다. *History and Description of the Royal Observatory Cape of Good Hope*, pp.xx~xxi.

11 이 농부의 회상은 R. V. 존스의 에세이 〈완벽한 물리학자 제임스 클러크 맥스웰, 1831~1879〉에서 찾아볼 수 있다. *The Yearbook of the Royal Society of Edinburgh*, 1980.

12장 빛의 속도

---

1 맥스웰이 킹스 칼리지에서 낭독한 취임 강연문은 다음을 참고하라. Harman, vol. 1, pp.662~674.

2 놀랍게도, 아무도 맥스웰의 업적을 반복하지는 못했기 때문에 총천연색 사진이 처음으로 세상에 등장할 때까지는 여러 해가 흘러야 했다. 그리고 대략 100년 뒤에 코닥 연구소의 어느 연구진은 맥스웰과 서턴이 사용했던 사진판이 적색에 전혀 민감하지 않았다는 사실을 발견했다! 이 사진판은 우연하게도 자외선

의 일부분에 민감했는데, 실험자들이 적색 필터로 사용했던 용액이 정확히 자외선 스펙트럼에 대한 통과 대역을 가지고 있었던 것이다. 행운아 맥스웰! 어쩌면 그는 자기 몫의 행운을 직접 만들어낸 것인지도 모른다. 그에게는 성공할 가능성이 아무리 없어 보이더라도 누군가의 실험을 만류해서는 안 된다는 규칙이 있었다. 캐번디시 시절 맥스웰의 학생이었던 아서 슈스터Arthur Schuster는 맥스웰이 다른 학생에 대해 이렇게 말했던 것을 기억하고 있었다. "저 친구는 지금 찾고 있는 것은 발견하지 못할 것 같지만, 다른 것은 발견할 수도 있는 법이지."

3 명료함을 위해 이 법칙의 현대적 표기법을 채택했다. 1861년 당시에는 아직 장과 흐름이라는 단어가 일반적으로 통용되고 있지 않았다. 법칙 3은 앙페르의 법칙으로 불리고, 법칙 4는 패러데이의 법칙이 되었다.

4 격자와 공회전 바퀴로 이루어진 맥스웰의 매질에는 케임브리지 시절에 고안한 비압축성 유체 모델과 마찬가지로 역제곱 법칙이 내장되어 있었다. 이것은 임의의 닫힌 표면으로 둘러싸인 영역에 들어오는 흐름의 양은 나가는 흐름의 양과 동일하다는 자기 흐름의 성질에서 도출될 수 있었다. 더 수학적이긴 하지만, 이것의 추론 과정은 10장에 등장했던 맥스웰의 유체 모델과 본질적으로는 동일하다. 즉, 중앙의 점에 원천을 가진 구에서 방출되는 유체의 양은 구의 크기에 상관없이 같다는 것이다. 더 일반적으로는, 3차원 공간에서 균등하게 퍼져나가는 어떤 작용이라도 역제곱 법칙에 지배된다. 이 원리는 벡터 해석학에서 발산 정리(가우스 정리)의 형태로 나타난다.

5 맥스웰은 패러데이의 전기 긴장 상태가 자기 벡터 퍼텐셜과 동일하다는 것을 밝혔다. 이때 자기 벡터 퍼텐셜은 장 속의 모든 점에서 그것이 갖는 회전이 그 지점의 자속 밀도와 동일한 수량을 말한다. 맥스웰이 해석하기에 격자의 회전으로 표현되는 자속magnetic flux은 그 장의 전자기적 운동량이었다.

6 토머스 K. 심슨은 자신의 저서 《맥스웰과 전자기장》에서 맥스웰의 논문 〈물리적 역선에 관하여〉에 관한 상세한 설명을 제시한다.

7 맥스웰의 논문 〈물리적 역선에 관하여〉에 나오는 이 구절은 다음에 인용되어 있다. *James Clerk Maxwell and Modern Physics*, p.173.

8 4번 주석을 참고하라. 역제곱 법칙에 대한 똑같은 추론이 이번에는 전속electric flux에 적용되고 있으며, 격자의 변화라는 모델을 지닌다.

9 이 비율은 전자기적 단위 하나에 해당하는 정전기적 단위가 몇 개 있는지 나타낸다.

10 맥스웰의 논문 〈물리적 역선에 관하여〉에서 인용한 구절은 다음을 참고하라. Simpson, p.216.

11 "훌륭한 결과"에 대해 먼로가 맥스웰에게 보낸 편지는 다음을 참고하라. Campbell and Garnett, p.163.

12 뉴턴이 여기에 대해 언급하며 리처드 벤틀리에게 보낸 편지는 3장에 인용되어 있다. 해당 장의 3번 주석을 참고하라. 뉴턴의 추종자들은 이러한 경고를 듣지 못한 것 같은데, 뉴턴의 신봉자이자 전도자였던 로저 코츠Roger Coates의 삐뚤어진 정열 때문이기도 하다. 그는 뉴턴의 《수학원리》의 머리말에 원격 작용은 물질의 제1성질 중의 하나라고 쓰기도 했다.

13 패러데이가 원자에 대해 품었던 회의에 대해서는 사이먼 블랙번Simon Blackburn이 자신의 저서에서 설명하고 있다. *Think: A Compelling Introduction to Philosophy*, p.248.

14 찰스 쿨슨은 1947년부터 1952년까지 킹스 칼리지의 이론물리학 교수였다. 박사 학위 학생 중 한 명은 피터 힉스Peter Higgs로, 나중에 힉스 장 이론과 여기에 관련된 입자 힉스 입자를 고안한다.

13장 희대의 역작

1 맥스웰이 "희대의 역작"이란 단어를 사용한 편지는 1865년 1월의 것이다. 편지의 전문은 다음을 참고하라. Campbell and Garnett, pp.168~169.

2 이 구절은 맥스웰의 논문 〈전자기장의 동역학 이론〉에 등장한다. Simpson, p.225.

3 이 구절은 맥스웰의 논문 〈전자기장의 동역학 이론〉에 등장한다. Simpson, p.225.

4 7년간의 공동 작업 끝에 톰슨과 테이트는 1867년에 《자연철학 논고》를 출판하고, 어려운 잉태 과정을 지나고 나서부터는 매우 잘 팔리는 책이 되었다. 통상적으로 저자명을 알파벳으로 정렬했다면 테이트의 이름이 앞에 왔겠지만, 톰슨의 스타와도 같은 명성 때문에 자리가 뒤바뀌었다. 그러나 실제로 대부분의 작업을 해낸 것은 테이트였다. 그는 보내놓은 원고에 대한 의견을 얻어내기 위해 끊임없이 톰슨을 괴롭혀야 했다. 톰슨은 테이트의 꾸중에 넉살 좋게 유머로 대응했고, 둘은 평생 친구로 남았다.

5 라그랑주의 방정식은 소위 최소 작용의 원칙을 담고 있는데, 이는 1746년에 피에르 루이 모로 드 모페르튀이Pierre Louis Moreau de Maupertuis에 의해 처음으로 정립된 것이다. 이 방정식의 특성 함수는 라그랑주 함수로 널리 알려지게 되었다(이는 물리 시스템의 운동에너지와 위치에너지 사이의 차이를 표현한다). 윌리엄 로언 해밀턴은 라그랑주의 방법을 확장해서 오늘날 시스템의 동역학을 표현하는 데 보편적으로 사용되는 대안 방정식 시스템을 구축했다. 그의 특성 함수는 해밀턴 함수로, 시스템의 총 에너지를 표현한다.

6 1879년에 〈네이처〉에 투고한 톰슨과 테이트의 《자연철학 논고》에 대한 서평에서 맥스웰은 "종탑"에 대한 구절을 포함했다. 그의 요점은 전기역학을 설명하는 모델을 구축하는 것은 결코 불가능하리라는 것이었고, 종탑의 비유를 대학 수업에서도 많이 이용했던 것으로 보인다.

7 토머스 K. 심슨은 《맥스웰과 전자기장》에서 맥스웰의 논문 〈전자기장의 동역학 이론〉에 관해 상세한 설명을 제시한다.

8 《전기와 자기에 관한 논고》에서 맥스웰은 어째서 방정식을 축약하지 않았는지 설명하고 있다. *Treatise on Electricity and Magnetism*, vol. 2, p.254.

9 맥스웰이 "신비주의에 빠져버렸다"라는 톰슨의 견해에 대해서는 템플턴 Templeton과 헤르만Herrmann의 저서를 참고하라. *The God Who Would Be Known: Revelations of Divine Contemporary Science*, p.161.

10 데이비드 질은 다음 책의 서론 부분에서 맥스웰에게 들었던 수업을 회고했다. *History and Description of the Royal Observatory Cape of Good Hope*, pp.xx~xi.

1 이것은 맥스웰의 시 〈나와 함께 가겠어요?〉의 4연 중의 첫 번째 연이다. 시의 전문은 다음을 참고하라. Campbell and Garnett, p.301.

2 이것과 다음 구절은 (출처 인물에 대한 명시는 없지만) 다음을 참고하라. Campbell and Garnett, p.180.

3 맥스웰의 에세이 〈자서전은 가능한가?〉에 등장하는 이 구절은 다음을 참고하라. Campbell and Garnett, p.125.

4 이 인용문은 맥스웰 사후에 발견된 원고에 등장한다. Campbell and Garnett, p.196.

5 세인트 앤드루스의 직책에 지원하지 않겠다는 결심을 밝히는 편지는 맥스웰이 1868년 10월 30일에 윌리엄 톰슨에게 보낸 것이다. 이 편지의 원본은 글래스고 대학 도서관에 소장되어 있다.

6 정치적 사안에 대한 조언을 구하는 맥스웰의 편지의 수신자는 왕립 과학 연구소의 부소장이던 W. R. 그로브다. 편지의 전문은 다음을 참조하라. Harman, vol. 2, p.461. 그로브는 과학자였을 뿐만 아니라 영국 왕좌 재판소의 변호사이기도 했다. 맥스웰에게 정치적 성향이 있다면 보수적이었다고 해야 할 것인데, 이 직책에 임명되기 직전에 보수파는 선거에서 패배했다.

15장 캐번디시

• 이 장에 인용된 구절 중에서 출처가 명시되어 있지 않은 것들은 캠벨과 가넷의 저서에서 참고한 것이다.

1 맥스웰이 알렉산더 그레이엄 벨의 아버지에 대해 언급한 것은 1878년 케임브리지의 강연이었다. 그가 이 강연 제목은 '전화기에 대하여'였다. 이 강연의 좀 더 긴 발췌문은 다음을 보라. Campbell and Garnett, pp.177~178.

2 여기에 대한 예는 다음을 참고하라. Campbell and Garnett, pp.16~18.

3 1873년에 에라누스Eranus 클럽에서 낭독한 에세이에서 맥스웰은 카오스 이론

에 대한 예견을 내놓았던 바 있다. "물리학의 발전은 사건의 무작위성과 의지의 자유보다는 필연성(결정론)에 우선성을 부여할 것인가?" 좀 더 폭넓은 청중을 대상으로 했다면 그는 이 긴 제목을 '과학과 자유의지' 정도로 축약했을 것이다. 에세이 전문은 다음을 참고하라. Campbell and Garnett, pp.209~213.

4 현재 글렌레어의 소유주는 맥스웰의 열광적인 팬으로, 저택의 남은 부분이 관광객을 위해서 안전하게 유지될 수 있도록 긴 노력을 기울여왔고, 예전에 현관이 있던 자리에 안내 센터를 설치했다. 현재 저택은 보수 공사로 인해 일시적으로 폐쇄된 상태다.

5 헤비사이드는 맥스웰에 대한 이런 찬사를 어떤 출판된 글에도 싣지 않았다. 그러나 미국의 헤비사이드 추종자 중 한 명인 에른스트 J. 베르크Ernst J. Berg는 이를 자신의 글에 기록했다. "Oliver Heaviside, a Sketch of His Work and Some Reminiscences of His Later Years". 최초 발표지는 1930년 판 *Journal of the American Academy of Sciences*다. 또한 더 상세한 버전은 롤로 애플야드Rollo Appleyard의 저서에서 찾아볼 수 있다. *Electrical Communication*, p.257.

16장 맥스웰주의자들

- "제임스 클러크 맥스웰과 함께 과학의 한 시대가 끝나고, 새로운 시대가 열렸다"라는 아인슈타인의 말의 출처를 찾으려는 저자의 노력은 성과 없이 끝났으나, 이 인용문은 런던 킹스 칼리지와 플로리다 주립대학의 국립 고자석장 연구소의 홈페이지 등에서 찾아볼 수 있다.

- 맥스웰이 전자기역학의 법칙을 발견한 사건의 역사적 중요성에 대한 파인만의 언급의 출처는 다음과 같다. *The Feynman Lectures on Physics*, by Richard Feynman, Robert Leighton, and Matthew Sands, vol. 2, chap. 1, p.11(1964).

1 헤비사이드는 맥스웰의 전기와 자기에 대한 논고를 처음 봤던 일화를 프랑스에 있는 팬인 조셉 베트노Joseph Bethenod에게 보내는 1918년의 편지에서 언

급했다. 1925년에 베트노는 이 일화를 (프랑스어로 번역하여) 헤비사이드의 부
고에 붙여서 발표했다. *Annales des postes télégraphe et téléphone*,
pp.521~538. 편지 원본은 전해지지 않는다. 이 글을 다시 영어로 옮기고 저서
*Oliver Heaviside: Sage in Solitude*에 실어준 폴 J. 나힌Paul J. Nahin에게 감
사의 표시를 전한다. 베트노와 나힌의 번역은 직역에 가깝게 번역했으므로, 인
용문은 헤비사이드의 원문에 매우 가까울 것으로 판단한다.

2 자신을 "늙은 토이펠스드뢰크"에 비교하는 편지를 헤비사이드는 1908년 7월에
조지프 라머에게 보냈다. 디오게네스 토이펠스드뢰크는 풍자 소설 《의상철학》
에 등장하는 인물로, 작가 토머스 칼라일의 분신이다. 괴짜 교수 토이펠스드뢰
크의 '의상철학'은 작가가 삶에 대해 가지고 있던 생각의 비유로 볼 수 있다.

3 헤비사이드가 해룡에 대해 언급한 글은 〈귀로용 도체로서의 지구The Earth as
a Return Conductor〉. 첫 발표 지면은 〈일렉트리션〉이며 후에 헤비사이드의 《전
기에 관한 글Electrical Papers》의 23번 항목으로 재인쇄되었다. *Electrical
Papers*, vol. 1, pp.190~195.

4 피츠제럴드가 맥스웰의 이론을 축약한 헤비사이드의 업적에 대해 집필한 것은
1893년에 〈일렉트리션〉의 서평에서 헤비사이드의 전기에 관한 글을 다루면서다.

5 장 속 임의의 점의 (스칼라) 전하 혹은 자기란, 단위 전하나 단위 자극을 무한히
멀리 떨어진 곳에서 그 점까지 움직이는 데 소요되는 에너지다.

6 퍼텐셜에 대한 헤비사이드의 견해는 다음을 참고하라. *Electrical Papers*, vol.
2, pp.483~485.

7 μ와 ε는 해당 장력에 대한 전기력선 밀도와 자장 밀도의 비율이다. 공간이 비
어 있는 경우에는 기호 아래에 0을 붙여서 쓰는 게 일반적이나, 여기에서는 단
순함을 위해 생략했다.

8 전하 밀도가 ρ이고 전류 밀도가 J일 때, 방정식은 다음과 같은 형태가 된다.

$$\mathrm{div}\ E = \rho/\varepsilon$$
$$\mathrm{div}\ H = 0$$
$$\mathrm{curl}\ E = -\mu\,\partial H/\partial t$$

$$\text{curl } H = \varepsilon \partial E/\partial t + J$$

전기장 세기 벡터 E보다는 맥스웰이 변위라고 불렀던 전기력선 밀도 D(=εE)를 사용하는 편이 좋을 것이다. 또한 오늘날에는 자기장 세기 벡터 H보다는 자장 밀도 B(=μH)가 일반적으로 널리 쓰이고 있다. 등방성 매질이 아닌 경우에 이 둘은 텐서tensor를 포함한 방정식으로 대체될 수 있다.

9 같은 기호를 사용하지는 않았지만, 맥스웰도 1868년에 〈빛의 전자기 이론에 덧붙여〉에서 세 번째 방정식 'curl E = −μ∂H/∂t'를 묘사한 바 있다. 이 글은 전하의 전자기 단위와 정전기 단위의 비율을 조사하기 위해 찰스 호킨과 함께 진행했던 실험 보고서에 덧붙인 것이다. 맥스웰은 이 방정식을 논고에 포함시키지 않았으며, 학생들에게 이에 관해 언급한 적도 없는 것으로 보인다. 그리하여 이 방정식은 헤비사이드가 유명한 네 개의 방정식을 발표한 지 5년이 지난 1890년, W. D. 나이번에 의해 그의 전집 《제임스 클러크 맥스웰의 과학적 글들 The Scientific Papers of James Clerk Maxwell》이 총 두 권 분량으로 간행될 때까지 세상에 알려지지 못했다.

10 헤비사이드가 자신이 개편한 맥스웰 이론을 발표한 것은 1885년부터 주간 잡지 〈일렉트리션〉의 부록으로 간행된 일련의 논문들 〈전자기 유도와 그 전파 Electromagnetic Induction and Its Propagation〉의 4부다. 이 논문 시리즈의 첫 번째 절반(4부를 포함한)은 《전기에 대한 글》의 1권의 30번 항목으로, 두 번째 절반은 2권의 35번 항목으로 각각 재인쇄되었다.

11 헤비사이드는 에너지 흐름 공식 또한 〈전자기 유도와 그 전파〉에 속하는 일련의 논문들의 4부에서 담고 있다. 이는 《전기에 대한 글》의 1권의 30번 항목으로 재인쇄되었다.

12 벡터 대수에서 두 벡터의 벡터곱은 그 자체로 벡터의 형태를 가진다. 이 벡터의 크기는 두 벡터의 크기의 곱에 두 벡터 사이의 각도의 사인값을 곱한 것이며, 방향은 두 벡터의 방향에 각각 직각을 이룬다.

13 로지는 1892년에 뇌우 방비책에 대한 문집을 출판하면서 특이하다는 말과 불쾌하다는 말을 제거하기로 결정했다. (이때는 이미 헤비사이드와 친한 친구 지간이었기 때문이다.)

14 프랑스의 물리학자이자 철학자인 피에르 뒤앙Pierre Duhem은 로지의 책에 나오는 이 묘사를 예로 들면서, 영국의 물리학자들이 물리적 모델에 과도하게 의존한다고 주장했다. 그의 저서는 영어로 번역되었다. *The Aim and Structure of Physical Theory*, pp.70~71.

15 이 찬사는 헤비사이드가 1901년 1월의 편지에 피츠제럴드에게 보내는 편지에 담겨 있다. 브루스 헌트Bruce Hunt는 이 구절을 자신의 저서 《맥스웰주의자들》에서 인용했다. *The Maxwellians*, p.186.

16 피츠제럴드는 1884년 12월 23일에 J. J. 톰슨에게 보내는 편지에서 이 "거대한 어려움"을 언급하고 있다. 브루스 헌트는 이 구절을 《맥스웰주의자들》에서 인용했다. *The Maxwellians*, p.45.

17 헤르만 헤르츠는 1882년에 귀족 작위를 수여받았다(이름에 폰von이 들어가게 되었다).

18 이 구절은 헤르츠가 1889년 3월 21일에 헤비사이드에게 쓴 편지에서 발췌한 것이다. 롤로 애플야드의 책에서 인용되어있다. *Pioneers of Electrical Communication*, p.238. 같은 편지에서 그는 헤비사이드가 전위와 자위를 폐기한 것을 열렬히 지지했다.

19 헤비사이드가 헬름홀츠의 이론은 "미쳐버린 맥스웰"과 같다고 언급한 것은 1892년 6월 15일에 로지에게 보내는 편지에서였다. 브루스 헌트는 이 구절을 《맥스웰주의자들》에서 인용했다. *The Maxwellians*, p.198.

20 헤비사이드는 1889년 7월 13일의 편지에서 헤르츠가 "이 이론"(원격 작용을 이용한)에 최후의 일격을 날렸다는 데 찬사를 보내고 있다. 폴 나이힌의 책을 참고하라. *Oliver Heaviside: Sage in Solitude*, p.111. 헤르츠가 얼마나 헬름홀츠를 신봉했는지 헤비사이드가 알았더라면 이토록 상처를 쑤셔대지는 않았을 것이라고 예상할 수 있다(헬름홀츠의 이론도 원격 작용의 요소를 가지고 있었기 때문이다). 물론 헤비사이드의 경우에는 무엇도 확신하기 어렵긴 하다.

1 테이트가 헤비사이드와 깁스의 벡터 해석학을 "양성의 괴물"이라고 부른 것은 자신의 책 《쿼터니온에 대한 기본 논의An elementary Treatise on Quaternions》의 서론에서였다. 여기에 대한 헤비사이드의 답변과 쿼터니온에 대한 테이트의 헌신적 자세를 조롱하는 발언들은 《전자기 이론Electromagnetic Theory》 1권의 3장에 기록되어 있다. 테이트는 이러한 발언이 (주로 〈일렉트리션〉에) 출판되는 즉시 보았으리라 예상된다.

2 검파기는 전자기 발산에 의해서 활성화되는 스위치의 일종이다. 이는 금속 가루로 가득한 관으로, 평소에는 전기 전도율이 낮지만, 자기 발산 작용이 가루를 뭉쳐서 저항이 낮은 통로를 이루게 되면 전기 전도율이 매우 뛰어나게 바뀌는 구조로 되어 있다.

3 마르코니의 대서양 횡단 전파가 어떻게 지구의 곡률을 극복할 수 있었는지 오랜 시간 동안 아무도 이해하지 못했다. 올리버 헤비사이드와 미국에 거주하던 영국인 아서 케널리Arthur Kennelly는 대기권의 상층부에 이온층이 있어서 전파를 반사시키는 것이라고 각각 독립적으로 주장했다. 에드워드 빅터 애플턴Edward Victor Appleton과 마일스 바넷Miles Barnett이 1920년에 실시한 실험은 이 주장이 옳았음을 증명했다.

4 자주 인용되곤 하는 헤르츠의 이 말은 1892년의 저서에서 찾아볼 수 있다. 영역본은 다음을 참고하라. *Electric Waves: Being Researches on the Propagation of Electric Action with Finite Velocity though Space*, p.21.

5 이 인용문은 알베르트 아인슈타인의 에세이 〈물리적 실재의 개념의 발전에 맥스웰이 끼친 영향Maxwell's Influence on the Development of the Conception of Physical Reality〉에 등장한다. *James Clerk Maxwell, A Commemorative Volume*, 1931년 출판.

6 플랑크가 "절망에서 나온 행위"에 대해 언급하는 것은 1931년 10월 7일의 편지다. 편지의 수신자는 볼티모어 존스 홉킨스 대학의 로버트 윌리엄스 우드 교수다. 맬컴 롱에어Malcolm Longair의 저서에 수록되어 있다. *Theoretical*

Concepts in Physics, pp.222~223.

7 양자전자기역학에서 퍼텐셜이 가지는 중요성에 대한 파인만의 언급은 다음에 기록되어 있다. *The Feynman Lectures on Physics, by Richard Feynman, Robert Leighton, and Mathew Sands*, vol.2, chapter 1, p.3(1964).

8 마이컬슨과 몰리의 실험에서 광선의 각 부분은 반사되어 분리된 지점으로 되돌아가도록 설계되어 있었다. 이렇게 함으로써 두 광선의 왕복 평균 속도 간의 차이를 측정하는 것이 실험의 목적이었다. 에테르 흐름의 방향에 가깝게 이동하고 있는 쪽의 광선의 평균 속도가 미세하게 더 느릴 것이라는 예상이었다. 각 광선을 에테르 흐름에 평행한 요소들과 그것을 가로지르는 요소들로 나누어서 고려해보면 그 이유를 알 수 있다. 에테르 흐름에 평행하게 왕복하는 빛은 흐름을 따라 내려가며 얻는 시간보다 많은 시간을 흐름을 거스르며 잃을 것이다. 반면 에테르를 가로지르는 빛은 느려지기는 하겠지만(에테르에 비교하면 더 먼 거리를 이동하므로), 이 감속 효과는 에테르에 평행하게 왕복하는 빛의 경우보다 적음을 수학적으로 증명될 수 있다.

9 푸앵카레가 절대적 운동이 존재하지 않는다는 발언을 처음으로 한 것은 1900년에 출판된 논문 〈로렌츠의 이론과 반작용 원칙La théorie de Lorenz et le principe de réaction〉이다. 다음을 참고하라. *Archives néerlandaises de sciences exactes et naturelles 5*, pp.252~278.

10 또한 푸앵카레는 이 결과를 1890년에 논문 〈로렌츠의 이론과 반작용 원칙〉에서 밝혔다. *Archives néerlandaises de sciences exactes et naturelles 5*, pp.252~278.

11 아인슈타인은 특수상대성이론의 주요 부분을 1905년의 논문 〈운동 물체의 전기역학에 대하여〉에서 발표했고, $E=mc^2$의 유도 과정은 곧 뒤따른 논문에서 제시했다. 이 논문은 다음에 게재되었다. *Annalen der Physik*, vol.18, pp.639~641(1905).

12 아인슈타인의 이와 같은 발언은 프레더릭 자이츠Frederick Seitz가 맥스웰에 대해서 쓴 글에서 찾아볼 수 있다. *Proceedings of the American Philosophical Society 145*, no.1, March 2001.

13 아브두스 살람Abdus Salam, 셸던 글래쇼Sheldon Glashow, 스티븐 와인버그 Steven Weinberg는 전자기력과 약한 핵력이 오늘날 전기약력이라고 불리는 한 힘의 두 국면임을 증명한 공로로 1979년에 노벨 물리학상을 수상했다.

찾아보기

ㅇ

전자거 시대를 연, 물리학의 두 거장

패러데이와 맥스웰

1판 1쇄 인쇄 2026년 1월 30일
1판 1쇄 발행 2026년 2월 25일

—

지은이 낸시 포브스·배질 마혼
옮긴이 박찬·박술

—

펴낸이 백성빈
펴낸곳 반니출판
주소 서울 서초구 서초중앙로 69 806호
전화 02-6204-0491
전자우편 banni@banni.co.kr
출판등록 2025년 10월 13일 (제2025-000266호)

—

ISBN 979-11-24280-23-2 03400

—

책값은 뒤표지에 있습니다.
잘못된 책은 구입하신 곳에서 교환해드립니다.